世界の原発産業と日本の原発輸出

Nakano Yoichi
中野洋一

明石書店

はじめに

2011年3月11日の東日本大震災に起因する福島第一原発事故の発生は、世界と日本の人々に大きな衝撃と影響を与えた。この事故は、1986年の旧ソ連の人類史上最大のチェルノブイリ原発事故と同じ「レベル7」の大事故であった。

ヨーロッパではドイツとスイスが福島原発事故を受けて「脱原発」への政策転換を選択した。日本においても原発の「安全神話」が崩壊して国民の世論は急変した。原発事故に対する政府の対応の遅れ、そしてその後深刻な事故の実態が次々と明らかにされるにしたがって、原発に対する不信、不安、反感が国民のなかに高まった。事故後の菅直人首相は、個人的には「脱原発」を表明していたが、民主党政権内の「菅おろし」によって、2012年9月には退陣へと追い込まれた。しかし退陣直前の8月、「原発輸出継続」を閣議決定する。また同年、福島原発事故に関係する4つの調査報告書（民間、東電、国会、政府）が公表された。

その後、2013年12月の総選挙で自民党第2次安倍晋三政権が誕生する。安倍政権においては、2014年4月に「エネルギー基本計画」が発表され、そのなかで原発を「重要なベースロード電源」と位置づけ、「脱原発」路線と決別する姿勢を示した。また政権成立直後から原発輸出に積極的な姿勢を示し、アラブ首長国連邦（UAE）、トルコ、ベトナムなどに次々と原発の売り込みを働きかけている。

翌年12月にまた総選挙があり、小選挙区制のために自民党が前回同様に大勝し、第3次安倍政権が成立した。一見、原発がまた国民に受け入れられたようにもみえるが、総選挙の結果と国民の原発に対する多くの意見とは大きなズレがあるようだ。

たとえば、2015年1月14日報道されたNHKの世論調査によれば、「国の原子力規制委員会が安全性を確認した原発は運転再開を進める」という政府の方針に賛成かどうか聞いたところ、「賛成」が24％、「反対」が42％、「どちらともいえない」が29％と、反対が賛成よりも約2倍近くもあった。また、2014年の総選挙前の8月に発表された『日本経済新聞』の世論調査によっても、同じ傾向が確認できる。2014年8月24日付『日本経済新聞』によれば、政府が重要電源と位置づける原子力発電に関しては「再稼働を進めるべきだ」が32％で、前回調査より3ポイント下がり、「再稼働を進めるべきではない」は4ポイント上がって56％と、過半数であった。

2011年3月11日の福島原発事故の発生から本書執筆時の2015年春で4年が経過したが、国民の原発に対する世論は依然厳しいものがある。実際、2012年5月5日をもって日本国内のすべての原発の商業運転は停止した。同年7月に関西電力の大飯原発3号機が一時再稼働したが、2013年9月15日以降は再びすべての原発の商業運転は停止した（しかし、2015年8月11日に九電の川内原発1号機が再稼働している）。

2015年の現在も約12万人もの人々が避難を余儀なくされ、福島第一原発施設から汚染水漏れが続き、東電の事故後対応をめぐる多くの問題もあいまって、今なお多くの国民や国際社会に不安を与えている。

さて、世界の原発産業の動向をみると、1973年の第一次石油危機と1979年の第二次石油危機を契機に世界の原油価格は高騰し、先進国はそのたび深刻な世界不況に突入した。先進国はこれらを乗り切るためにエネルギー政策の転換（中東原油のエネルギー依存率を低下させるために原発を導入）を実行し、その結果、原発の新増設が1970年代と1980年代に激増した。しかし、1979年のアメリカのスリーマイル島原発事故、1986年の旧ソ連のチェルノブイリ原発事故の発生によって、アメリカにおいては1980年代以降、ヨーロッパにおいては1990年代以降、原発の新増設は停滞した。

2000年代に入るとジョージ・ブッシュ（ジュニア）政権は原発を推進する2001年の「国家エネルギー政策」を発表し、「原子力ルネサンス」と呼ばれる盛り上がりの時期を迎えた。2005年にブッシュ政権は「エネルギー政策法」（通称「包括エネルギー法」）を発表し、原発推進と原発輸出を強力に後押しした。原発推進の理由は、2005年に発効した「京都議定書」にある地球温暖化論（温室効果ガス、特に二酸化炭素の増加）を政治的に利用した、原発が「クリーン・エネルギー」の1つであるという主張であった。すなわち、原子力エネルギーは温室効果ガス（特に二酸化炭素）の排出がもっとも小さい大規模なエネルギー源であるというのである。しかし、原子力エネルギーは、二酸化炭素の排出は小さくとも、「核のゴミ」といわれる大量の放射性廃棄物が同時に生産されるという深刻な問題がある。二酸化炭素と放射性廃棄物とは社会にとって同じレベルの排出物ではない。その大量の放射性廃棄物の最終処理のために、原発の運転期間の40年や60年では済まされない、何百年、何千年、何万年単位の管理・保管のための時間、施設、費用が必要である。その点を考慮すると、原発は経済的に採算に合う巨大科学産業ではないのである。

原発が「クリーン・エネルギー」の1つであるという主張は、原発推進と原発輸出によって巨額の利益を得る原発産業とその利益の分配にあずかる政治家と科学者の実に都合の良いプロパガンダである。また、原発という巨大ビジネスを正当化するための最高の理由（口実）である。なぜならば、1基の原発建設のためには4000億円から5000億円（数十億ドル）の費用がかかり、さらにそれを40年も維持・管理するためにまた多額の費用が必要なことを考えると、原発推進と原発輸出によって原発産業の利益が確保され、またその企業利益から流れる「原発マネー」の分配（政治献金と研究費の名目で）で政治家と科学者・学者が潤うからだ。

しかし、その「原子力ルネサンス」の盛り上がりの時期に、福島原発事故が発生した。ただこれにもかかわらず、中国、アメリカ、日本、フランス、ロシア、韓国、カナダは現在、世界に原発の売り込みを展開している。特に、中国は国内の原発新設に積極的であると同時に、途上国のみならず、ヨーロッパにも原発輸出を展開している。

世界経済と世界平和にとって、原発産業の動向は重要である。その意味では、今後とも、世界の原発産業と原発輸出の展開は注目に値する。原発産業は人類にとって実に大きな課題を抱えている深刻な現代的問題なのである。

さて、1945年の人類史初の広島への原爆（核）投下、その直後の長崎への原爆（核）投下、1

986年の旧ソ連のチェルノブイリ原発事故の発生、2011年の福島原発事故の発生によって、人類は核の深刻な被害を4回も経験した。そのうち、日本は、広島、長崎、福島と3回も核の被害を経験したのである。それゆえ、日本国民は世界のなかでも核の問題（核の軍事利用および核の平和利用）を真剣に受け止め、考え続ける必要がある。かつて、世界の平和運動の先頭にいた哲学者の芝田進午は、広島原爆投下以後の世界を「核の時代」と名付けたことがあった。

また、2011年の福島原発事故までは、自然科学者のなかで原発を批判的に扱うことは大きなタブーであった。「原子力ムラ」の「安全神話」によって、「村八分」を覚悟しなければできなかった。勇気ある批判者は高木仁三郎、藤田祐幸、小出裕章など少数の科学者にとどまった。また、同様に社会科学のなかでも、原発産業を正面から扱う研究は非常に少なかった。

福島原発事故後には、原発産業の問題を正面から受け止め、多くの経済学者によって多数の研究書が発表されることが大いに期待されていたが、実際には大島堅一（立命館大学教授）など非常に少数にとどまっているのが現状である。

そこで本書では、世界経済の変動と関連させながら世界の原発産業の動向および中国の原発産業の現状・問題点を分析すると同時に、日本の原発輸出の経過・現状・問題点、福島原発事故と経済的損失、原発産業と「原発マネー」などを分析する。

全体は、次の5つの章より構成される。

第1章「1973年以後の世界の原発産業」においては、第一次石油危機後の世界の原発産業の動向を分析する。2つの石油危機の影響による1970年代および1980年代の原発の新増設の激増、

1990年代の電力市場の自由化と原発の新増設の停滞、2000年代の世界のマネーゲームの展開と世界の原油価格の高騰、ジョージ・ブッシュ政権による原発推進と原発輸出のエネルギー政策の展開ならびに「原子力ルネサンス」の盛り上がり、2005年に発効した「京都議定書」と原発産業、ウェスティング・ハウス社（WH社）の売却と世界の原発メーカーの再編成、アメリカでの「シェール革命」の進展と原発産業、2014年後半の世界原油価格の暴落と原発産業など、2015年1月時点の世界経済の変動と原発産業の動向を分析する。

第2章「中国の原発産業」においては、大きな経済成長を支えるためのエネルギー確保に加えエネルギー消費の約3分の2が石炭であるため深刻な環境汚染の問題を抱える中国の選択が「クリーン・エネルギー」の1つである原子力エネルギー（原発の新増設）であったことを明らかにする。2001年の中国のWTO（世界貿易機関）加盟以後、中国は大きな経済発展を遂げながらアメリカをはじめとする世界への輸出を急増させ「世界の工場」となるが、その経済成長のために必要な大量のエネルギー確保に迫られる。「原発大国」への道を歩む中国の経済成長との関連で原発産業を分析する。また、中国の原発メーカーの歴史と特徴を分析しながら、第3世代炉と呼ばれる最新鋭の原発開発と同時に、原発輸出を展開する中国の原発産業の現状と問題点を明らかにする。

第3章「日本の原発輸出」においては、2005年のブッシュ政権の「エネルギー政策法」（通称「包括エネルギー法」）の発表を受け、「原子力大綱」（2005年）、「原子力立国計画」（2006年）、民主党政権の「エネルギー基本計画」（2010年6月）、安倍政権の「エネルギー基本計画」（2014年4月）がつくられるが、その間の原発推進と原発輸出の変遷を分析し、その特徴と問題点を明らかにする。福島原発事故前の1990年代には、日本においても電力市場の自由化が一部進行し、原発の新増設の停滞がみられた。しかし、2009年に政権交代した民主党政権の原発政策は「原子力ルネサンス」を背景に非常に積極的なものであり、ベトナムなどへの原発輸出とその前提としての原子力協定の締結に活発な動きを展開する。しかし、その「原子力ルネサンス」の盛り上がりの時期に、2011年の福島原発事故が発生した。事故直後は国民の大きな反発によって一時期原発推進の動きは弱まるが、2013年に入ると、第2次安倍政権はこれまで以上に原発輸出の売り込みを展開する。日本には3つの世界的な原発メーカー（東芝・WH社、日立・GE社、三菱重工業・アレバ社）が存在する。国民の原発に対する反発が強く国内での多数の原発の新増設が見込めないため、3つの原発企業グループは原発輸出によって経済成長が著しい新興国などの海外市場へ乗り出す必要があった。そこには大きな原発市場があった。現在日本の関係する海外の原発事業を整理して示し、特に、トルコの事例を取り上げて分析し、「買手市場」となっている世界の原発市場の実態を明らかにする。また、日本の原発輸出に関連する具体的な問題点も考察する。

第4章「福島原発事故と経済的損失」においては、2012年に公表された4つの事故調査報告書（民間、東電、国会、政府）を取り上げ、その問題点を明らかにしながら分析する。また、福島原発事故の経済的損失と経済的負担についても整理して分析する。最後に、原発の経済性について長期的な経済的な採算性について分析する。

第5章「原発産業と『原発マネー』」においては、原発の「安全神話」を形成した「原子力ムラ」の実態を「原発マネー」の流れを分析しながら明らかにする。電力業界を中心とした政治家、官僚

（天下り）、マスコミ、学者の「原発産業のペンタゴン」（原発の5者同盟）への「原発マネー」の流れを解明する。さらに、1973年に成立した「電源三法」を基礎とする地方自治体への「原発マネー」についても分析する。最後に、福島原発の事故責任についても考察する。ある意味で、福島原発事故は第二次世界大戦の日本の敗戦と非常に類似している。

なぜ福島原発事故が発生したのか、歴史的、政治的、社会的、経済的な背景と要因が明らかにされる必要がある。事故責任が曖昧にされたまま、歴史のなかで消え去ることは許されない。第二次世界大戦の日本の敗戦の戦争責任と同じ「歴史の誤り」を繰り返してはならない。

この著作の出版については、2015年度九州国際大学学術研究書の出版助成・通算第22号を受けた。お世話になった大学関係者に深く感謝している。

本書を最愛の一人娘　中野　泉　に捧げる（2012年10月3日召天、享年18）。

2015年4月

中野　洋一

目　次

第3章 日本の原発輸出

第4章 福島原発事故と経済的損失

第5章　原発産業と「原発マネー」

終　章

図表一覧

第1章　1973年以後の世界の原発産業

第2章　中国の原発産業

第3章　日本の原発輸出

第１章

1973年以後の世界の原発産業

1　世界の原発の現状

２０１４年１月１日時点で、世界で運転中の原発は、４２６基、３億８６３５万キロワットである。２０１３年中に世界で新たに営業運転を開始したのは合計３基で、中国の２基、イランの１基であった。イランにとっては初めての商業炉運転であり、原発利用国は31ヵ国・地域に増大した。一方、同年にはアメリカと日本で合計６基の原発が閉鎖された。

次々ページの表１は、２０１４年１月１日時点の世界の原子力発電の現状を運転中の原発の発電量順に並べたものであり、建設中と計画中の基数も示している。世界第１位（運転中１００基）のアメリカから第31位（運転中１基）のアルメニアまで、31ヵ国・地域が運転中の原発を持っている。また、現在運転中の原発を持たない第32位のアラブ首長国連邦（ＵＡＥ）から第42位のカザフスタンまでの11ヵ国については、建設中と計画中の基数を示した。表１より、以下、原発の基数の多い国を示すと、第２位はフランスの運転中58基、建設中１基、第３位は日本の運転中（正確には運転停止中）48基、建設中４基、計画中８基、第４位はロシアの運転中29基、建設中11基、計画中17基、第５位は韓国の運転中23基、建設中５基、計画中４基であり、第６位は中国の運転中17基、建設中31基、計画中23基となっている。加えて、第15位のインドも運転中20基、建設中７基、計画中６基となっており、以上のなかでも、ロシア、韓国、中国、インドの４ヵ国は、建設中と計画中を加えると、近い将来、フランスと日本に匹敵する世界の「原発大国」になると予想できる。

一般社団法人・日本原子力産業協会の「世界の原子力発電開発の動向（２０１４年版）」（２０１４年４

月9日）のプレスリリースでは、世界の原発の現状について次のように報告されている。

2011年3月の福島原発事故の発生により、欧州のいくつかの国（ドイツ、スイスなど）が脱原発政策に転換し、新たな停滞期を迎えるかにみえたが、2013年は、アメリカで35年ぶりに4基が新規に本格着工されたほか、韓国、中国、インドでも新規着工があった。こうした動きにより、2014年1月1日時点で世界の建設中原子炉の基数は1992年以降最多の81基を数えるなど、世界の原子力発電開発は福島原発事故後も継続的に拡大している。このうち、アジアが中国の31基を含めて世界の6割強を占め、日本における停滞とは対照的に原発建設の伸張は堅実な動きをみせている。特に、原発の新規導入を目指す国々での進展は目覚ましく、イランでは、2011年から試運転が続けられていたブジェール原発1号機の建設を請け負ったロシア企業からイラン側に正式に引き渡す手続きが2013年9月に行われ、営業運転が開始された。アラブ首長国連邦（UAE）では2012年から導入初号基の建設作業を進め、2基目も建設工事を開始した。ロシアの資金援助を受けたベラルーシでは初の原発建設で最初のコンクリート打設が実施（2基契約、1号機は2018年に運転開始予定）され、同様にロシアの資金援助を受けたバングラデシュでも設計契約の締結とともに起工式が行われた。また、中国では建設中31基と相変わらず原発の建設ラッシュであり、2013年に新たに運転した寧徳1号基、紅沿河1号機は、中国広核集団公司（CGN）がフランスの技術をベースに開発した第3世代改良型のCPR1000設計である。(1)

なお、表1の「備考」は2015年2月時点で各種の報道などよりまとめたものである。特に、その表の「建設中」と「計画中」のなかで注目されるのは、中国の動きである。たとえば、イギリスの

表１　世界の原子力発電の現状（2014年１月１日時点）

順位	国　名	運転中出力（万キロワット）	運転中（基）	建設中（基）	計画中（基）	基数合計	備　考
第１位	アメリカ	10,328	100	5	5	110	建設中４基東芝・WH社（AP1000）受注
第２位	フランス	6,588	58	1		59	
第３位	日本	4,426	48	4	8	60	
第４位	ロシア	2,519	29	11	17	57	
第５位	韓国	2,071	23	5	4	32	
第６位	中国	1,478	17	31	23	71	建設中４基東芝・WH社（AP1000）受注
第７位	カナダ	1,424	19			19	
第８位	ウクライナ	1,381	15	2		17	
第９位	ドイツ	1,269	9			9	
第10位	イギリス	1,086	16		2	18	新設２基に中国も参加
第11位	スウェーデン	942	10			10	
第12位	スペイン	739	7			7	
第13位	ベルギー	619	7			7	
第14位	台湾	524	6	2		8	建設中２基（ABWR）（東芝、日立）現在中断
第15位	インド	478	20	7	6	33	
第16位	チェコ	415	6		2	8	
第17位	スイス	346	5			5	
第18位	フィンランド	286	4	1	2	7	建設中１基アレバ社（EPR）受注
第19位	ブルガリア	200	2		1	3	東芝・WH社（AP1000）１基受注
第20位	ハンガリー	200	4			4	旧ソ連４基建設
第21位	ブラジル	199	2	1		3	WH社１基、ドイツ１基建設、アレバ社１基受注

第22位	スロバキア	195	4	2		6	建設中2基ヨーロッパ共同プロジェクト
第23位	南アフリカ	194	2			2	
第24位	ルーマニア	141	2	3		5	新設2基中国受注
第25位	メキシコ	136	2			2	GE社2基建設
第26位	アルゼンチン	100	2	1		3	ドイツ2基建設、中国1基受注
第27位	イラン	100	1		1	2	ロシア1基建設、その他をロシア受注
第28位	パキスタン	78	3	2	2	7	中国3基建設、残りも中国受注
第29位	スロベニア	73	1			1	WH社建設
第30位	オランダ	51	1			1	
第31位	アルメニア	40	1			1	旧ソ連建設
第32位	UAE			2	2	4	建設中2基韓国受注
第33位	ベラルーシ			1	1	2	ロシア受注
第34位	トルコ				8	8	最初の2基ロシア、次の2基三菱・アレバ受注
第35位	インドネシア				4	4	最初の計画中断、高温ガス炉検討中
第36位	ベトナム				4	4	最初の2基ロシア、次の2基日本
第37位	バングラデシュ				2	2	ロシア受注
第38位	エジプト				2	2	国際入札予定
第39位	リトアニア				1	1	日立（ABWR）受注
第40位	ヨルダン				1	1	日本とフランス破れ、ロシア受注
第41位	イスラエル				1	1	
第42位	カザフスタン				1	1	東芝受注見込み
合　計	42ヵ国・地域	30,8635	426	81	100	607	

注）順位については2014年1月1日現在の運転中出力順とした。備考については2015年2月現在、報道より作成した。

出所）日本原子力産業協会『世界の原子力発電の動向2014年版』より作成。http://www.jaif.or.jp/ja/news/2014/doukou2014_reference.pdf

南西部ヒンクリーポイント原発新設においては中国の原発メーカーも参加する。ヒンクリーポイント原発新設は、アレバ社の欧州加圧水型炉（EPR）2基を建設する計画であり、総事業費は160億ポンド（約2兆5000億円）である。その出資は、フランス電力公社（EDF）が45～50％、中国広核集団（CGN）と中国核工業集団（CNNC）が計30～40％、アレバ社が10％である。契約期間は35年間で、2023年の発電開始予定である。[2]

さらに、2015年2月には中国がアルゼンチン（第26位）の原発新設も受注したとの発表があった。アルゼンチンの原発新設において中国核工業集団（CNNC）は中国が独自開発を進めてきた第3世代炉ACP1000を輸出するが、ACP1000の輸出はパキスタン（第28位）に次いで2ヵ国目となる。[3]

また、一般社団法人・日本原子力産業協会の「世界の原子力発電開発の動向（2015年版）」（2015年4月8日）のプレスリリースによれば、2014年に世界で新たに運転開始した原子炉は合計6基で、このうち5基が中国、残り1基がインドであった。これにより、表1に示した数より合計6基増加し、2015年1月1日時点の世界の原子力発電所は431基、約3億9000万キロワットとなっている。2014年においては、中国だけで5基が新たに運転開始し、中国の原発拡大計画が着々と進展していることが確認できる。これらの陽江原発1号機、寧徳原発2号機、紅沿河原発2号機、福清原発1号機、方家山原発1号機はすべて第2世代改良型炉で、2007～2008年にかけて着工された。23基目となる方家山原発2号機も2015年に入って送電を開始しており、中国は基数では世界第5位の韓国（23基）に並ぶ勢いとなっている。残りの1基は、インドで運転開始された

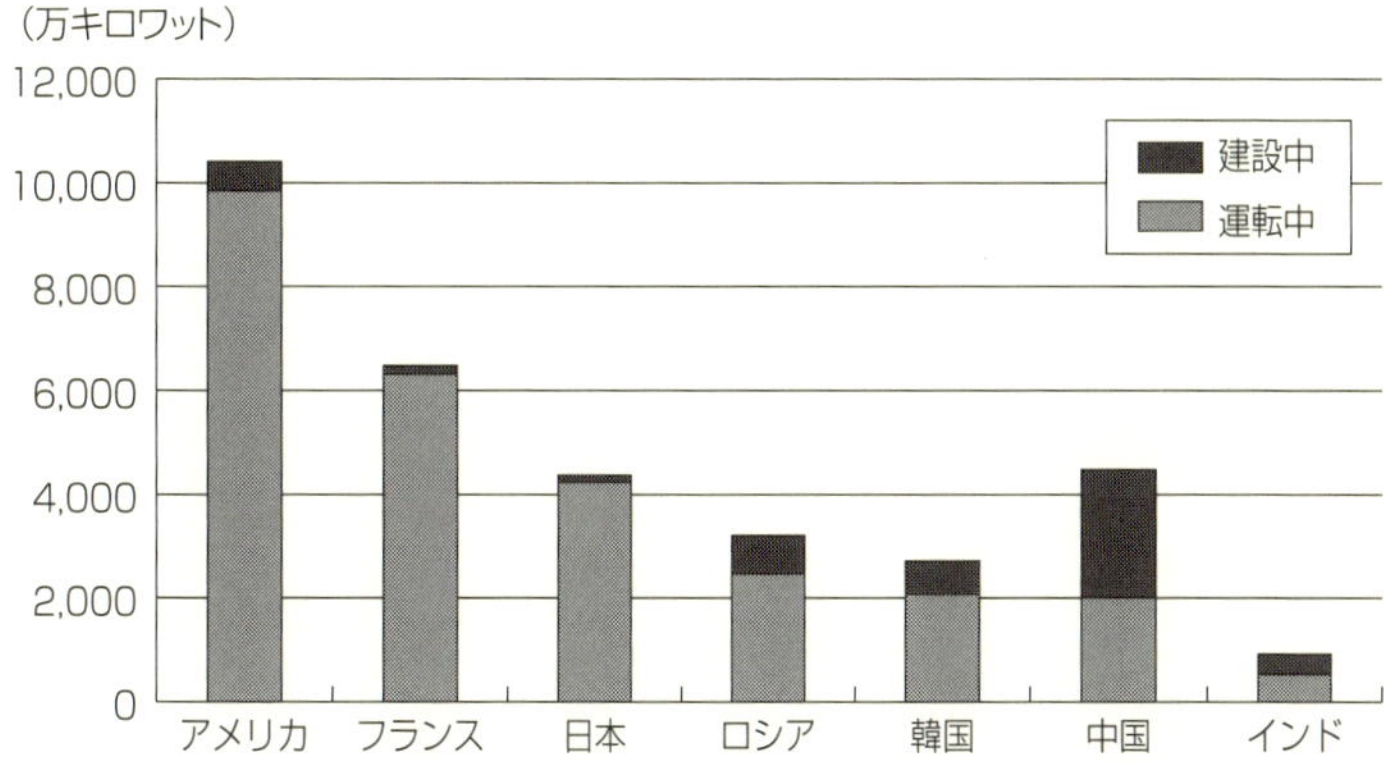

図１　主要国の原発の発電能力（2015年２月10日時点）

資料）国際原子力機関（IAEA）より。
出所）『朝日新聞』2015年２月12日付より作成。http://digital.asahi.com/articles/photo/AS20150211002772.html

クダンクラム原発1号機であり、ロシアが供給したインド初の加圧水型炉（ＰＷＲ）１００万キロワットであった[4]。

図1は、２０１５年２月時点の主要国の原発の発電能力を示したものである。上位６ヵ国、アメリカ、フランス、日本、ロシア、韓国、中国とインドの２０１５年２月時点の運転中と建設中の原発の発電能力を示したものであるが、特に中国の建設中原発が注目される。現在建設中の原発が運転開始となれば、中国は近い将来、第３位の日本を追い越し、第２位のフランスに次ぐ「原発大国」となることは確実である。中国は国内の原発新設だけでなく海外への原発輸出にも積極的である。

また、最近は日本の原発メーカーも原発輸出を活発化させている。たとえば、２０１５年１月には東芝・ウェスティング・ハウス社（ＷＨ社）の第３世代炉（ＡＰ１０００）のカザフスタン（第42位）への原発新設交渉、インドネシア（第35位）への高温ガス炉の売り込みの報道があった。また、ロシアも海外への原発輸出に積極的な姿勢を示している。たとえば、ベラルーシ（第33位）、トルコ（第34位）、ベトナム（第36位）、バングラデシュ（第37位）、ヨルダン（第40位）などの原発新設の受注に成功している。

また、国際エネルギー機関（ＩＥＡ）が２０１４年11月12日に発表した報告書（*World Energy Outlook 2014*）は、２０４０年までの世界のエネルギー展望を示しているが、これによれば、２０４０年までには世界のエネルギー需要は37％増加する。欧州の大半、北米、日本、韓国ではエネルギー需要は基本的に横ばいであるが、日本と韓国を除くアジア諸国（世界の60％）、アフリカ、中東、中南米にエネルギー需要は集中する。特に原子力発電容量は２０１３年の３・92億キロワットから、２０４０年には６・２億キロワット超へと約60％増加する。増加分の内訳は、中国45％、インド・韓国・ロシアの３国の計30％などである。２０１２年から２０４０年までの原子力エネルギーの成長率は、第１次エネルギー全体が１・37倍であるのに対して、原子力エネルギーは１・88倍であり、「その他の再生エネルギー」の６・46倍を除き他の主要なエネルギーより高い成長率である。ちなみに、他の主要なエネルギーの成長率を示すと、石炭１・15倍、石油１・14倍、ガス１・55倍、水力１・69倍、バイオエネルギー１・49倍である。(5)

2 石油危機と先進国のエネルギー政策の転換

ここでは、先進国において原子力エネルギーの導入と利用が急激に高まった時期、すなわち１９７

3年の第1次石油危機以後の世界の原発産業の展開についてみてみる。

「核の平和利用」、すなわち原子力エネルギーが先進国において急激に普及する契機となったのは、1973年の第1次石油危機と1979年の第2次石油危機であった。第1次石油危機までは、「石油メジャー」（当時「セブンシスターズ」と呼ばれる7つの国際石油資本）による世界の石油支配が続き、先進国の多くは石油エネルギーに依存していた。しかし、1973年の第4次中東戦争が勃発したその年にOPEC（石油輸出国機構）が石油を武器にしてアメリカと先進国に挑戦してくる。世界の原油価格は一気に約4倍に引き上げられ、第1次石油危機が発生した。1974～75年は戦後最大の世界不況に突入した。さらに、1979年には親米国家イランにおいて「イラン革命」によってパーレビ国王政権が崩壊し、同時にOPECによる原油価格の約3倍の引き上げがあり、第2次石油危機が発生した。1980～82年は戦後最大級の世界不況に再び突入した。

この2つの石油危機に対して、アメリカと先進国は、①エネルギー政策の転換、②非OPECの油田開発と増産（特に、アメリカのアラスカ油田の開発とイギリスの北海油田の開発）、③エネルギーの省力化政策（当時は「ME革命」と呼ばれた）、④OPEC有力国の取り込みと分裂戦略の展開、という4つの対応で2つの石油危機と世界不況を乗り切った。

先進国のエネルギー政策の転換をみると、先進国は第1次エネルギーのなかでも石油依存度を低下させることに努力する一方で、原子力エネルギーの増加すなわち原子力発電所の新増設という積極的対応を取った。具体的な数字を示すと、OECD諸国（経済協力開発機構、当時は24ヵ国の先進国）の一次エネルギー需要の推移は、1973年においては石油エネルギーが53・8％であったのに対して原子

表２　世界の原発産業の歴史（1973 年以降）

1973 年	第１次石油危機の発生
1974 年	田中角栄内閣で「電源三法」が成立
1979 年	第２次石油危機の発生 アメリカ、スリーマイル島原発事故の発生
1981 年	東電、日立、東芝、GE 社が新型沸騰水型炉（BRW）開発計画提携 三菱重工業と WH 社が新型加圧水型炉（PWR）で提携 高速増殖炉「もんじゅ」の新設、鈴木善幸内閣で閣議了解
1986 年	ソ連、チェルノブイリ原発事故の発生
1992 年	フランス政府、高速増殖炉「スパーフェニックス」の運転停止を発表 イギリス政府、高速増殖炉開発から撤退を発表
1993 年	青森県六ヶ所村の再処理工場が着工 中国の大亜湾原発１号機運転開始（フランスより技術導入）
1994 年	中国の泰山Ⅰ原発運転開始（圧力容器は三菱重工業）
1995 年	「もんじゅ」でナトリウム漏れ事故が発生し、運転停止する
1997 年	京都会議（COP３）で「京都議定書」の採択
1998 円	インドとパキスタンの核実験
1999 年	東海村の核燃料加工施設 JCO の臨界事故の発生（２人死亡）
2001 年	アメリカのブッシュ政権が原発推進の「国家エネルギー政策」を発表 ニューヨークテロ事件、アフガニスタン戦争（タリバン政権崩壊）
2002 年	東電の原発のデータ改ざんとトラブル隠しが発覚 （保安院が東電の責任を問い、南直哉社長以下５人が辞任）
2003 年	イラク戦争（フセイン政権崩壊） マネーゲームが活発化、世界の原油価格と資源・食糧価格の高騰が始まる
2004 年	関西電力の美浜原発３号機で蒸気噴出事故（５人死亡）
2005 年	「京都議定書」の発効（ロシアの批准を受けて発効要件を満たす） アメリカの第２期ブッシュ政権が「エネルギー政策法」を成立 （ブッシュ政権の原発輸出のターゲットは中国とインド） （アメリカ発の「ニュークリア・ルネサンス（原子力ルネサンス）」、同時にアメリカでの「シェール革命」が進行する） 小泉純一郎内閣で「原子力政策大綱」が閣議決定
2006 年	原子力委員会が「原子力立国計画」を決定 東芝が WH 社を買収 北朝鮮の核実験

2007年	アメリカが中国の第3世代原子炉（WH社 AP1000）4基を契約正式調印 オーストラリアと中国の原子力協力協定の締結（中国のウラン資源開発・輸入） 新潟県中越沖地震によって東電の柏崎刈羽原発の変圧器で火災が発生 福田康夫内閣が「原子力立国計画」を閣議決定
2008年	「京都議定書」の第1約束期間の開始（2008〜12年） アメリカとインドの原子力協定の締結・発効 世界の原油価格が1バレル147ドル（最高価格） 世界金融危機の発生
2009年	アメリカのオバマ政権が28基の建設・運転一括認可を申請 東芝がテキサス州の原発建設を受注（現在は停止状態） アメリカの天然ガス生産量（シェールガスを含む）が世界一となる
2010年	鳩山由紀夫内閣が「エネルギー基本計画」を閣議決定 菅直人首相、ベトナム訪問で原発2基の輸出に合意 「国際原子力開発」が設立（日本の原発輸出推進のための機関） GE社と日立の原発事業の統合 三菱重工業がアレバ社（フランス）に出資、企業連携
2011年	福島第一原発事故の発生 日本とカザフスタンの原子力協定が発効
2012年	4つの福島原発事故調査報告書の発表（民間、東電、国会、政府） 日本とベトナムの原子力協定が発効 日本とヨルダンの原子力協定が発効 菅直人内閣は原発輸出継続を閣議決定 菅直人首相「脱原発」を主張するが「菅おろし」で退陣
2013年	日本（安部晋三第2次内閣）はトルコおよびUEAと二国間原子力協定に署名 トルコのシノップ原発4基を三菱重工業・アレバ社が受注
2014年	安倍晋三首相とオランド仏大統領の首脳会談（原発推進を確認） 安倍晋三首相とシン印首相の首脳会談（原子力協定の早期妥結合意） 安倍晋三内閣が「エネルギー基本計画」を閣議決定 （原発を「重要なベースロード電源」と位置づける） 日本とトルコの原子力協定が発効 日本とUAEの原子力協定が発効 総選挙の結果、安部晋三第3次内閣が発足 アメリカの原油生産量（シェールオイルを含む）がサウジアラビアを抜いて世界一となる 世界の原油価格の暴落（100ドル前後から53ドルまで）（原油の供給過剰、シェールガス・オイル増産の影響）

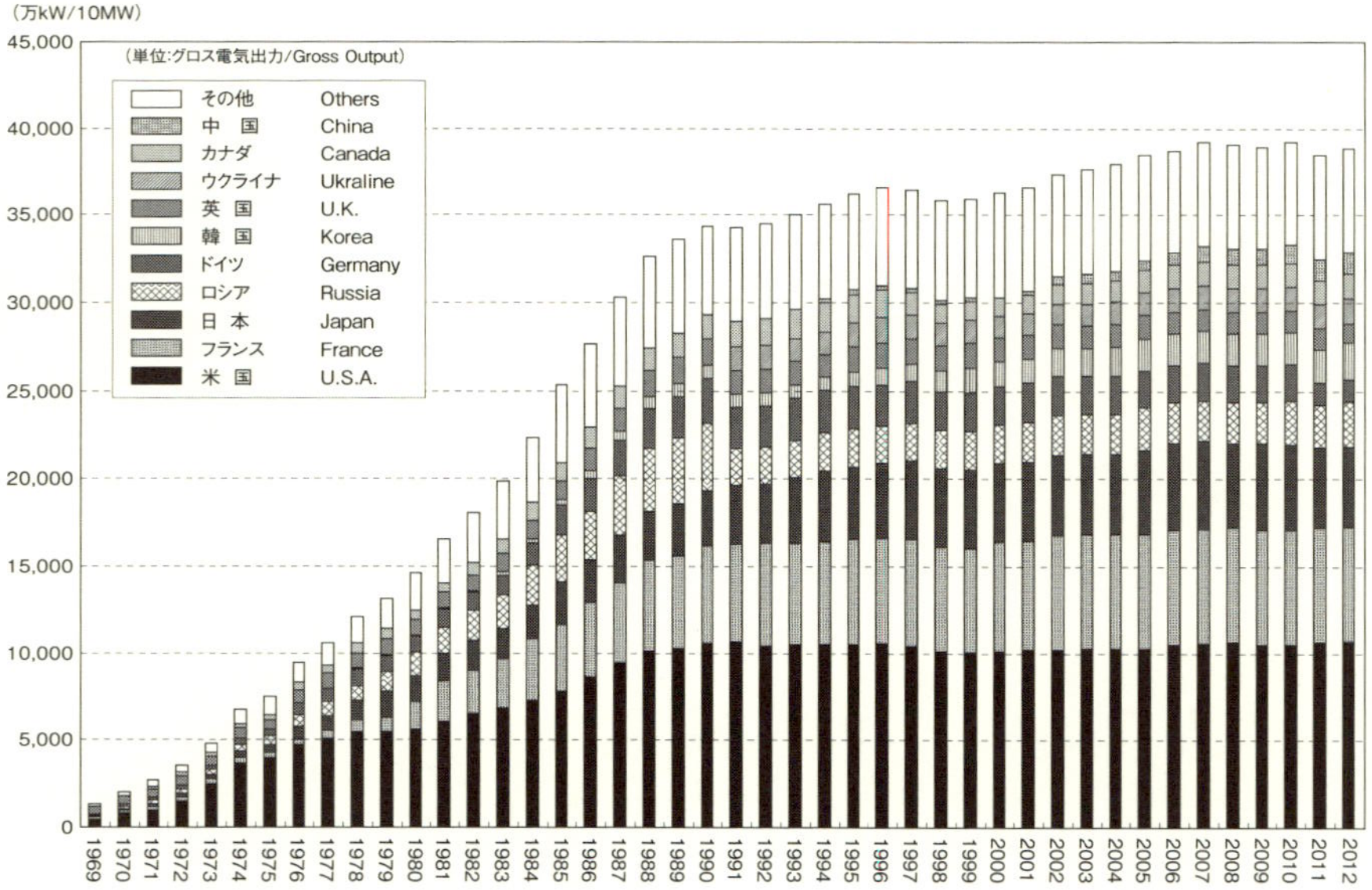

注 1：1991 年までのロシアのデータは旧ソ連のデータに基づく。
　2：中国のデータは 1994 年より挿入
Note 1：Data of Russia through 1991 are based on data ex.-U.S.S.R.
　2：Data of China have been included since 1994.

図２　世界の運転中原発の設備許容量推移（1969～2012 年）

出所）「世界の原子力発電開発の動向（プレスリリース）」日本原子力産業協会 2013 年 7 月より。

力エネルギーがわずかに1・2%を占めるに過ぎなかったが、1988年においては石油エネルギーが42・7%であったのに対して、原子力エネルギーは8・4%と急増した。この時期に先進国は、OPECに対抗してその石油依存度を低下させるために積極的に原子力エネルギーを導入し、原発の増設を急いだのである。その際先進国政府は、原発は「安全」で「安い」という大規模なプロパガンダを展開した。(6)

表2は、1973年の第1次石油危機以後の世界の主な原発産業における歴史的展開を示したものである。

また、図2は、1969年から2012年までの世界の運転中原発の整備許容量推移を示したものである。1973年の第1次石油危機の発生から1980年代後半まで、先進国を中心に原発の新増設が開始され、原発の設備許容量(発電能力)が急激に高まったことが確認できる。

しかし、1979年のアメリカのスリーマイル島原発事故の発生と1986年の旧ソ連のチェルノブイリ原発の人類史上最大の事故の発生により、1990年代以降各国での原発の新増設は停滞期に入る。特に、アメリカにおいては30年以上、ヨーロッパにおいては20年近くも原発の新規建設はほとんど止まった。だが、このような欧米の流れとは対照的に、1990年代以降、中国は原発の新増設を次々に開始し、日本も以前と比較すると建設ペースが落ちたとはいえ原発の新増設は継続された。

また、1990年代にはもう1つの動きが出てきた。それは、1992年にフランス政府が高速増殖炉「スーパーフェニックス」の運転停止を発表し、同年にイギリス政府も高速増殖炉開発からの撤退を発表したことであった。1997年には「スーパーフェニックス」の放棄が発表される。フランスとイギリスの高速増殖炉計画の撤退は、ヨーロッパでの原子力エネルギーの停滞を象徴する出来事であった。

これに対して、日本は1992年、青森県六ヶ所村の再処理工場に国の事業許可が下り、1993年には着工した。さらに、1995年には高速増殖炉「もんじゅ」でナトリウム漏れ事故（後に事実の隠蔽と虚偽報告が問題となる）が発生したにもかかわらず、1997年には通産省の総合エネルギー調査会がウラン燃料にプルトニウムを混ぜるMOX燃料を利用するプルサーマル計画の推進を決定した。現在においても、日本はプルトニウムを燃料とする高速増殖炉計画を放棄するどころか、2014年4月の安倍政権の「エネルギー基本計画」においてはアメリカやフランスなどと国際協力を進めつつ、高速増殖炉の研究開発に取り組むことを明らかにした。

3 世界のマネーゲームと原油価格の高騰

2000年代に入り、2001年の世界同時不況を抜け出したアメリカは「住宅バブル」の大好景気の時期を迎えて、新興国と呼ばれる中国とインドも大きな経済成長が続いた。この世界的な大好景気は2007年のサブプライムローン危機と2008年の世界金融危機の発生まで続く。中国もインドもその経済成長を続けるために大量のエネルギー確保が必要であった。2003年のイラク戦争後、世界のマネーゲームは石油を含む資源市場と食糧市場で大規模に展開されるようになり、世界の原油価格、資源・食糧価格は高騰を開始した。特に、世界の原油価格の高騰は激しく、2008年の世界

図３　世界の原油価格の推移（NYNEX WTI）（1989〜2011年）

出所）JOGMEC（独立行政法人　石油天然ガス・金属鉱物資源機構）のホームページより。
http://www.jogmec.go.jp/recommend_library/value_oil/index.html

金融危機の発生まで続いた。２００７年と２００８年には、貧しい途上国を中心に世界の穀物価格の高騰により「食糧危機」が発生した。

図３は、１９８９年から２０１１年までの世界の原油価格（ニューヨーク商品市場のＷＴＩ価格）の変動の推移を示したものである。世界の原油価格は１９８９年から２００２年頃までは、１９９０年のイラクのクウェート侵略時期（１９９１年の湾岸戦争前）の上昇、２００１年ニューヨークテロ事件前の上昇を除くと、ほぼ１バレル（１５９リットル）＝20ドル前後の水準であったことがわかる。２００３年のイラク戦争（フセイン政権崩壊）から世界の原油価格が世界のマネーゲームの対象となり巨額の資金が流れ込み、急激に価格上昇が開始される。２００４年後半には40ドルを超え、２００５年には60ドルを超え、２００６年には70ドルを超えて80ドル直前まで上昇した。２００７年前半は一時60ドル前後で落ち着くかにみら

れたが、同年後半からは再び高騰し、100ドル直前までに達する。2008年に入ると、あっさりと100ドルを超え、同年7月には1バレル＝147ドルの過去最高記録をつくる。しかし2008年9月のアメリカの投資銀行リーマンブラザーズの破綻を契機に世界は1929年世界恐慌以来の深刻な同時不況に突入する。世界金融危機の発生であった。2009年の金融危機の底の時期には、原油価格は40ドル前後まで下落するが、その後2010年には再び80ドル前後の水準へ戻る。その後は、図3には示されていないが、2013年までは80ドルから100ドルあたりで価格は推移し、2014年前半はほぼ100ドルあたりで比較的安定していた。しかし、2014年後半から53ドル（2014年12月31日時点）まで暴落する。それはOPECの生産調整の失敗による供給過剰とアメリカのシェールガス増産の影響とみられている。

このような2003年以降の世界の原油価格の高騰、エネルギー価格の高騰を背景に、次の節で論じる2000年代半ばの「原子力ルネサンス」は盛り上がり、中国やインドなどの新興国や途上国においても原発の新増設が計画され、アメリカや日本の原発輸出が具体化されていった。

4　ブッシュ政権のエネルギー政策と「原子力ルネサンス」

2001年にアメリカでジョージ・W・ブッシュ（ジュニア）政権が誕生した後、原発を取り巻く状況は大きく変化しはじめる。同年、ブッシュ政権は「国家エネルギー政策」を発表し、そのなかで原子力エネルギーについて温室効果ガスを発生しない大規模なエネルギー供給源であると評価し、エネルギー政策の主要な柱として原発を位置づけた。

さらに、2005年にはアメリカの第2期ブッシュ政権は原発推進のための「エネルギー政策法」(通称「包括エネルギー法」)を成立させた。また、同年には地球温暖化の原因と主張する温室効果ガス(特に二酸化炭素)削減のための「京都議定書」も発効した。

2005年8月、原油価格が1バレル60ドルを突破し、史上最高値を更新した。ブッシュ大統領は、4年越しのエネルギー法案に署名した。それが「エネルギー政策法」である。アメリカのエネルギー供給に占める海外石油依存度を低下させることを目的とした法律であった。アメリカの海外石油依存度は、1973年の36%から、1990年の44%、2000年の53%、2003年の57%と上昇していた。それに加えて、2003年以降、世界の原油価格は高騰している。したがって、海外石油依存度の上昇と原油価格の高騰は、アメリカの貿易赤字の大きな要因の1つであった。

この2005年のブッシュ政権の「エネルギー政策法」(通称「包括エネルギー法」)は、第一に消費効率を上げる技術革新の追求、第二に環境に配慮した国内でのエネルギー生産量の増加、第三に代替資源の開発促進、第四に超伝導送電線の開発などエネルギー関連の国内施設・インフラの近代化を掲げたものであった[7]。

特に注目されるのは、①代替エネルギーとしてのトウモロコシを原料とするエタノール生産の拡大であり、②原発の新増設を進める原子力活性化である。

まず「①代替エネルギーとしてのエタノール生産の拡大」については、2012年までにエタノール生産を35億ガロンから、最低でも75億ガロンに倍増させることを義務づけた。現在、アメリカでは毎年1億2000万トンものトウモロコシがエタノール生産に使われている。これはアメリカのトウモロコシ生産量の30％超に上る。自動車用燃料のガソリンに10％の比率でバイオエタノールを混ぜた「E10」にすることが義務づけられているからである。空気中の二酸化炭素を吸収する植物を起源とするバイオエタノールは「カーボンニュートラル」であるため、10％混ぜれば、その分、二酸化炭素の排出削減につながる。アメリカは現在まだ「京都議定書」のような気候変動枠組条約の締約国ではないが、バイオエタノールは二酸化炭素の排出削減の切り札にもなっているのである。しかしながらそのためエタノール原料のトウモロコシを食糧に回せないという事情があり、それは「E10の罠《わな》」と呼ばれている。(8) このエタノール政策の実施により、トウモロコシ市場がマネーゲームの投資対象となったことに加えて、アメリカのトウモロコシ需要のうちエタノール生産向けが激増したことが、国際穀物市場におけるトウモロコシ価格の高騰の重要な要因となった。そして、2007年と2008年に途上国においてはトウモロコシを含む食糧価格の高騰により「食糧危機」が発生した。(9)

2005年のブッシュ政権の「エネルギー政策法」が実施された時期からトウモロコシの価格は高騰している。2005年までは、1ブッシェル（トウモロコシの場合、1ブッシェル＝約25・4キログラム）当たり約2ドルであった価格が、その後上昇し、2006年には4ドルを超え、2011年には8ドルに迫った。その後、2012年8月21日には1ブッシェル＝8・3ドルの史上最高値をつけた。

次に、「②原発の新増設を進める原子力活性化」は新規先進的原発（第3世代炉）へのさまざまな支援政策であった。具体的項目をみると、次の6つである。(10)

第一に、2020年までに運転開始する新設原子炉に対して、最大6000メガワット（600万キロワット）の設備容量まで1キロワットにつき1・8セントの電力生産税額控除を認める。100メガワット（100万キロワット）当たりの年間最高控除額は1・25億ドルである。

第二に、プライス・アンダーソン法（2003年12月31日に失効）を2025年12月31日までの20年間延長する。原子力発電所運営事業者の事故等に際しての補償責任限度額を6300万ドルから9580万ドルに引き上げる。ただし、年間の支払額には1500万ドルの上限を設定する。

第三に、初期6基の新設原子炉に対して、建設中または発電所起動の初期に起こるかもしれない遅延による財政的な影響を国が20億ドルの連邦リスク保険プログラムでカバーすることによって新プラントへの投資保護を行う。

第四に、原子力研究開発と水素プロジェクトに29億5000万ドルを認可する（エネルギー部門の原子力発電2010プログラム、第4世代原子炉計画、燃料リサイクル核変換技術を評価する先進的燃料サイクル計画、大学における科学と工学を支援する一般的な原子力研究開発のための16億ドルが含まれる）。

第五に、次世代原子力発電所プロジェクトに2006年度から10年間で13億ドルを認可する。

第六に、テロによる原子炉への脅威を評価することをホワイトハウスとNRC（原子力規制委員会）に義務づけ、NRCには原子力発電所のライセンス発行前に国土安全保障省と協議するよう指示する。

以上のように、ブッシュ政権の「エネルギー政策法」は具体的政策による新規の先進的原発建設を推進し、こうしてアメリカ発の「ニュークリア・ルネサンス（原子力ルネサンス）」が世界中で盛り上がる。(11)

なお「原子力ルネサンス」の同時期に、アメリカにおいては「シェール革命」が進展していたのだが、これについては、後で取り上げる。

ブッシュ政権の原発産業への支援策のもう1つ重要なものは原発輸出であった。アメリカの原発輸出のターゲットは中国とインドであった。ブッシュ政権は中国とインドに対して原子力協定に向けた協議に着手した。アメリカと中国の原子力協定が正式に発効したのは1998年のクリントン政権の時期であった。その後、2003年にブッシュ政権下で原子力技術移転の実務に関する文書が交換され、輸出入開始に向けた法的手続きが整えられた。その後、2007年にアメリカは中国への第3世代炉（WH社のAP1000）4基の輸出を正式調印した。次に、2008年にはアメリカはインドとの原子力協定を締結した[12]。

しかし、インドはNPT条約（核兵器不拡散条約）の非締約国であり、そのNPT条約に基づく国際原子力機関（IAEA）との包括的保障措置協定も結んでいない。原発産業を持つ国が加盟する原子力供給グループ（NSG）はその非締約国（インド、パキスタン、イスラエル）との原子力貿易を禁止していた。アメリカはかつてNPT非締約国への原子力資機材や技術等の輸出を規制する国際的な規範の構築を主導した国であったので、アメリカとインドの原子力協定の締約は、これまでのアメリカの自らの行動と矛盾するものであった。しかしインドにおける原発市場においては今後の20年間で原発関連の機器設備や核燃料などの売上は1600億ドルと見込まれていたゆえ、アメリカは自らの国益を最優先させた行動に出た。いつもの、自身の国益のためなら手段を選ばないという典型的な行動原理であったアメリカとインドの原子力協定の締約後、フランス、ロシア、日本なども相次いでインドとの原子力協定締約の動きに出た[13]。

一方、日本においては、ブッシュ政権の動きのなかで、2005年に小泉内閣が原発推進を実行するために「原子力政策大綱」を閣議決定した。さらに、2006年には原子力委員会が「原子力立国計画」を決定し、2007年には福田内閣がその「原子力立国計画」を閣議決定した。そして、2006年には東芝がアメリカの代表的な原発メーカーであるWH社を買収し、着々と原発の新増設と原発輸出の体制を強化した。

5 WH社の売却と世界の原発メーカーの再編

アメリカには過去、世界の原発産業を代表するウェスティング・ハウス社（WH社）とジェネラル・エレクトリック社（GE社）の2社があった。

しかしWH社は、2006年10月、日本の東芝によって41億5800万ドル（約4900億円）で買収された。WH社は加圧水型炉（PWR）、東芝は沸騰水型炉（BWR）の原発企業であり、両社は過去にはライバル企業であった。世界の原発の6割以上が加圧水型炉であるが、沸騰水型炉の東芝が加圧水型炉のWH社を傘下に入れ、世界の代表的な原発企業となった。一方、GE社は、2010年11月に日本の日立との間で原発事業の統合合意を行った。日立・GE連合企業は、沸騰水型炉を専門とする原発企業である。世界に約100基ある沸騰水型炉（BWR）のうち日立は14基、GE社は54基を受注してきた実績がある。また、同じ2010年11月に、加圧水型炉の原発企業である三菱重工業は、フランスの原発企業アレバ社に出資して三菱・アレバの企業グループを形成した。三菱重工業は、かつてWH社から加圧水型炉の技術的支援を受けていたが、WH社が東芝に買収されたためアレバ社との企業連合（アトメア社）の設立を選択した。こうして、日本の東芝・WH、日立・GE、三菱・アレバの3つの原発企業グループが、現在は世界の原発産業において主要な巨大企業となっている(14)。

さて、ここで注目すべきは、2006年10月の東芝へのWH社の売却の歴史的背景である。

アメリカでは、1979年に発生したスリーマイル島の原発事故以来、30年以上にもわたって原発の新設がゼロであった。原発事故後、新規発注がほとんど途絶えただけでなく、すでに発注済みの新設計画を含むキャンセルは1983年までに合計106基にも上った。それだけアメリカ市民の原発批判と不信がいかに強かったかということである。さらに、1990年代には電力市場の自由化が進み、熾烈な価格競争が起こり、ますますコストの高い原発は必要とされなくなった。なぜならば、原発の巨額な新設費用、廃炉および核廃棄物の後始末費用（バックエンド費用）、万一の事故後の損害賠償などを考慮すると、原発はアメリカにおいては民間企業が中心の電気事業者にとっては割の合わない巨大ビジネスであったからである。しかし先述のように、2001年1月に誕生したブッシュ政権は、同年5月に「国家エネルギー政策」を発表し、そのなかで原子力推進の立場を明確にした。2005年に再選され第2期目に入ったブッシュ政権は原発政策をさらに進め、一連の優遇措置を盛り込んだ「エネルギー政策法」を議会で通過させ、新設支援を強力に推し進めた。2009年に誕生したオバマ政権もブッシュ政権のその原発政策を引き継ぎ、同年6月までに18プロジェクト、28基の建設・運転一括認可が原子力規制委員会に申請された。こうして、21世紀初頭にアメリカ発の「ニュークリア・ルネサンス」（原子力ルネサンス）と呼ばれる新しい核の波が起こり、日本を含む世界の原発産業の復興の大きな機会が訪れた。それによって、世界への原発輸出が本格的に展開され、その動きが活発となった[15]。

また、その「原子力ルネサンス」の盛り上がりにはもう1つの契機があった。それは、1997年12月に京都で開催された第3回国連気候変動枠組条約締約国会議（COP3）において採択された「京都議定書」が2005年から実際に発効したことである。COP3の後、批准国が規定の数に満たなかったために、その発効は困難と一時みなされていたが、ロシアが2005年に「京都議定書」を批准したために議定書の発効要件が満たされた。「京都議定書」の地球温暖化論によれば、地球温暖化の大きな要因は化石燃料を大量に消費することによって発生する温室効果ガスの1つである二酸化炭素の増加であるとされている。それゆえ、直接には二酸化炭素を排出しない原子力エネルギーは「クリーン・エネルギー」であり、これがアメリカ、日本、フランスなどの原発産業にとっては、原発政策を推進し、原発を新設・輸出するための最高の理由（口実）となった[16]。

このように原発が「クリーン・エネルギー」の選択肢の1つとして位置づけられたことが、世界の原発産業に大きなビジネス・チャンスをもたらすと同時に、原発産業の国際競争の激化ももたらした。その結果、東芝によるWH社の買収が大きな契機となり、世界の原発メーカーの再編を導いたのである。

図4は、世界の原発メーカーの再編を示したものである。1980年代には、アメリカにはWH社、GE社のほかにバブコック・アンド・ウィルコックス社（B&W）、コンバスチョン・エンジニアリング社（CE）の大手4社が存在した。フランスにはフラマトム社、その他スウェーデン、スイス、ド

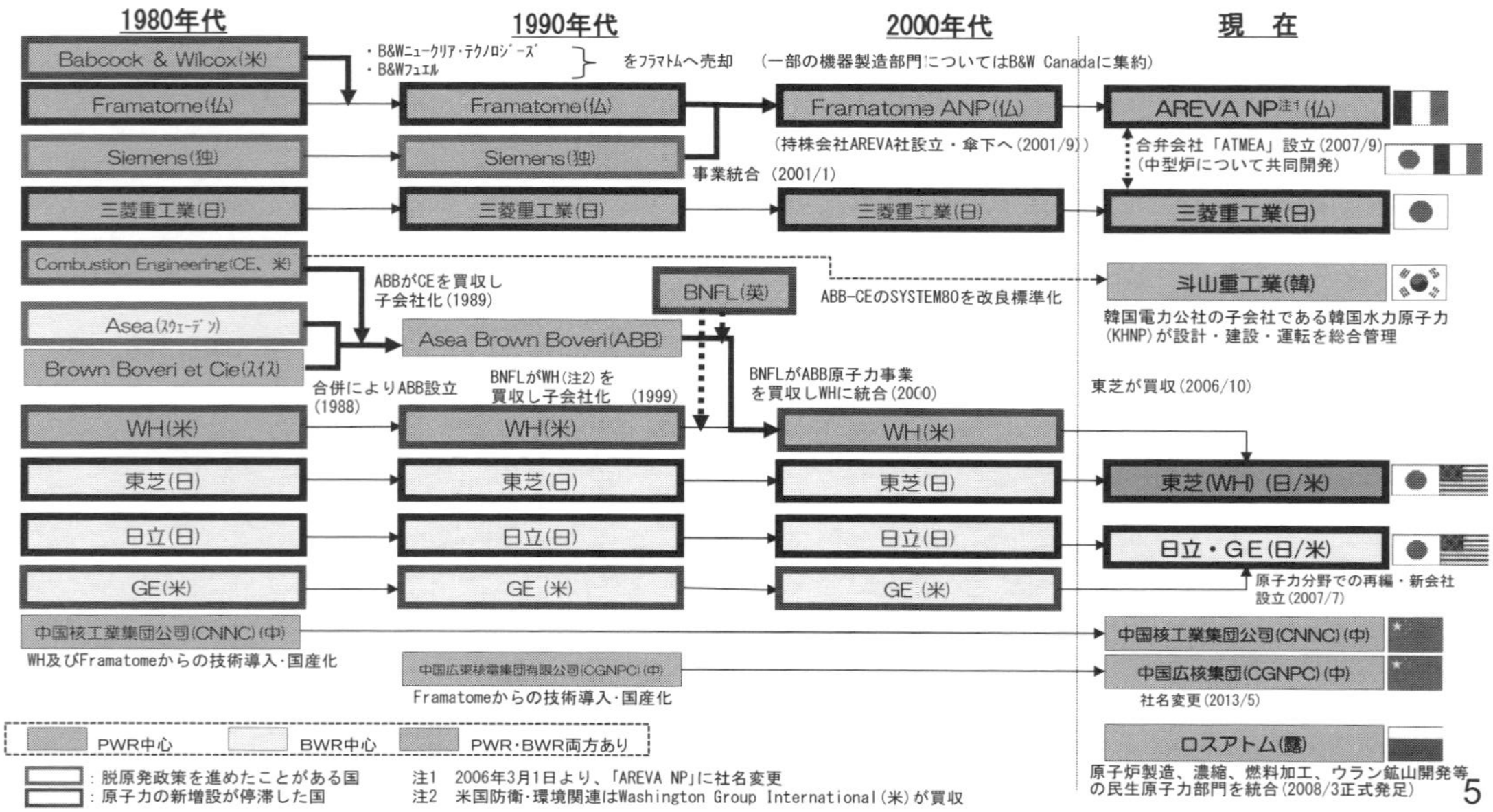

図４ 世界の原発メーカーの再編

資料）国際原子力機関（IAEA）より。

出所）「世界の原子力平和利用の貢献」総合資源エネルギー調査会原子力小委員会第７回会合資料４、2014年10月より。

イツ、中国に各1社が存在した。日本では、東芝と日立がGE社の沸騰水型炉（BWR）の技術導入を受け提携し、三菱重工業はWH社の加圧水型炉（PWR）の技術導入を受け提携していた。しかし、1979年のアメリカのスリーマイル島原発事故、1986年のソ連のチェルノブイリ原発事故の発生を受け1990年代以降は、アメリカとヨーロッパでの新規原発建設が停滞し、整理が進む。2000年代前半においては、アメリカのWH社、GE社の2社、日本の東芝、日立、三菱重工業の3社、フランスの1社、中国の2社などとなった。しかし、「原子力ルネサンス」が盛り上がると、2006年東芝がWH社を買収し、日米の原発産業の関係強化による原発新設と原発輸出が現実的状況となる。その東芝・WHの統合が大きな契機となり、その後、世界の原発メーカーの再編が生じた。先述したように、2007年には日立とGE社が原子力分野で新会社を設立し、これまでのWH社の関係が切れた三菱重工業はフランスのアレバ社と連携し、合弁会社アトメア社を設立して、中型炉の共同開発（加圧水型炉（PWR）、「ATMEA1」）を目指した。

日本の東芝と日立はもともと半導体分野、コンピューター分野、テレビ・家電分野などで大きな売上を占めていたが、それらの分野において韓国や中国の企業によって追い上げられていた。その結果、東芝と日立は、これらの市場から撤退するか、あるいは事業規模を縮小する傾向にあった。それは三菱グループの三菱電機も同様であった。それゆえ、東芝、日立、三菱重工業は、市場規模の大きい原発部門に新たなビジネス・チャンスを求める必要があった。

さて2005年にアメリカのブッシュ政権が原発推進と原発輸出を推し進める「エネルギー政策法」を発表すると、ロシアのプーチン大統領はそれに対抗するように、2006年に原子力事業の支援策を打ち出し、２００７年にロシアの原子力庁は軍事用と民生用を垂直統合した巨大な国営原子力企業ロスアトム社を発足させた。そして、ロシアはロスアトム社を中心に国内における原発新設だけでなく、世界に向けて積極的な原発輸出を開始した。ロシアは経済成長の著しい新興国を原子力プラントの輸出先として注目している。新興国は急速な電力需要の拡大に伴う電力不足に直面しており、原子力の導入に積極的なためである。ロシアの強みは原子炉製造能力だけでなく、ウラン鉱山、ウラン濃縮工場、再処理工場などを保有し、核燃料サイクルをパッケージで供給できること、低金利・長期返済で融資を提供する用意があることである。実際、２００６年以降、インド、中国、ベラルーシ、バングラデシュ、トルコ、ベトナム、フィンランドの7ヵ国から原子力プラントを受注した。それ以外にも、リトアニア、アルゼンチン、チェコ、ポーランドなどに売り込みをかけている[17]。

２０１１年の福島原発事故後、プーチン大統領が展開するトップセールスによって中国とインドなどにおいてロスアトム社は20基の原発建設の契約（２０１４年1月時点）に成功した。

特に、ロシアとインドの関係は深く、２０１４年12月11日にロシアのプーチン大統領はインドを訪問し、首都ニューデリーでモディ首相と会談し、インドにロシア製原子力発電所を新たに建設することなどで合意した。インドではロシアの技術協力を受けた南部タミルナド州のクダンクラム原発がすでに稼働しているが、今後20年間でインドにロシア製原発を少なくとも12基建設すること、また年間約１００億ドル（約1兆２０００億円）の二国間貿易額を、２０２５年までに３００億ドルにすることでも合意した。なお、世界最大の兵器輸入国であるインドにとってロシアは最大の調達先になっており、インドの兵器輸入額の75％をロシア製が占めている[18]。

中国とインド以外に成功した事例としては、ヨルダン（2013年10月にヨルダン政府正式発表）、フィンランド（2014年にハンヒキビ原発1号機の建設合意）、ハンガリー（2014年にパクシュ原発2基の建設合意）などがある。さらに、ロシアは40基の受注に向けて各国と交渉を進めている。(19)

一方、アメリカのWH社とGE社は1979年のスリーマイル島原発事故以来、実際には設計部門だけとなっていた。2005年にブッシュ政権が新規原発建設に対して支援策を示したが、長期的にみた場合は、原発事故、廃炉、高レベル放射性廃棄物の最終処理などの大きなリスクと費用負担を考えると、東芝へのWH社の売却はアメリカにとって大きな利益になると判断したことには合理性があった。さらに当時すでに進行していた「シェール革命」を考えると、アメリカは長期的には原発よりも安価で大量のエネルギーを確保できるとの判断があったはずである。

こうして、現在は、東芝・WH、日立・GE、三菱重工業・アレバ、韓国の斗山重工業、中国の中国核工業集団公司（CNNC）と中国広核集団公司（CGN）、ロシアのロスアトム社などが世界の代表的な原発メーカーとなっている。

しかしながら、その「原子力ルネサンス」の最盛期を迎えるところで発生した大事件が、2011年3月の福島原発事故であった。

6　アメリカの「シェール革命」

最近のエネルギー関連用語として「非在来型資源」がある。これは経済産業省所管の独立行政法人

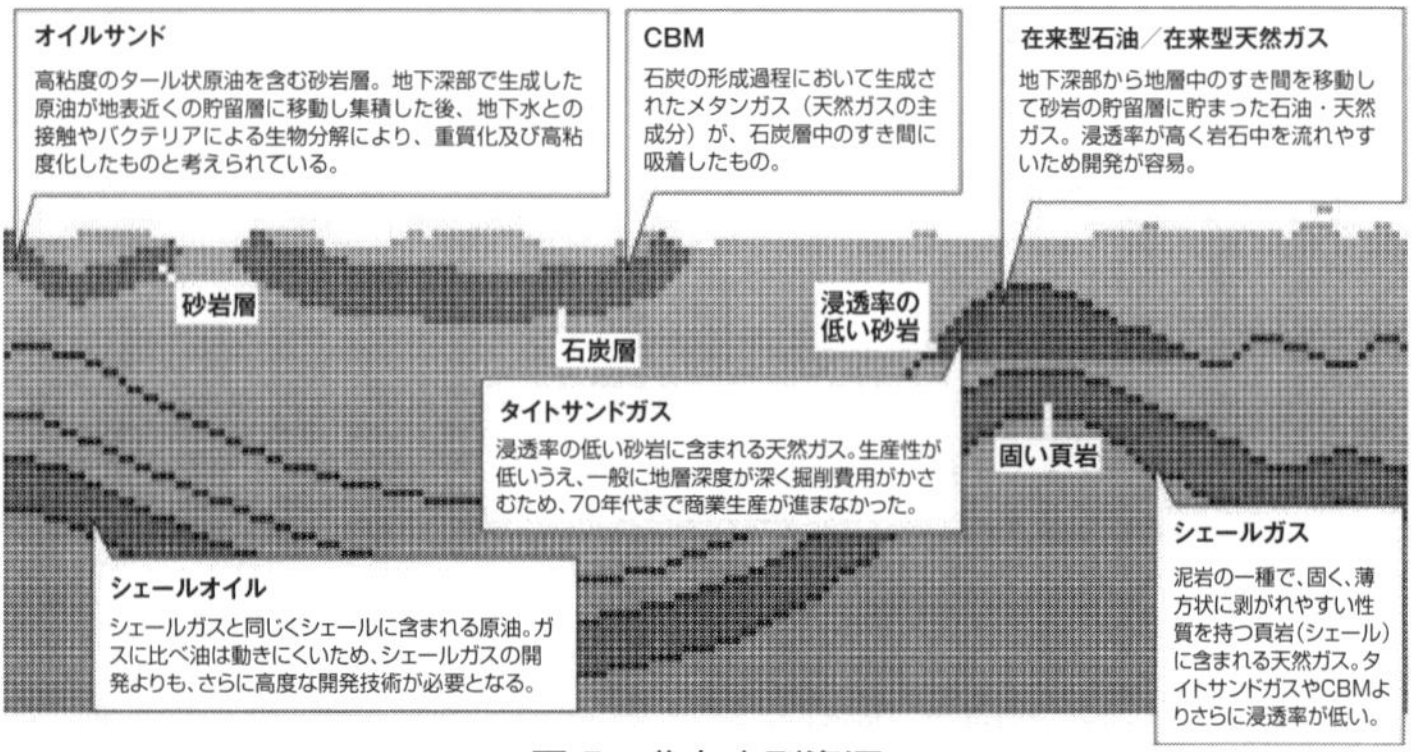

図５　非在来型資源

出所）JOGMEC（独立行政法人　石油天然ガス・金属鉱物資源機構）のホームページより。
http://www.jogmec.go.jp/library/contents3_02.html

であるＪＯＧＭＥＣ（独立行政法人　石油天然ガス・金属鉱物資源機構）のホームページからの説明によれば、次のとおりである。

「非在来型資源」について明確な定義はないが、一言でいうと「通常の油・ガス田以外から開発される石油・天然ガス」となり、古くから利用されてきた石油・天然ガス（＝在来型資源）とは区別されている。代表的な「非在来型資源」は、石油系では、「オイルサンド」や「シェールオイル」、天然ガス系では、「シェールガス」「タイトサンドガス」「ＣＢＭ（コールベッドメタン）」などが挙げられる。また、次世代の国産エネルギー資源として脚光を浴びている「メタンハイドレート」も、非在来型の天然ガスの一種とされている。[20]

非在来型資源を説明した図5が示すように、「オイルサンド」は高粘度のタール状原油を含む砂岩層、地下深部で生成した原油が地表近くの貯留層に移動し集積した後、地下水との接触やバクテリアによる生物分解により、重質化および高粘度化したものである。「シェールオイル」はシェールガスと同じくシェールに含まれる原油である。「シェールガス」は泥岩の一種で、固く、薄方状に剥がれやすい性質を持つ頁岩（シェール）に含まれる天然ガスである。「タイトサンドガス」は浸透率の低い砂岩に含まれる天然ガスである。「CBM（コールベッドメタン）」は石炭の形成過程において生産されたメタンガス（天然ガスの主成分）が石炭層中に隙間に吸着したものである。

このように、シェールガスは代表的な「非在来型ガス」の1つである。2000年代以降、人類の新しい有力なエネルギー資源の1つとしてシェールオイルとともに注目されるようになった。

シェールガスおよびシェールオイルは泥岩の一種である頁岩（シェール）の微細な隙間に閉じ込められた天然ガスや原油であるため、これを取り出すためには高度な技術が必要であったが、「水平坑井」掘削技術と「水圧破砕」技術、加えて地震波を利用しガス回収の効率向上に必要な情報を得るための「マイクロサイスミック」技術を組み合わせ緻密な頁岩（シェール）からのガス回収の生産性を高めることで、商業規模の天然ガスや原油の生産が可能となった。アメリカでは2000年代初頭から開発が進み、2010年前後から大規模な生産が行われるようになっている[21]。

その生産技術である水平坑井と水圧破砕は、1990年代半ばより世界中に広がり、在来型貯留層、石炭層、タイトガスサンド、シェールガスに適用されている。たとえば、1994年、アメリカのテキサス州のバーネット・シェールガス開発において4坑だった水平坑井は、2004年までに744坑に激増した。これは、特に水平坑井の仕上げ技術（多段階フラクチャリング）の進歩によるところが大きかった[22]。なお、水平坑井の掘削仕上げコストは垂直井の2倍であったが、1坑当たりの生産量と可採埋蔵量は3倍である。

２０００年代に入りアメリカにおいてシェールガスの本格的な商業生産が開始され、２００９年以降、アメリカは世界の天然ガス産出量でロシアを上回って世界一となった。こうして、21世紀初頭にアメリカで始まった「シェール革命」の恩恵で、アメリカのシェールガス生産量は拡大の一途をたどっている。２０００年には1日当たり12億立方フィート（３４００万立方メートル）、非在来型ガス生産全体の2％に過ぎなかったが、２００８年には1日当たり47億立方フィート（1億３３００万立方メートル）、８％を占めるまでに成長した。２０１０年には1日当たり１３７億立方フィート（3億８４００万立方メートル）に急増し、在来型を含めたアメリカの天然ガス生産量全体の20％を超えるまでに拡大した。アメリカのエネルギー省（ＤＯＥ）は、今後も右肩上がりでシェールガス生産が拡大すると予測している[23]。

２０１１年4月のアメリカのエネルギー情報局（ＥＩＡ）の発表によれば、世界のシェールガスが地下に存在する量を示す「原始埋蔵量」が2万５３００兆立方フィート（７１７兆立方メートル）、技術的に地上まで回収可能な量を示す「技術的回収可能資源量」が６６６2兆立方フィート（１８８兆立方メートル）であると推定されている。また、国際エネルギー機関（ＩＥＡ）の２００９年の資料によれば、世界の天然ガス資源の「技術的回収可能資源量」は、在来型が４０４兆立方メートル、非在来型が２３０・３兆立方メートルである。その数字を基礎に市場ガス価格の変動を見越して、「技術的回収可能資源量」の半分近くが経済合理的に地下から取り出せ、年間の天然ガス消費量が２００８年時の１０６兆立方フィート（3兆立方メートル）で推移すると仮定して世界の天然ガスの可能採掘年数を試算（ＪＯＧＭＥＣの試算）すると、在来型天然ガスの残存確認可能採掘埋蔵量（２００９年時点で１８

1・2兆立方メートル）をベースとした60年に、その試算数字、115・2兆立方メートル、105・8年を加えると、296・5兆立方メートル、165・8年となる。すなわち、天然ガス資源は少なくとも60年から160年に大幅に増加することになる。シェールガスをはじめとする非在来型ガスがいかに膨大なエネルギー資源となるかがわかる[24]。

図6は、シェールガスおよびシェールオイルの「技術的回収可能資源量」に基づく地域別分布を示した円グラフである。これが示すように、現在、「シェール革命」によって実際にその開発が進んでいるアメリカは実は全体の13・0%に過ぎない。資源量としてもっとも多いのは中国の19・3%である。ほかにアメリカ大陸には、メキシコの10・3%、カナダの5・9%、アルゼンチンの11・7%などがある。ヨーロッパにもポーランドやフランスなどに9・6%、アフリカにも15・7%があり、世界のかなり広い地域に存在していることがわかっている。

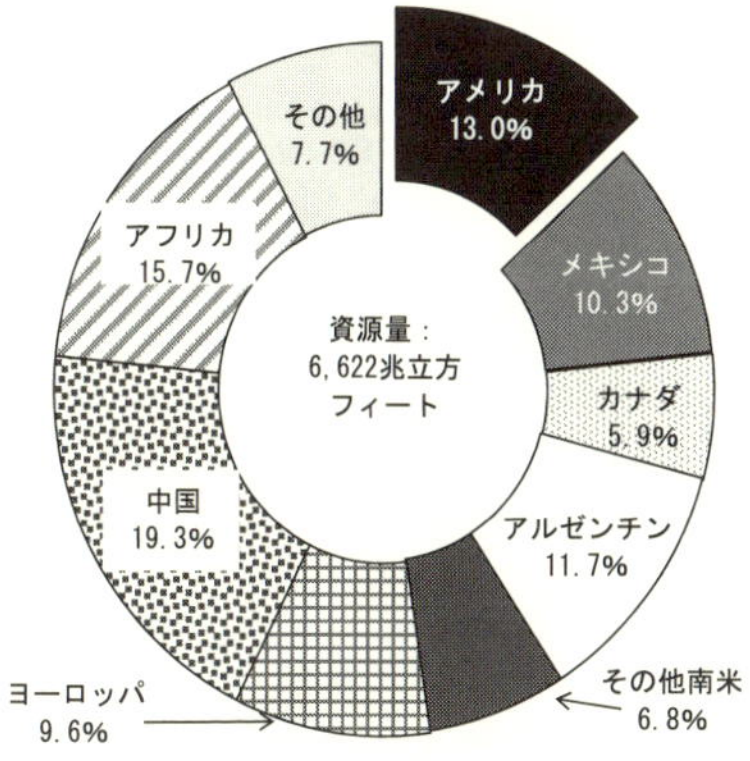

図6　シェールガス・シェールオイルの地域別分布

出所）内閣府『世界経済の潮流 2014 年Ⅰ』第 2-1-3-13 図より。

前にみたように、2003年以降は世界の原油価格の高騰が続いていたが、その一方でアメリカ国内においては「シェール革命」が進行していた。実際、2009年にアメリカはシェールガスを含む天然ガス生産においてロシアを追い抜き、世界一となる。一方、2014年前半には、世界の原油価格は1バ

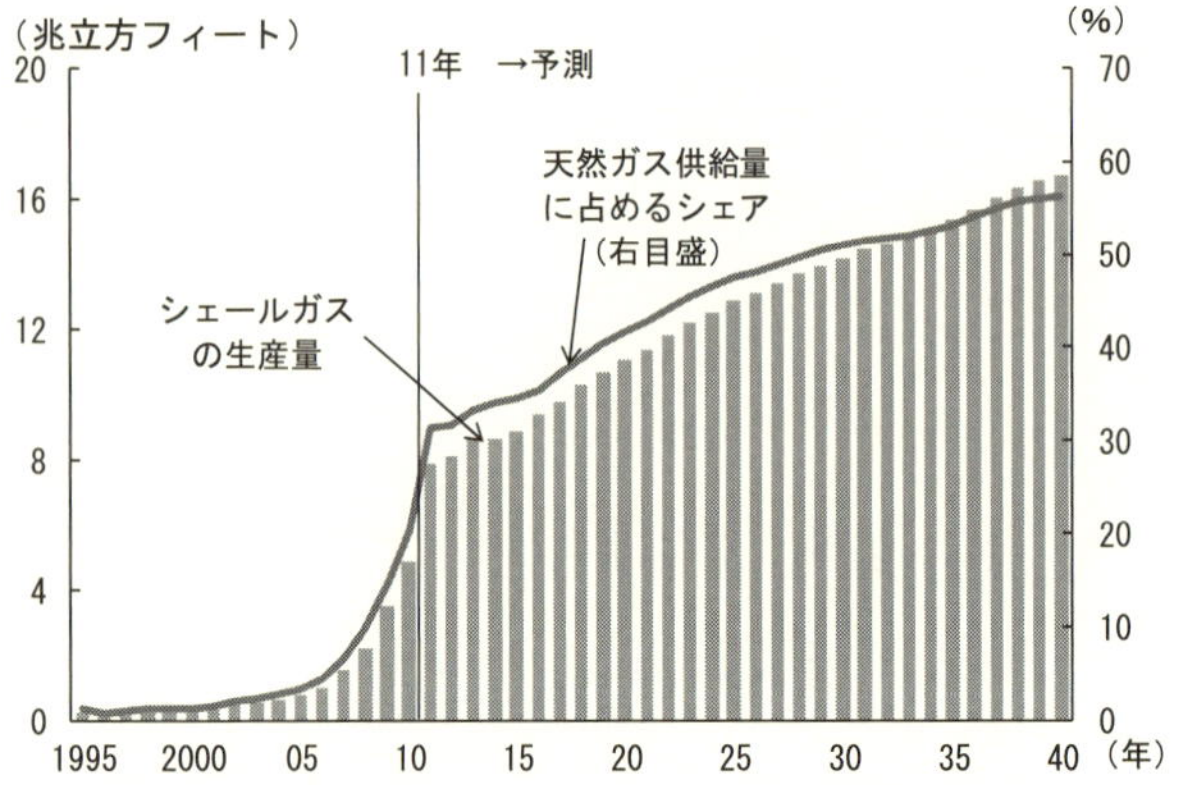

図７　アメリカにおけるシェールガス生産の見通し

出所）内閣府『世界経済の潮流 2014 年Ｉ』第 2-1-3-10 図より。

レル＝１００ドル前後の水準であったが、２０１４年12月末には約半分の53ドルにまで暴落した。これはＯＰＥＣの生産調整の失敗による原油の過剰生産と「シェール革命」による天然ガス生産の増加の影響とみられている。

アメリカのエネルギー情報局（ＥＩＡ）は、２０４０年までの「シェール革命」の予測を示している。アメリカにおけるシェールガス生産の見通しを示した図７が示すように、アメリカのシェールガス生産は、２００５年頃から急激に増加したことがわかる。２０１１年時点で、アメリカの天然ガスの供給量の約30％近くまで急増した。今後もさらに生産量の増加の可能性があり、将来的には50％を超える見通しを示している。ただし、今後、実際にその予測通りになるかどうかは、世界の原油価格の動向しだいである（これについては後の節で扱う）。

また、図８は、同じアメリカのエネルギー情報局（ＥＩＡ）によるアメリカにおけるシェールオイル生産の見通しを示したグラフである。シェールオイルも、２００７年頃から急激に生産量が増加している。２０１１年時

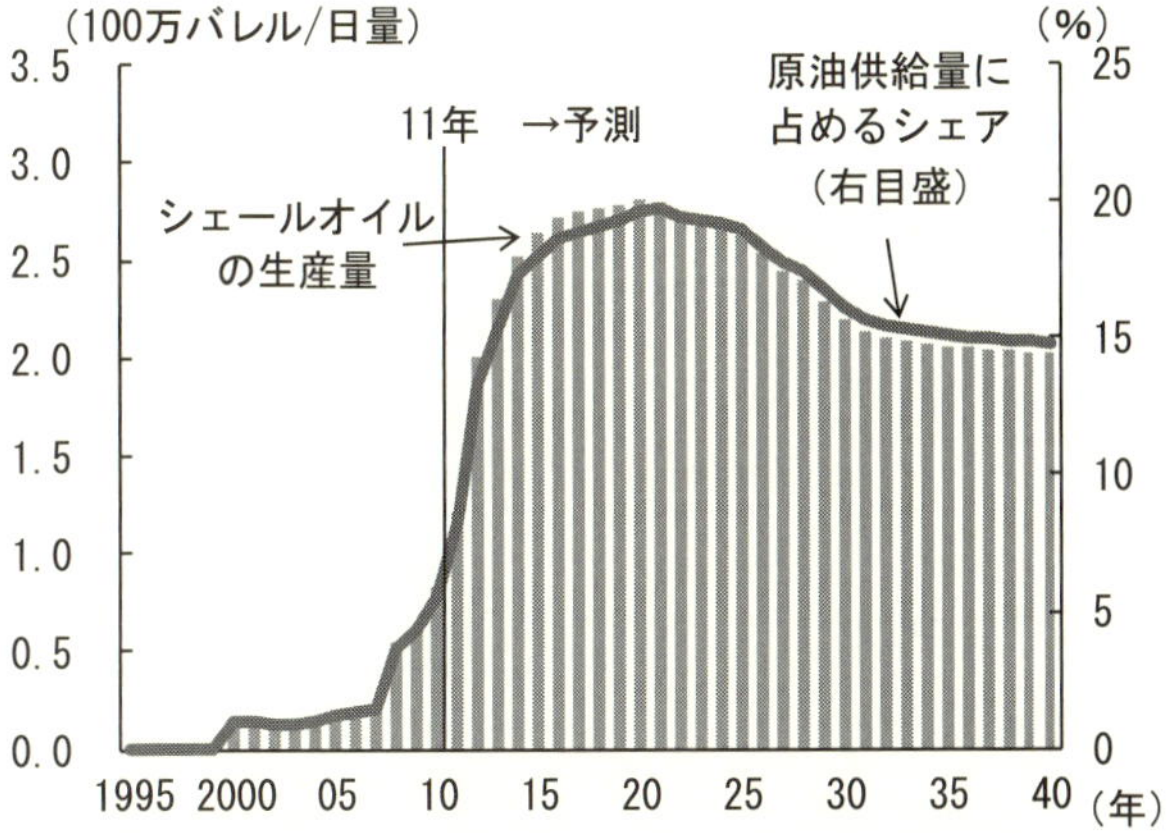

図８　アメリカにおけるシェールオイル生産の見通し

出所）内閣府『世界経済の潮流 2014 年Ⅰ』第 2-1-3-12 図より。

点では、その生産量は1日当たり100万バレルに近づき、原油供給量に占めるシェアは5％を超えている。予測としては、今後5年くらいはシェールオイル生産の急増が見込まれ、将来的には原油供給量に占めるシェアは15％程度で安定する見通しである。ただし、これも実際に予測通りになるかどうかは、世界の原油価格の変動しだいである（これについても後の節で扱う）。

アメリカにおける「シェール革命」に対して当初は様子見であった世界の大手石油メジャーは、シェールオイル生産およびシェールガス生産が拡大しはじめてきた。2008年頃になって本格的にシェール開発に参入してきた。BPは中小事業者であるチュサピークが持つウッドフォードシェール権益を買収し、ロイヤルダッチシェルは同様に中小事業者のエンカナとヘインズヴィル・シェール層でのガス開発でパートナーシップを結んだ。エクソンモービルは2010年にシェールガス開発で急成長していた当時国内ガス生産第2位のXTOエナジーを400億ドルで買収した。世界の大手石油メジャーがシェール開発の中小事業者やその権益の買収に動いたことで、巨額な資金が投入され、アメリカでの「シェール革命」は加速された[25]。

以上みてきたようなアメリカの「シェール革命」によるシェールガスおよびシェールオイルの急激な生産量の増加は、大きな影響をもたらしている。これについては第9節で取り上げる。

7 「シェール革命」とアメリカの貿易収支

2000年代に入っての「シェール革命」の進行は、アメリカ経済、特にアメリカの貿易収支について大きな変化をもたらしている。「シェール革命」によるエネルギー生産についてみると、2000年代後半期に大きな変化が確認できる。

2000年から2014年までのアメリカの原油生産の動向を示した図9が示すように、アメリカの原油生産は、「シェール革命」が進行した2008年を転機に急激に上昇している。2000年のアメリカの原油生産は、1日当たり588万バレルであったが、その後低下し、2008年には1日当たり496万バレルまで落ち込み底となる。しかし、翌年の2009年からは生産量は一転して増加に転じ、2012年には649万バレルとなり、2013年には772万バレル、2014年には853万バレルまで急増した。アメリカにおいては、1970年の1日当たり964万バレルが過去最高の生産量で、それ以降は、徐々にその生産量は低下したが2014年時点では、アメリカの原油生産量は、1970年代後半の水準までに回復した。今後もその生産量は増加する可能性がある（な

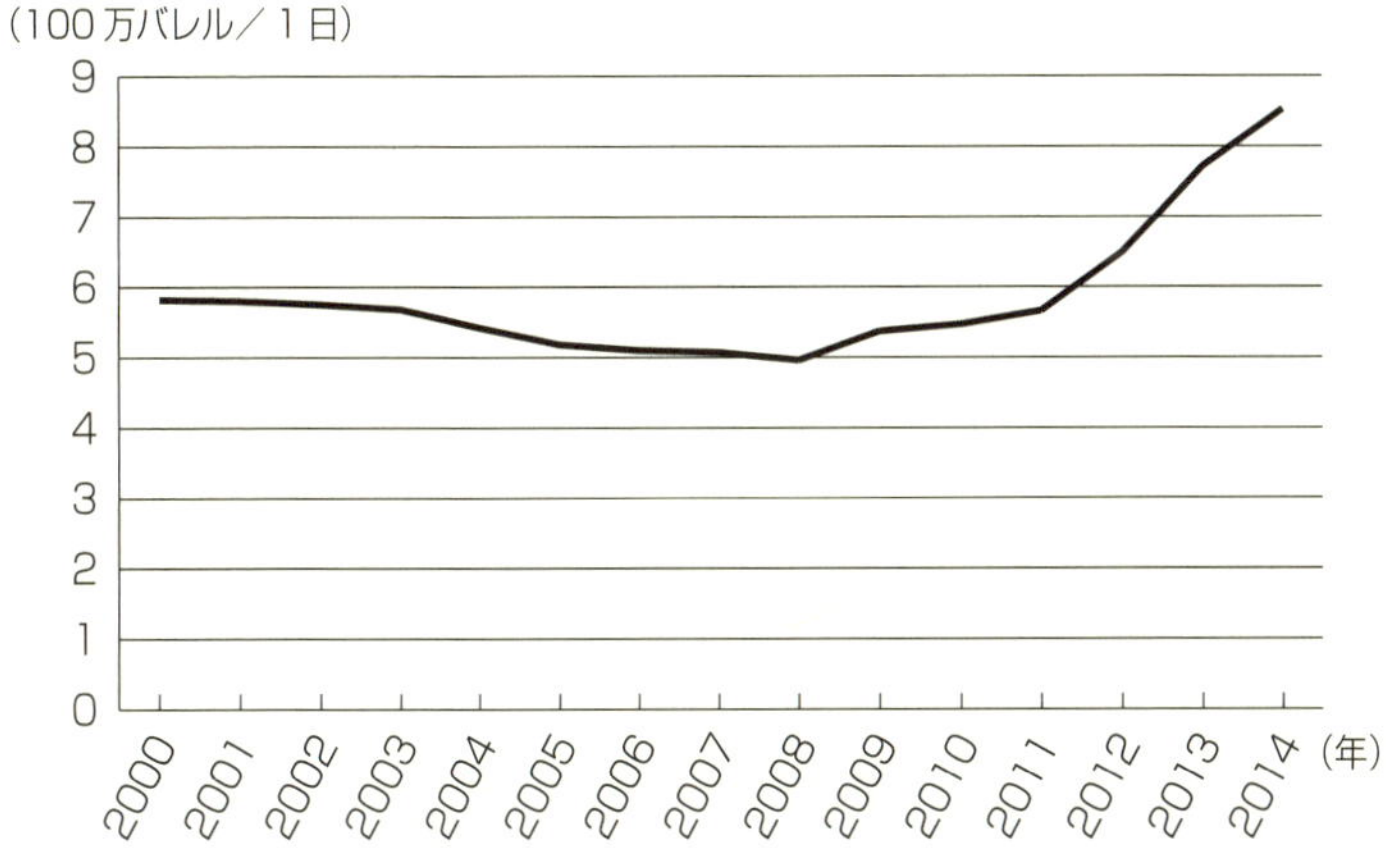

図9　アメリカの原油生産（2000～2014年）

出所）EIA、Annual Energy Outlook 2014より作成。

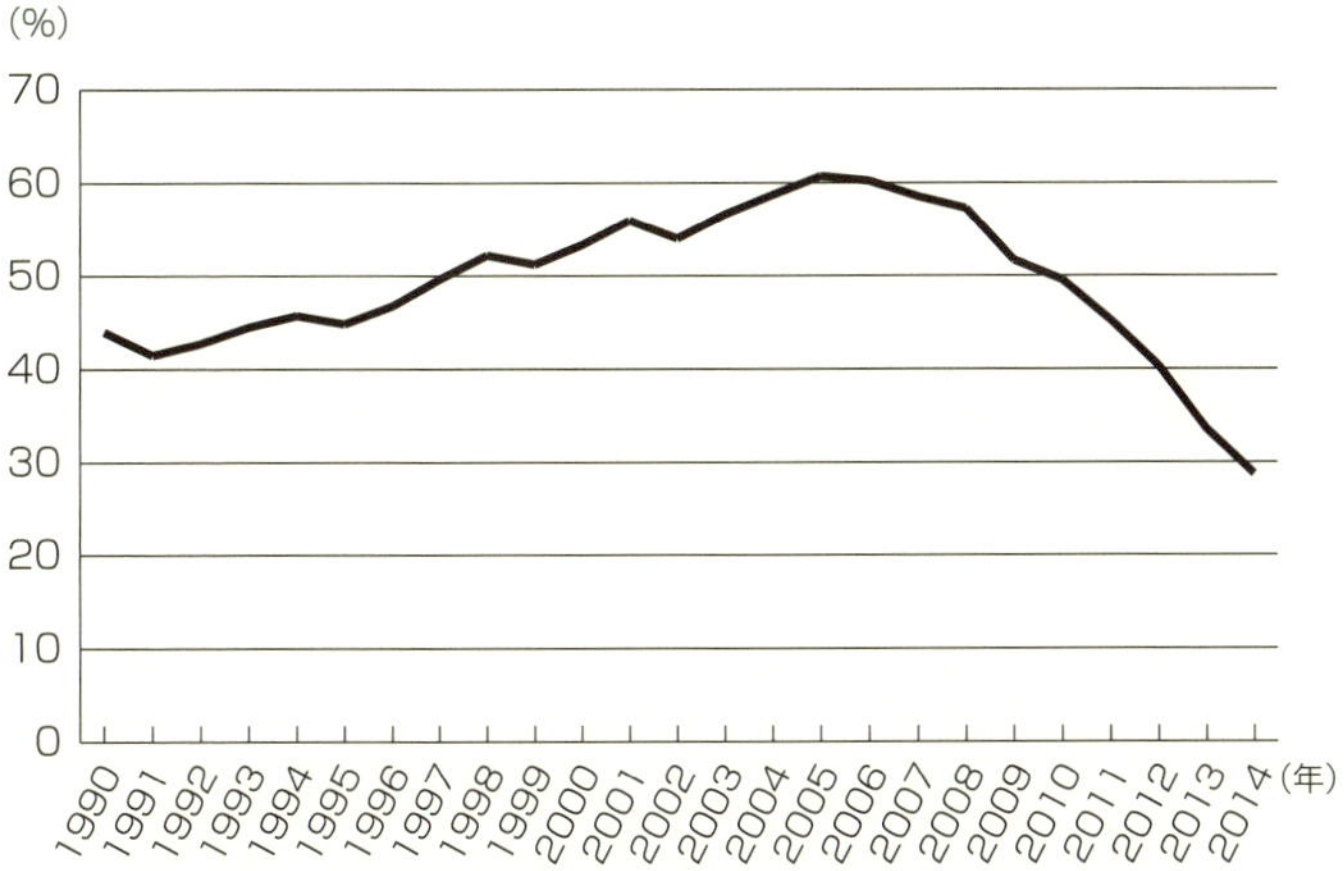

図10　アメリカの原油海外依存率（1990～2014年）

出所）EIA、Annual Energy Outlook 2014より作成。

お、BP社の2015年6月の発表によれば、2014年のアメリカの原油生産量はサウジアラビアを抜き、世界一となった)。

また、BP社の2014年の報告書によれば、2013年にはアメリカの化石燃料の生産はアメリカ史上最大の増産があり、国内のエネルギー需要の84%を生産していると指摘している。2005年にはそれは69%であった[26]。

このように、アメリカの国内の「シェール革命」の影響は大きく、結果として、アメリカの原油の海外依存率が低下した。図10は、1990年から2014年までのアメリカの原油の海外依存率の推移を示したものである。アメリカの原油の海外依存率は、2005年が60・7%で過去最悪の記録であった。同年にブッシュ政権の「エネルギー政策法」(通称「包括的エネルギー法」)が発表されたのは、原発の復活および推進を含む新しいエネルギー政策を展開し、その海外依存率を低下させることが大きな目的の1つであった。1991年には41・5%であった海外依存率は、1998年には52・2%、2003年のイラク戦争の時点では56・6%となり、この頃から、原油などの資源市場や食糧市場で世界のマネーゲームが展開されはじめた。2008年の世界金融危機の直前の7月には原油価格は1バレル=147ドルの過去最高を記録する。しかし、「シェール革命」の効果でアメリカの原油の海外依存率は低下を続けた。2010年には49・6%、2012年には40・3%、2013年には33・5%、2014年には30%を切り、28・8%まで低下した。これは後でみるように、アメリカの貿易赤字の減少をもたらす。

前にも少し触れたが、2005年にブッシュ政権が「エネルギー政策法」を通過させ、「原子力ルネサンス」を推進するために新型原発建設の優遇策を示したが、その後、2009年に誕生したオバマ政権もそのブッシュ政権の原発政策を引き継ぎ、同年に18プロジェクト、28基の建設・運転一括認可を原子力規制委員会に申請した。しかし、2014年の時点で、その18件のプロジェクトのうち、認可が下りたのは2件（サマー原発2・3号機、ボーグル原発3・4号機、すべて第3世代炉のAP1000）、審査中がサウステキサス・プロジェクト（STP）計画（ブッシュ政権がモデルケースと称した日本の原発メーカー東芝によるアメリカ市場進出第1号）を含む9件、保留が7件である。このうち債務保証についてアメリカ政府と事業者が合意に達したのは1件（ボーグル原発、2014年2月）だけである。このように、ブッシュ政権が「原子力ルネサンス」として原発復帰策を打ち出して15年近く経過したが、「シェール革命」が進行し、シェールガスおよびシェールオイルが急激に増産されているなかで、電力市場の自由化のもとに市場競争力に劣る原発がアメリカにおいて次々と新設されるであろうか。アメリカ国内の電力市場の自由化と「シェール革命」を考慮すると、アメリカ政府の推進する原発の復帰政策が今後も順調に進むとは考えられない。原発建設コストとその他のすべてのコストを考慮すると、民間会社である電力会社にとって原発はもともと採算が合わないばかりか、2011年の福島原発事故の負の影響は電力事業者にとって大きいからである[27]。

さて、「シェール革命」とアメリカの貿易赤字の関係をみると、興味深い事実を確認できる。図11は、2000年から2013年までのアメリカの貿易収支を示したものである。なお図11は、その間の石油関連（燃料）の赤字と石油関連以外の赤字も示している。

アメリカは2000年以降も貿易赤字が継続する。2000年と2001年の貿易赤字は3000

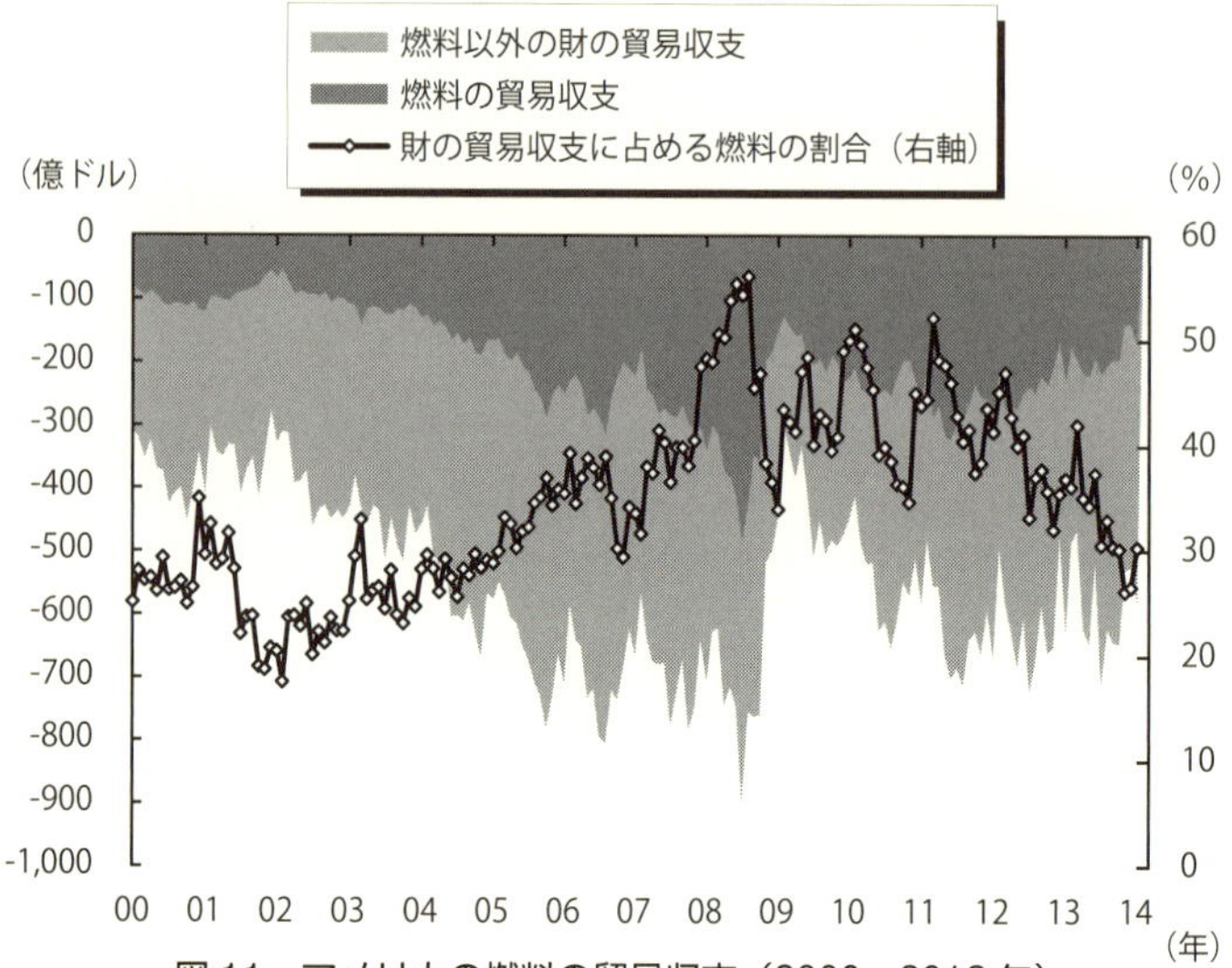

図11　アメリカの燃料の貿易収支（2000〜2013年）

出所）笠原滝平「発現し始めた米国におけるシェール革命の影響」『大和総研調査季報』2014年春季号（第14号）、141頁。http://www.dir.co.jp/research/report/overseas/usa/20140602_008575.pdf

億ドル台であったが、２００２年には４０００億ドルを超え、２００３年には約５０００億ドルとなり、２００４年には約６０００億ドルであった。２００５年には７０００億ドルを超え、２００８年まで７０００億ドル台を継続した。２００９年には、世界金融危機の影響で深刻な世界不況となり、貿易取引全体が激減し、４０００億ドルを下回るが、２０１０年からは再び貿易赤字が拡大し、２０１２年まで５０００億ドルを超える。２０１２年における貿易赤字額は５３４７億ドルであった。貿易赤字のうち、図11が示すように石油関連（燃料）の赤字をみると、２００３年頃から石油関連の占める割合が20％台から30％台、40％台へと上昇し、２００８年から２０１１年まではその石油関連の赤字額が約半分近くを占めている。また、２０１１年以降は、石油関連の貿易赤字額が減少傾向にあることもわかる。実際、２０１２年の貿易収支赤字に占める石油関連の赤字額は２９１３億ドル、約39％に低下した。２０１３年末には石油関連の割合はさらに約30％に低下した[28]。

２００５年から２００８年の世界金融危機までアメリカの石油（燃料）輸入が増加し、その赤字が金融危機の直前には４００億ドル台まで拡大した。２００９年には世界金融危機の底にあり、石油輸入も一度は激減し、その赤字も１００億ドル台まで急落するが、２０１１年前半までは再び約３００億ドルまで増加した。しかし、「シェール革命」によるシェールガスおよびシェールオイルの国内生産量の増加を反映して、石油関連の輸入額は２０１２年1月をピークに２０１３年7月にかけて約20％縮小した。アメリカのエネルギー情報局（ＥＩＡ）の試算によると、２０２０年にかけてアメリカのシェールガスおよびシェールオイルの生産量は一段と拡大する見通しである。エネルギー情報局（ＥＩＡ）によれば、シェールガスの生産量は２０１１年の7兆９０００億立方フィートから２０２０年に11兆１０００億立方フィートへ、シェールオイルの生産量は1日当たり２０１１年の１２２万バレルから２０２０年に２８１万バレルへと増加すると試算している。石油関連の輸入依存度の低下や天然ガスの輸出拡大を通じ、貿易赤字の縮小に寄与するとみられる。また、「シェール革命」による安価なシェールガスおよびシェールオイルの生産拡大は、アメリカ国内のエネルギー価格の低下につながり、アメリカ製造業の競争力向上により輸出の増加が期待でき、それも貿易赤字の縮小要因となると予想される[29]。

また、アメリカの２０１３年の貿易収支、特にエネルギー関連の輸入について別な資料（ジェトロ

『世界貿易投資報告：米国編』２０１４年版）よりもう少し詳しくみると、アメリカの２０１３年の財輸入は前年比０・４％減の２兆２６８３億ドルと４年ぶりに減少に転じた。財別にみると工業用原材料が６・７％減となっている。このうち４割を占める原油は12・９％減と大きく減少し、また原油のみならず、燃料油、液化石油ガスなど各種石油製品も幅広く減少した。中東からの輸入は８・２％減と４年ぶりに減少しているが、輸入の７割を占める鉱物性燃料が11・８％減の２桁減となったことが影響した。サウジアラビア（６・９％減）、イラク（31・０％減）、クウェート（２・２％減）といった中東諸国以外に、メキシコ（12・７％減）、ベネズエラ（17・５％減）、ナイジェリア（38・４％減）といった国々からも鉱物性燃料の輸入は減っている。アメリカ国内で「シェール革命」によって資源開発が活発化していることで鉱物性燃料は輸入に頼る必要性が減ってきていることを示している[30]。

８ 「シェール革命」とアメリカの原発産業

アメリカでの「シェール革命」は、国内の原発産業に対する影響も大きいものがある。２０１４年の時点で、アメリカの原発は１００基が運転中である。ピーク時の１９９０年には１１２基の原発が稼働していたが、老朽化や採算割れなどから閉鎖・廃炉が続いている。現在稼働中のすべての原発は１９７９年のスリーマイル島原発事故以前に建設されたものであり、稼働年数は軒並み40年を超えている。アメリカの原発産業は、スリーマイル島原発事故後、１９９０年代以降の電力市場の自由化、さらに２０００年代半ばから「シェール革命」で割安となった天然ガスを使った火力発電所との価格競争に直面している。すなわち、原発の経済的競争力が低下しつつあり、経済性の理由から原発の閉鎖が相次いでいる。2012年10月にはドミニオン社のキウォーニー原発、2013年2月にはデュークエナジー社のクリスタルリバー原発3号機、2013年8月にはエンタジー社のバーモント州ヤンキー原発の閉鎖が発表された。サザンカリフォルニアエジソン社のサンオノフレ原発も停止中の原子炉の再稼働が見込めないことから、2013年6月に閉鎖を決定した。さらに、オイスタークリーク原発も2019年に廃炉の予定である。[31]

実際、キウォーニー原発は2013年5月に閉鎖された。キウォーニー原発の場合、発電規模が55・6万キロワットと小さく、また孤立した場所に1基のみ存在する「ワンサイト・シングル・ユニット」であった。発電出力が小さく炉が複数ない原発は、規模の経済性が働かず、運転管理コストが割高となる。同地域の電力卸売料金が低迷しているという理由から、電力購入企業との契約が満了となるタイミングで、ドミニオン社が原発閉鎖を決断した。また1972年に稼働開始したバーモント州ヤンキー原発は2012年3月21日に運転許可の期限切れを迎えるなかで福島原発事故の前日に原子力規制委員会（NRC）が20年間の運転延長を認めたものの、運転延長に反対する州政府との間で訴訟が起きていたこともあり、シェールガス・ブームで原発の採算が合わなくなったことを理由に同社は閉鎖を決断した。さらに、フロリダ州のクリスタルリバー原発3号機、ニュージャージー州のオイスタークリーク原発、カリフォルニア州南部のサンオノフレ原発はいずれも設備の補修・改善に巨額の経費がかかるとして閉鎖・廃炉を決めた。アメリカでは原子炉で燃やされた使用済燃料をそのまま廃棄できるワンスルー方式を採用しており、多大なコストがかかる核燃料再処理施設を建設する必要がないために、原発からの撤退は発電所の採算が合わないという理由だけで電力会社が決定できる[32]。

アメリカでは電力市場の仕組みが地域ごとに異なり、電力販売が自由化された北東部や中西部では価格競争が激化した。安価なシェールガスを使えるガス火力の発電比率が拡大し、州政府などから補助金や税制優遇を受けた風力発電など再生可能エネルギーも普及し、原発は押され気味になった。従来、需要が少ない夜間の電力は昼夜を問わず一定出力で運転する原発を中心に賄っていたが、風力発電が増えて夜間電力が余るようになった。事業者間で売買される電力価格がゼロドルになるケースもあり、商業用原発の運転利益を押し下げた。原発は建設費が巨額でも発電コストが安く火力発電などに比べ優位とされてきたが、電力価格が大幅に値下がりしたために投資回収のリスクが高まった。一方、オバマ政権は地球温暖化対策の強化に向け、再生可能エネルギーとともに原発を推進する方針を掲げ、建設中の原発は3ヵ所ある。ワッツバー原発、バージル・サマー原発、アルビン・ボーグル原発であるが、これらは、いずれも電力販売の規制が残り、安定した収益を期待できる地域にある。今後も新増設が続くかどうかは補助金など、政府が推進策をどの程度新たに出すかしだいである。商業用原発の運転利益が減るなかでは、原発の新増設は原発産業界の期待ほど進まないとの見方が有力である[33]。

このように、現在のアメリカではブッシュ政権のエネルギー政策を受け継いだオバマ政権は原発政策を推し進めているが、電力市場の自由化、再生エネルギーの利用、それに加えて「シェール革命」の進行などにより、電力市場での価格競争は激化した。原発は計画から建設まで約10年程度の時間を必要とし、さらに初期投資に1基当たり数十億ドルを必要とする。原発産業は長期的に安定した電力料金収入が見込めない限り、初期投資の回収が困難となる。現在のアメリカにおいて原発産業は、新増設のための投資リスクが非常に大きい産業となっている。

9 2014年後半の世界原油価格の暴落

今後も「シェール革命」の進行によって、安価で大量のエネルギー供給が継続する可能性がある。ただし、一部には、この「シェール革命」について懐疑的な見解もある。特に、シェールガスの採掘持続年数が当初の予想よりも非常に短く、従来型天然ガスと比較すると結局はコスト高ではないかというものである。

『ニューズウィーク』の記事「アメリカのシェール革命はバブル」（2014年8月1日付）によれば、地下に膨大なシェールガスとシェールオイルが埋蔵されていることは間違いないが、その採算性の問題を取り上げ、シェール産業の将来の予測は難しいことを指摘している。アメリカのエネルギー省（DOE）は最近、カリフォルニア州モントレーのシェールオイルの推定可採埋蔵量を140億バレルから6億バレルへ大幅に下方修正した。また、埋蔵量より重要なのは採算性である。シェール革命が本格化した2008年頃はアメリカの産油量は1946年以降で最低の水準にあり、シェールオイルを比較的安く採掘できる技術が確立される一方、原油価格が高騰して利益が期待できるようになったのもこの頃であった。すべては価格しだいである。シェール層の岩盤を破砕して原油やガスを取り出す「フラッキング（水圧破砕法）」という掘削技術はコストが高いので、採掘した原油・ガスが高く売れなければ利益は出ない。2014年前半の国際価格は1バレル＝100ドル超だからいいが、90ドルを下回れば採算割れになるかもしれない。原油価格下落の要因はいくらもある。さらに、シェール油田の寿命は7～8年であり、次々と新たな鉱脈を探す必要がある。しかも後になるほどより採掘困難な場所が残される。在来型の油田は数十年の寿命があり、20世紀半ばに操業を開始したサウジアラビアのガワール油田は現在も日量500万バレルを産出し続けているほどである。この記事は最後に、アメリカの「シェール革命」はエネルギー不足の「応急処置」に過ぎないものであり、これからすべきことは、すべての燃費効率を高め、そして太陽光発電や燃料電池などの再生可能エネルギーの開発に本腰を入れることであると主張している[34]。

また、「シェール革命」の抱えるもう1つの問題は、採掘のために大量の水と化学薬品を必要とすることによる環境汚染の懸念である。

実際、アメリカ国内においても北東部バーモント州のようにシェールの採掘を禁じた州もある。2014年12月の報道によれば、ニューヨーク州も同年12月17日に水圧破砕法が人体に悪影響を及ぼす危険性を排除できないとして州内でシェールガスの採掘を事実上、禁止する方針を固めた。シェールガスおよびシェールオイルは頁岩層と呼ばれる固い岩盤に含まれているため、そこに高圧で水を注入して割れ目を生じさせる水圧破砕法で採掘する。1つの井戸を掘るのに通常、1500万～3000万リットルもの大量の水を使うため、これまでも地下水の汚染や不適切な排水処理による土壌汚染が懸念され、アメリカ国内にも開発反対を訴える動きが強まっていた。また、ヨーロッパにおいても、

２０１１年にフランスで水圧破砕法を禁止する法律が成立している。フランスの場合は、世界第2位の「原発大国」であり、電力の大部分を原子力エネルギーに依存している事情があるかもしれないが、ドイツも２０１４年に今後7年間は開発を認めないことを決めている(35)。

さて、確かにシェールガスおよびシェールオイルの採掘コストの問題は、今後の世界原油価格の動向しだいであるが、従来型資源の限界がみえてきた場合にシェールガスおよびシェールオイルを含む非従来型資源開発の選択肢が残っているという事実が重要なのではないだろうか。少なくとも、２０１１年以降のアメリカの石油関連（燃料）の貿易収支の動向と２０１４年後半の世界原油価格の暴落をみる限り、アメリカでの「シェール革命」の影響を無視できないことは確かである。

シェールオイルの生産量は２００８年ごろから急増し、２０１４年は、２００５年の約15倍の日量450万バレルに達する見通しである。その一方、２０１４年後半の原油価格の下落を受け、アメリカの中堅シェール企業のコンチネンタル・リソーシズは２０１５年の設備投資額を当初の52億ドル（約６３００億円）から27億ドルに半減させる予定である。また、アメリカのエネルギー企業大手コノコフィリップスも一部の油田開発の先送りなどで２０１５年の関連投資を2割減らす予定である。アメリカのシェール油田の採算ラインは50～80ドル程度とされ、中東産原油の数ドル～30ドル程度よりはるかに高い。２０１１年以降、原油価格が１００ドル前後で推移してきたことを追い風に加速したシェール開発だが、原油価格が50ドル台を切ると採算割れのシェール油田が続出するのは確実である(36)。

しかし、すでに一部にはシェール採掘・開発から採算割れのため撤退するシェール関連企業もあるものの、アメリカのシェール関連企業の大量倒産はないという見解も一方ではある。たとえば、欧米オイルメジャーに次ぐ世界第6位のイタリア炭化水素公社（ENI）で戦略・開発担当元副社長であったレオナルド・マウジェリ（ハーバード大学教授）によれば、シェール大手企業は時価総額数百億ドル（数兆円）あり、優良な油田が多く、シェール層の多くで採算ラインが1バレル＝30〜40ドルである。アメリカ国内最大のバッケン頁岩層では生産している全体の8割が42ドル以下で、28ドル以下の油田も3割強ある。同教授によれば、サウジアラビアが価格競争を続ける限り原油安は続くが、1バレル＝50ドル台の価格が2〜3年続いてもアメリカのシェール生産はそう減らない。40ドルを割ればサウジアラビアは価格の維持に動くだろうとの見解を示している。[37]

実際、世界の原油価格の下落が続くなか、アメリカのテキサス州イーグルフォード油田、同州のパーミアン盆地油田など「ビック3」と呼ばれるシェールの優良鉱区では、アメリカの指標ガス価格が2008年の高値から4分の1の水準まで下落したにもかかわらず、2013年末に比べてシェール生産は約2割しか減っていない。なお、「ビック3」はアメリカでのシェール増産の8割を担う油田地域である。[38]

また、日本エネルギー経済研究所研究顧問の十市勉も、今回の世界原油の暴落でシェール開発がすぐに停滞することはないとの見解を示している。十市によれば、今回の2014年後半の原油価格の暴落は、1986年の最初の「逆オイルショック」に続き、2回目の「逆オイルショック」であると指摘する。シェール開発は巨額の初期投資が必要な深海油田の大型開発と比較すると、初期投資が小さく、小回りのきくビジネスであり、原油安になれば新規のシェール開発を抑え、原油高になれば再開すればいいことである。シェール油田の損益分岐点は1バレル＝40ドルから90ドル強と幅があるが、その多くが60ドルから70ドルとみられている。60ドル以下の低価格水準が1〜2年続くとシェールオイル生産にブレーキがかかることも予想できる。国際金融機関などの推計によれば、2014年での国家予算が均衡する原油価格は、ベネズエラで1バレル＝160ドル、イランで130ドル、ロシアで110ドル、サウジアラビアで90ドル、クウェートで50ドルとされている。それゆえ、サウジアラビアは60〜70ドルの原油価格では財政的に苦しいが、現在は高価格時代に蓄えた外貨準備が潤沢にあるので、当面は我慢して世界原油価格を低くし、アメリカのシェール開発を抑え、ロシア、イラン、「イスラム国」に対抗する姿勢を示している。したがって、前にみたように、世界原油価格が1バレル＝40ドルを継続的に下回る状況になれば、サウジアラビアも原油の低価格を維持することは無理であり、ある程度の原油価格の回復を図る可能性がある。そうなれば、再びシェールオイルの増産が継続されることとなる[39]。

2014年後半以降の世界原油価格の暴落が今後もどのくらい継続するのか、現在のところ、確実な見通しはつかない。しかし、いずれにせよ、原油価格の再度の持続的な高騰でもない限り、原油や天然ガスなどの化石エネルギーと比較して原子力エネルギーはますますコスト高となる可能性が大きいことは確実である。また、これまでみたように「シェール革命」の進行、世界において「発送電分離」の実施を含む電力市場の自由化、再生エネルギーの開発競争などを考慮に入れると、原子力エネルギーのコスト高は原発産業の将来性についてますます深い疑問をいだかせる。

注

（1）一般社団法人・日本原子力産業協会「世界の原子力発電開発の動向（２０１４年版）」（２０１４年4月9日）プレスリリース。http://www.jaif.or.jp/cms_admin/wp-content/uploads/2014/04/doukou2014-press_release.pdf

（2）「英、25年ぶりに原発新設へ　中国企業が初参加」『朝日新聞』２０１３年10月21日。http://www.asahi.com/articles/TKY201310210526.html

（3）「アルゼンチン原発プロジェクト受注で海外進出に弾み」『人民網日本語版』２０１５年2月6日13時41分。http://j.people.com.cn/n/2015/0206/c94476-8847161.html

（4）一般社団法人・日本原子力産業協会「世界の原子力発電開発の動向（２０１５年版）」（２０１５年4月8日）プレスリリース。http://www.jaif.or.jp/cms_admin/wp-content/uploads/2015/04/doukou2015-press_release.pdf

（5）一般社団法人・日本原子力産業協会国際部「世界エネルギー展望２０１４　概要紹介」２０１４年12月。http://www.jaif.or.jp/cms_admin/wp-content/uploads/2015/01/weo2014_summary.pdf

（6）中野洋一『新版　軍拡と貧困の世界経済論』梓出版社、２００１年、20〜25頁。

（7）柴田明夫『「シェール革命」の夢と現実』ＰＨＰ研究所、２０１３年、１６０〜１６１頁。

（8）「バイオ燃料頼みの危うさ　穀物高騰や生産効率が課題」『日本経済新聞』２０１２年10月22日7時00分。http://www.nikkei.com/article/DGXNASDD190M4_Z11C12A0000000/

（9）柴田明夫、前掲書、１６２〜１６４頁。

（10）経済産業省「平成24年度発電用原子炉等利用環境調査　海外原子力産業調査」、１２７〜１２８頁。http://www.meti.go.jp/meti_lib/report/2013fy/E003935.pdf
「アメリカ「２００５年エネルギー政策法」の成立」TEPCOREPORT 東京電力。http://www.tepco.co.jp/company/corp-com/annai/shiryou/report/bknumber/0510/pdf

（11）吉岡斉『新版　原子力の社会史』朝日新聞出版、２０１１年、16〜17頁、３４３〜３４５頁。

（12）鈴木真奈美『日本はなぜ原発を輸出するのか』平凡社新書、２０１４年、80〜81頁、１５６〜１５７頁。

(13) 同上書、87頁。
秋元健治『原子力推進の現代史　原子力黎明期から福島原発事故まで』現代書館、２０１４年、２６０～２６１頁。
(14) 秋元健治『原子力推進の現代史』、２５５～２５７頁。
(15) 鈴木真奈美、前掲書、82～85頁。
(16) 中野洋一「『京都議定書』に関する一考察『クライメートゲート事件』と地球温暖化論」『九州国際大学国際関係学論集』第7巻第1号、２００１年9月。
この論文は、同著『原発依存と地球温暖化論の策略　経済学からの批判的考察』法律文化社、２０１１年に所収。
(17) 一ノ瀬忠之「ロシアの原子力産業の現状」ユーラシア研究所２０１２年5月22日。http://yuken-jp.com/report/2012/05/22/ロシアの原子力産業の現状-一ノ渡-忠之/
鈴木真奈美、前掲書、２１１頁。
(18) 「ロシア、インドに原発12基建設　首脳会談で合意」『日本経済新聞』２０１４年12月12日0時19分。http://www.nikkei.com/article/DGXLASGM11H6Z_R11C14A2FF1000/
(19) 「露原子力国営企業ロスアトム　福島事故後、計60基の原発輸出計画」『産経新聞』２０１４年1月12日14時35分。http://www.sankei.com/world/news/140112/wor1401120017-n1.html
「露、ハンガリーの原発を受注　最大1兆４２００億円の借款供与」『産経新聞』２０１４年1月15日13時00分。http://www.sankei.com/world/news/140115/wor1401150023-n1.html
(20) ＪＯＧＭＥＣ（独立行政法人　石油天然ガス・金属鉱物源機構）のホームページより。http://www.jogmec.go.jp/library/conten ts3_02.html
(21) ＪＯＧＭＥＣ（独立行政法人　石油天然ガス・金属鉱物源機構）のホームページより。http://www.jogmec.go.jp/oilgas/oilgas_10_000001.html
(22) ＪＯＧＭＥＣ（独立行政法人　石油天然ガス・金属鉱物源機構）のホームページより。http://oilgas-info.jogmec.

go.jp/pdf/4/4705 /201207_059_t.pdf
(23) 伊原賢『シェールガス革命とは何か　エネルギー救世主が未来を変える』東洋経済新報社、２０１２年、14～15頁。
(24) 同上書、20～23頁。
(25) 十市勉『シェール革命と日本のエネルギー　逆オイルショックの衝撃』日本電気協会新聞部（エネルギー新書）、２０１５年、30頁。
(26) BP, *BP Statistical Review 2014*. http://www.bp.com/content/dam/bp/pdf/Energy-economics/statistical-review-2014/BP-Statistical-Review-of-World-Energy-2014-US-insights.pdf
(27) 鈴木真奈美、前掲書、１８４頁。
(28) 笠原滝平「発現し始めた米国におけるシェール革命の影響」『大和総研調査季報』２０１４年春季号（第14号）、１４１～１４２頁。http://www.dir.co.jp/research/report/overseas/usa/20140602_008575.pdf
(29) 「シェール革命に救われる米貿易収支」ＭＲＩ（三菱総合研究所）マンスリーレビュー、２０１４年1月号。http://www.mri.co.jp/opinion/mreview/indicator/201401-2.html
(30) ジェトロ「世界貿易投資報告：米国編」２０１４年版、7頁。http://www.jetro.go.jp/world/gtir/2014/pdf/2014-us.pdf
(31) 経済産業省『エネルギー白書２０１４年版』、２０７頁。
ジェトロ「米国　原発業界の次なる一手は」『ジェトロセンサー』２０１４年12月号、68頁。http://www.jetro.go.jp/world/n_america/us/reports/07001890
(32) ジェトロ「米国　原発業界の次なる一手は」、68頁。
(33) 「原発　米で廃炉相次ぐ　13年以降、4発電所5基　安いシェール、火力拡大」『毎日新聞』２０１５年2月15日東京朝刊。http://mainichi.jp/shimen/news/20150215ddm001020154000c.html

（34）「『世界最大の産油国』米シェール革命はバブル」『ニューズウィーク・ジャパン』２０１４年8月1日11時21分。http://www.newsweekjapan.jp/stories/us/2014/08/post-3351.php
（35）「ＮＹ州、シェールガス採掘を禁止　健康への影響懸念」『日本経済新聞』２０１４年12月18日10時3分。http://www.nikkei.com/article/DGXLASFK18H2L_Y4A211C1000000/
（36）「シェールオイル：原油安で募る不安　計画の縮小や延期も」『毎日新聞』２０１５年1月5日20時47分（最終更新1月6日01時36分）。http://mainichi.jp/select/news/20150106k0000m020095000c.html
（37）「米シェール、大量倒産はない」『日本経済新聞』２０１５年1月22日付。
（38）「米シェールにしぶとさ　原油大幅安での減産進まず」『日本経済新聞』２０１５年2月25日付。
（39）十市勉、前掲書、２２６〜２３５頁。

第2章

中国の
原発産業

1　中国の「原発大国」への道

中国の核開発（軍事利用および平和利用）の簡単な歴史をみると、まず核の軍事利用、核兵器開発からスタートする。1955年に中国はソ連との原子力協力協定を締結し、核兵器開発を開始するが、その後の中ソ対立のために、1960年にソ連は中国より引き上げた。そのため、中国は独力で原爆開発を進め、1964年に初の核実験に成功し、1967年に初の水爆実験にも成功した。その後、1970年代以降、中国は核の平和利用（原子力発電開発）に乗り出す。1972年、周恩来首相は上海に上海核工程研究設計院を設立し原子炉の開発を行うことを指示し、1973年に中国初の発電用原子炉として秦山Ⅰ原発の設計が開始された。1982年に全国人民大会で原発建設計画を発表し、中国の原子力開発を掌握する組織として中国核工業総公司と、原子力の安全性を監督する組織として国家核安全局を設置する。1998年には政府機構改革方針に基づき、中国核工業総公司の民営化、企業化を検討し実施した。中国最初の原発である浙江省の秦山Ⅰ原発は30万キロワットの加圧水型炉（PWR）で、中国が独自に設計・建設し、1994年に営業運転を開始したものである。広東省の大亜湾原発はフランスの原発企業フラマトム（2001年にアレバ社の傘下に）に発注したもので、1993年に1号機（PWR、98・4万キロワット）、1994年に2号機（PWR、98・4万キロワット）が営業運転を開始した。その後、中国の第9次5ヵ年計画に基づき、広東省の嶺澳Ⅰ原発1・2号機（2002年運転開始）、浙江省の秦山Ⅱ原発1・2号機（2002年と2004年に運転開始）、江蘇省の田湾原発1・2号機（VVER1000、2006年と2007年に運転開始）が建設された(1)。

中国政府は自主開発による原発建設の国産化を基本にしていたが、技術が遅れている部分は外国企業から購入する方針であったが、その際の主要な条件は技術譲渡であった。1980年代にはアメリカとフランスが中国に強力に売り込みをかけていた。当時は、中国とフランスはNPT条約（核兵器不拡散条約）に非加盟（1992年に加盟）であったので、技術譲渡の条件が比較的緩かったフランスが売り込みには有利となった。実際、フランスの技術（M310炉）を基礎にした大亜湾原発1・2号機、嶺澳I原発1・2号機の売り込みにフランスは成功している。一方、アメリカも1984年にレーガン大統領が訪中し、1985年には米中原子力協定の締結に至っている。しかし、1989年の天安門事件、またNPT条約の非締約国であるパキスタンへ原子力部品を供給したことが判明したことで、米中のその後の実務交渉は1990年代後半のクリントン政権まで中断された。なお、日本と中国の間においては泰山I原発の三菱重工業の圧力容器が輸出契約された後の1985年に日中原子力協定が締結された(2)。

2001年のWTO（世界貿易機関）加盟後、中国は大きな経済発展を遂げ、アメリカと世界への輸出を急増させ、「世界の工場」となった。図1は、中国がWTOに加盟した2001年から2012年までのアメリカ、中国、日本、インドの4ヵ国の名目GDPの推移を示したものである。2001年の日本の名目GDPは4兆1600億ドル、中国は1兆3250億ドルであったが、2010年には日本が5兆4880億ドル、中国が5兆9300億ドルとなり、中国が日本を追い越し、世界第2位の経済大国となった。2012年には第1位のアメリカが15兆6100億ドル、第2位の中国が7兆9920億ドル、第3位の日本が5兆9810億ドル、第11位のインドが1兆7790億ドルで

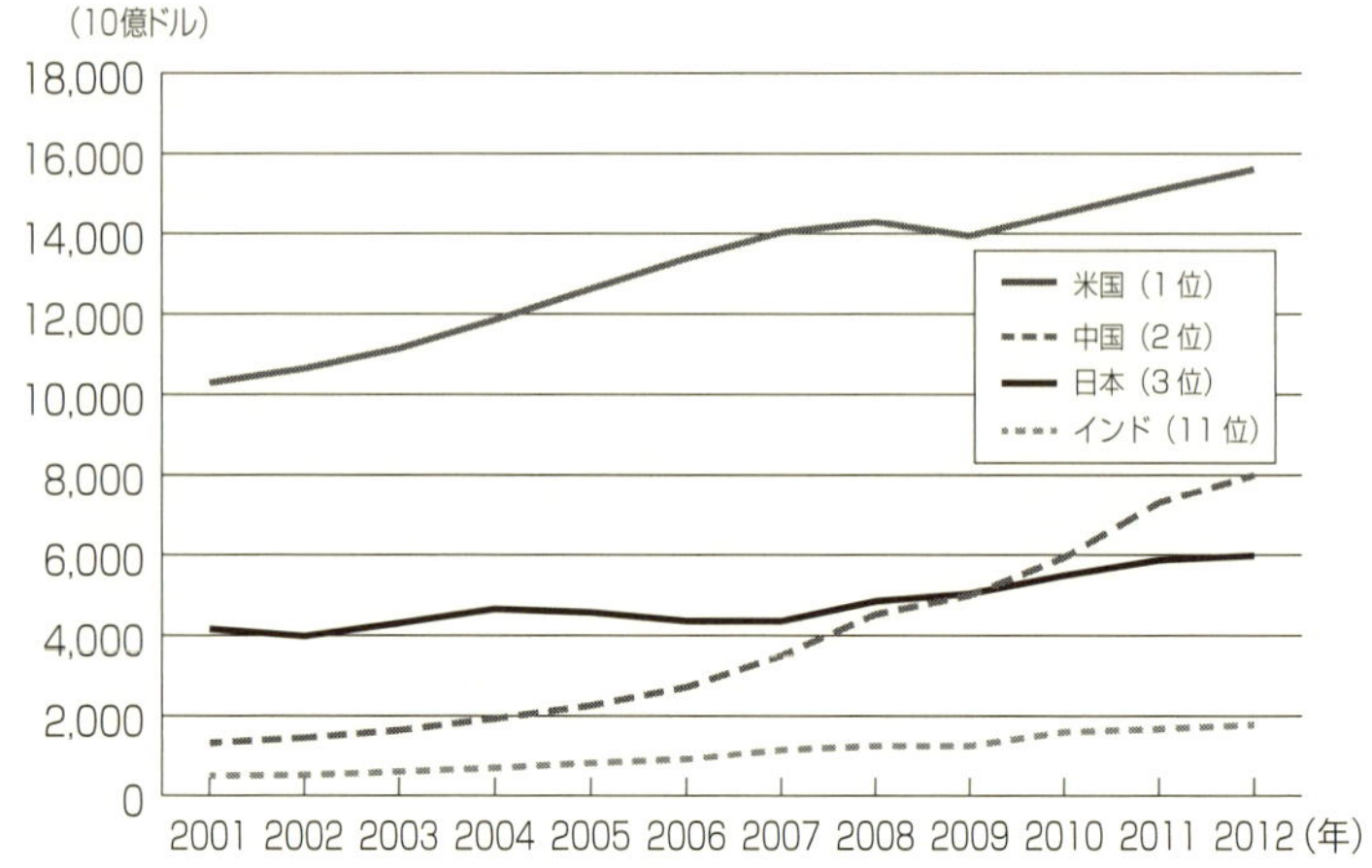

図1　米・中・日・印のGDP（2001〜2012年）

注）順位は2011年時点。2012年はIMF見通し。
資料）IMF, World Economic Outlook Database, Apr. 2012.
出所）経済産業省『通商白書2012』図1-4-1-1図より作成。

あった。インドも新興国として経済成長が著しく、２００１年には４８８０億ドルであったが、２０１２年には約３・６倍に成長した。中国はその間に、約３・４倍に成長した。

　このような中国の急速な経済成長はエネルギー消費にも反映し、２０１３年時点で世界の一次エネルギー消費量において中国は、28億５２４０万トン（石油換算トン）と世界全体の22・４％を占め、世界一となっている。同年の世界第２位はアメリカの22億６５８０万トン（石油換算トン）、17・８％、第３位がロシアの６億９９００万トン、５・５％、第４位がインドの５億９５００万トン、４・７％、第５位が日本の４億７４００万トン、３・７％であった。[3]

　図２は、中国がＷＴＯに加盟した２００１年から２０１３年までの中国の貿易額（輸出額、輸入額、その総額）を示したものである。

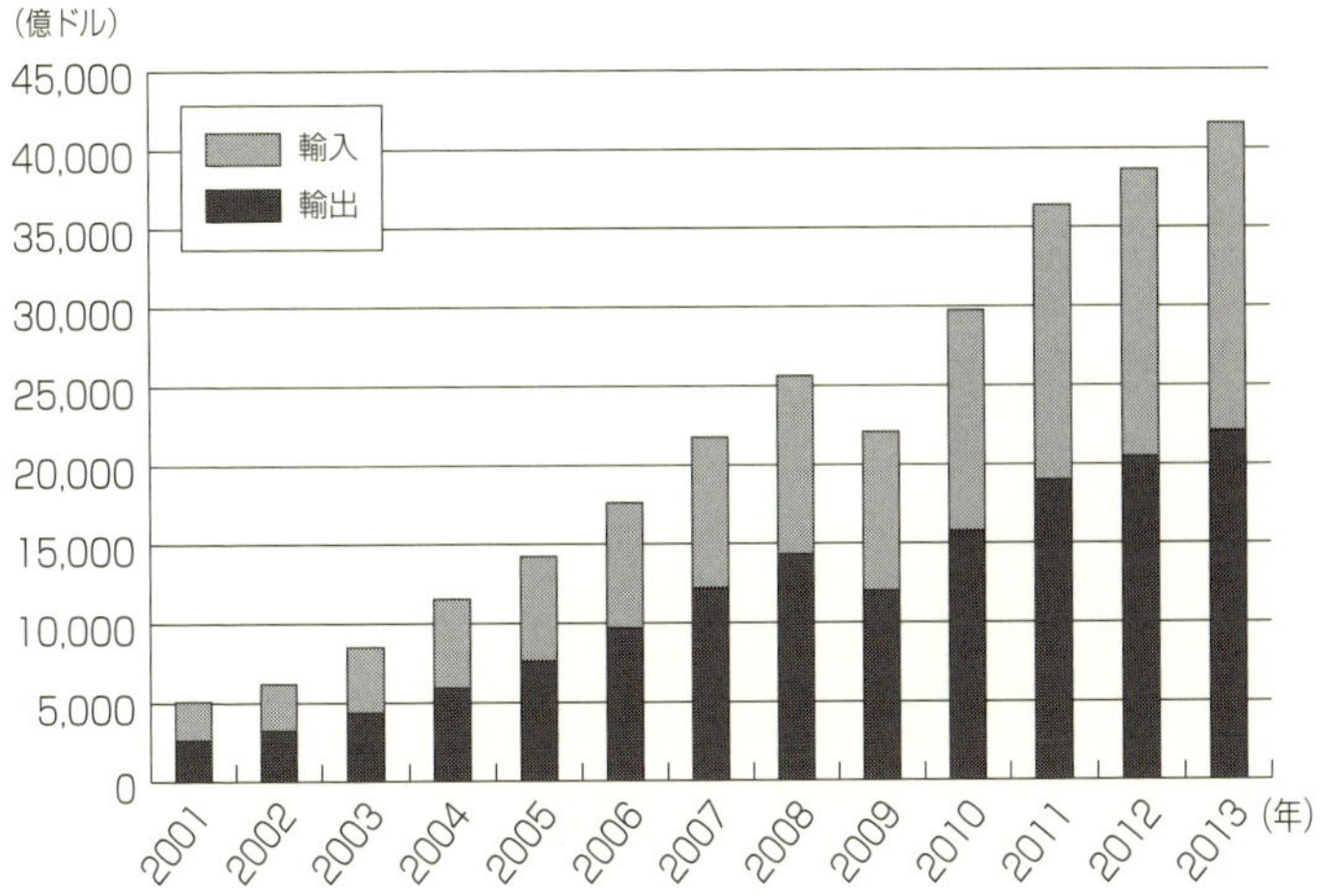

図２　中国の貿易額（2001〜2013年）

出所）日中経済協会『中国経済データハンドブック』2014年版、116頁より作成。

中国がＷＴＯに加盟した２００１年の輸出額は２６６１億ドル、輸入額が２４３５・５億ドル、総額が５０９６・５億ドルであったが、２０１３年には輸出額が２兆２１００・２億ドル、約８・３倍、輸出額が１兆９５０２・９億ドル、約８・０倍、総額が４兆１６０３・１億ドル、約８・１倍となった。

２０１３年の世界の輸出において中国は11・８％を占め、世界一であった。同年の輸出の第２位はアメリカの８・４％、第３位がドイツの７・７％、第４位が日本の３・８％である。また、２０１３年の世界の輸入において中国は10・３％で世界第２位であった。同年の輸入の第１位はアメリカの12・４％、第３位がドイツの６・３％、第４位が日本の４・４％となっている[4]。

中国の輸入をみると、機械・輸送設備など資本財と原料・資源の項目が大きいのが特徴であ

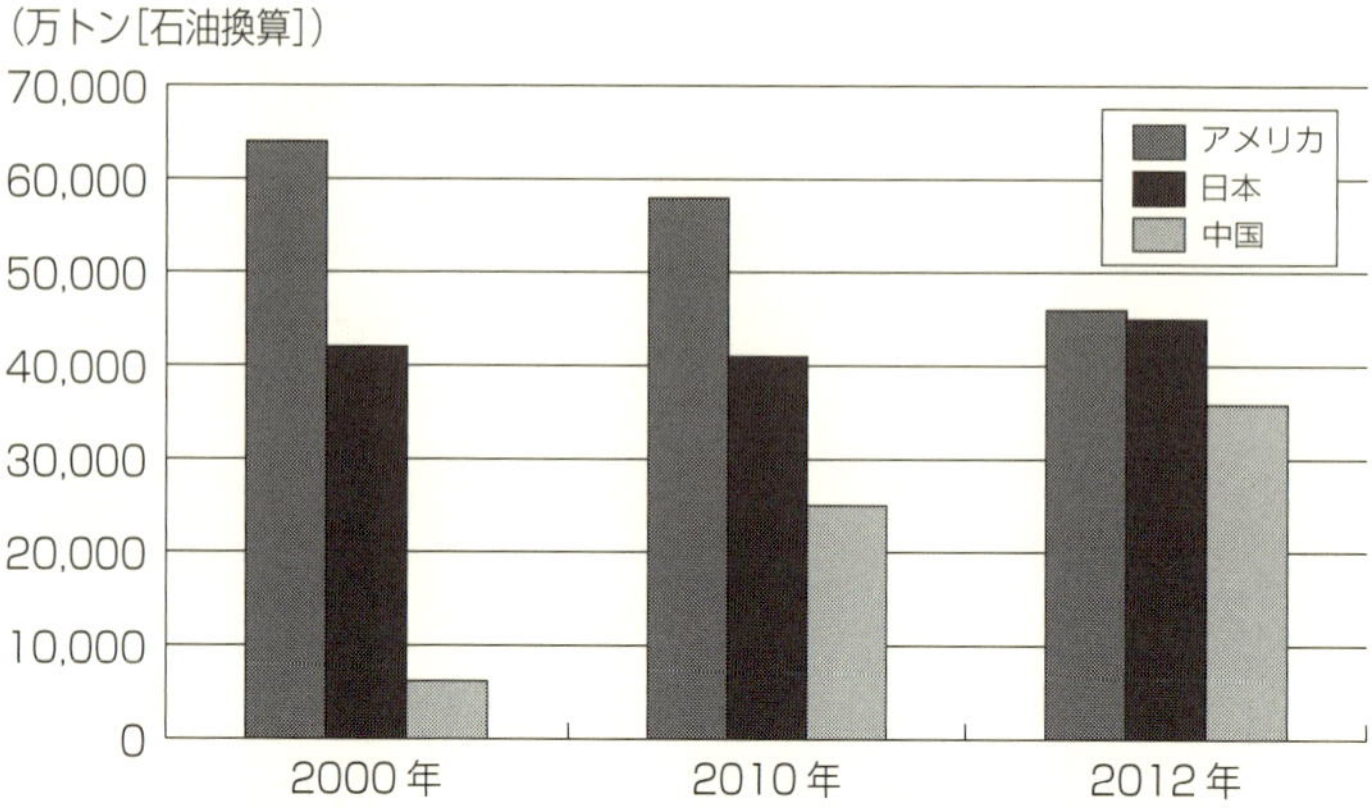

図3　アメリカ・日本・中国のエネルギー輸入量

資料）ＢＰ統計各年版。
出所）須藤繁『日本の石油は大丈夫なのか？』同友館、2014年、177-178頁。

る。特に、原料・資源の鉱物燃料などの輸入をみると、２０００年の２０６億ドルから２０１２年の３１２８億ドル、約15倍と急増、２０１２年の輸入全体の約17%を占めている[5]。

図３は、２０００年以降のアメリカ、日本、中国のエネルギー輸入量の推移を示したものである。これが示すように、中国のエネルギー輸入量の急増は著しいものがある。２０００年におけるエネルギー輸入量は、アメリカが６億４０００万トン（石油換算トン）、日本が４億２０００万トン、中国が６２００万トンであったが、２０１０年には、アメリカが５億８０００万トン、日本が４億１０００万トン、中国が２億５０００万トンとなった。さらに、２０１２年には、アメリカが４億６０００万トン、日本が４億５０００万トン、中国が３億５８８０万トンとなっている。日本は２０１１年の福島原発事故の影響により増加し、中国は経済成長に伴い大幅に増加した。２０００年と比較し実に約５・８倍となっ

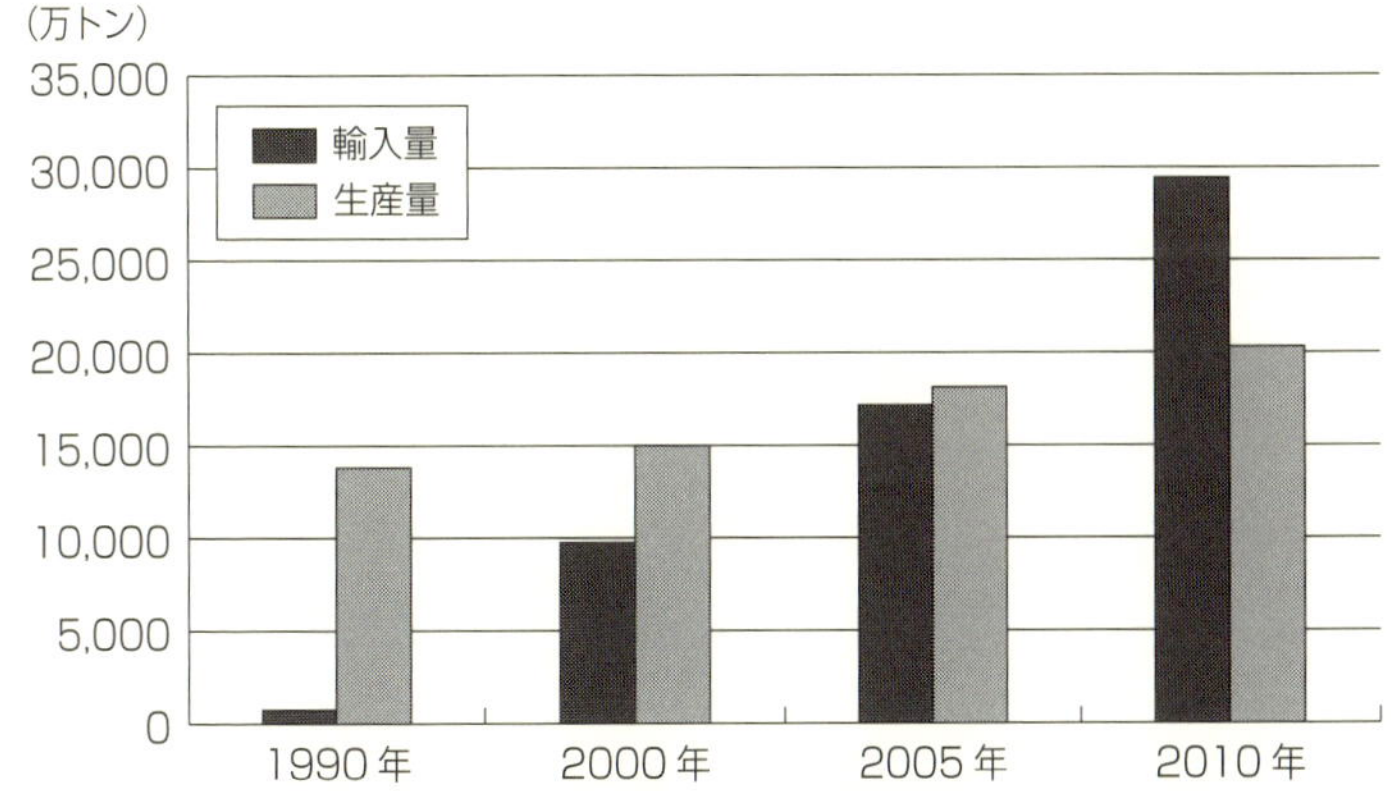

図4　中国の原油輸入量と国内生産量の推移（1990〜2010年）

出所）日中経済協会『中国経済データハンドブック 2014年版』、77頁より作成。

ている。逆に、第１章で述べたように、アメリカは２０００年代半ばから進行した「シェール革命」によりエネルギー輸入量を大きく減少させた[6]。

また、図４は、１９９０年から２０１０年までの中国の原油輸入量と国内での原油生産量の推移を示したものである。１９９０年には、原油輸入量は７５６万トン、国内の原油生産量は１億３８３１万トンであった。中国のＷＴＯ加入直前の２０００年には、輸入量は９７４９万トン、生産量は１億５００５万トンであったが、２００５年には、輸入量が１億７１６３万トン、生産量が１億８１３５万トン、２０１０年には、輸入量が２億９４３７万トン、生産量が２億３０１万トンとなった。原油の輸入量と国内生産量が逆転するのは２００６年で、それ以後、原油輸入量が国内生産量を大きく上回っている。１９９０年と２０１０年を比較すると、原油輸入量は約38・９倍、ＷＴＯ加入直前の２０００年と２０１０年を比較すると約３・０倍となる。これは中国の急激な経済成長とエネルギー消費の増大を反映した数字となっている。

2013年の中国の原油輸入をみると、2億9141万トン、原油輸入依存率は58％であり、アメリカに次いで世界第2位の原油輸入国であったが、アメリカは国内のシェールオイル生産が増大しており、近い将来、中国は世界一の原油輸入国となる可能性が高い[7]。

また、中国は世界一の石炭消費国であるが、2009年以降、中国は石炭の純輸入国となった。2011年には、初めて日本の石炭輸入を超え、世界最大の輸入国となった。2013年において、中国の石炭輸入量は、3億2708万トンとなり、前年よりも4000万トン近い増加となり、過去最高を記録している[8]。

中国は経済発展のために大量のエネルギー確保を必要としたが、エネルギーの約3分の2を石炭に依存していたために環境問題（特に石炭消費による大気汚染問題）が深刻化していた。そのため原発も含むエネルギーの多様性を確立する必要に迫られていた。

そこで、中国政府は2007年に「原子力発電中長期発展計画（2005〜2020年）」を発表し、2015年までに稼働中の原発発電量を2496万キロワット、建設中の発電量を2000万キロワット、また2020年には稼働中を4496万キロワット、建設中を1800万キロワットとする目標を打ち出した。その後、その方針に基づき大型原発プロジェクトが実施され、原発新設が相次ぎ、「原発大国」の道を歩みはじめた[9]。

中国政府は、2009年4月に原発の「積極的開発」から「強力的開発」へと方針を転換し、さらに、2010年3月に2020年までに原発発電能力を4000万キロワットにするという目標を8

000万キロワットに引き上げた。ただ2010年12月時点で、中国の稼働中の原発設備は13基であり、原発設備容量は1079・8万キロワット、電源構成のわずか1・2%を占めるに過ぎず、建設中の原発は25基、発電能力が2773万キロワットであった。原子炉に関する自主開発技術・国産化はまだ低く、それまで導入された原子炉は、国産設計、フランスから導入されたPWR型炉（加圧水型炉）、ロシアからのVVER1000（PWR型炉）、カナダからのCANDU6などさまざまであった[10]。

このような原発拡大計画の実行のためには、ウラン燃料の確保が必要である。もし、計画通り（原発発電量が8000万キロワット）であるならば、2020年の時点での天然ウランの年間消費量は1万6000トン（Ut、ウラン換算トン）以上に達するが、2011年の時点で、中国は天然ウランの生産量がわずか年間750トン（Ut）に過ぎず、2020年までには不足量はさらに拡大していくことが容易に予想できる。そこで、中国政府が公表した「原子力中長期発展計画」においては、国内生産、海外資源開発、国際ウラン貿易の3つの方法でウランを調達することになっている。現在は国際ウラン貿易においては、カザフスタン、ロシア、ナミビア、ニジェールから輸入している。海外ウラン資源開発におけるいくつかの事例をみると、中国核国際集団は、2009年にカナダのウェスタン・プロスペクター・グループ（WPG）を3100万カナダドルで買収した。同社のウラン鉱はモンゴルに集中している。また、中国広東核電集団有限公司（CGNPC）は2009年にオーストラリア・ウラン鉱企業、エネルギー・メタル社の株式を最大70%買収し、さらにこちらも同国のウラン鉱企業であるジンダリ・リソース社の買収も計画している。中国核工業集団公司（CNNC）もモンゴルでカナダのWPGに出資し、同国でのウラン採掘権を獲得した。世界原子力協会によれば、中国はこれまでに中国核工業集団公司（CNNC）や中国広東核電集団有限公司（CGNPC）を通じて、ナミビア、ナイジェリア、モンゴル、カザフスタン、オーストラリア、カナダなどのウラン・プロジェクトに参入している。現在、開発中または開発権益を保有するウラン鉱は10ヵ所余りに上っている。中国政府は2006年以降、胡錦濤主席自ら、世界の2大ウラン資源大国、オーストラリアとカザフスタンを訪問するなど活発な資源外交を展開し、オーストラリア政府とは軍事転用しない条件で中国の輸入・開発で合意し、2007年に「原子力安全保障協定」を締結した[11]。

中国にとって直接国境を接するカザフスタンを含む中央アジアと東南アジア（特にメコン地域）は、安全保障と経済協力について重要な地域である。1996年に創設された中国、ロシア、カザフスタン、キルギスタン、タジキスタンの5ヵ国による「上海ファイブ」が基礎となり、2001年にそれは上海協力機構（SCO）へと発展している。また、中央アジアにおいて、1997年に中央アジア地域経済協力（CAREC）が創設され、現在10ヵ国が加盟国となっている。経済成長を重視する中国政府にとって海外資源の確保は主要目標の1つである。特に、中央アジアのカザフスタンにおいては、ウラン資源開発以外にも、道路・鉄道、石油・天然ガスパイプライン、送電線整備などの連結性を高めながら、二国間の経済関係を深めている。2004年に中国とカザフスタンは「経済貿易協力協定」を提携し、それ以後、副大臣レベルから副首相レベルへと引き上げ、これまで5回の経済協力会議を開催した。中央アジア諸国のなかでも、中国とカザフスタンの関係は重層的な枠組みであり、突出している。中国と中央アジア5ヵ国の2010年の貿易額についても、カザフスタンが68%（約2

０３億ドル）を占めており、中国からの投資額も２０１０年には約９億ドルと、中央アジア５ヵ国のなかでも最大である[12]。

中国は２００１年のＷＴＯ加盟以後、世界とアメリカへの輸出を急増させ「世界の工場」となり、外貨準備高を劇的に増加させた。２００１年から２０１３年までの中国の外貨準備高の推移を示した表１が示すように、２００１年の中国の外貨準備高は２１２２億ドルであったが、２００３年には４０３３億ドル、約２倍となり、２００５年には８１８９億ドル、約４倍となった。２００６年には１兆６６３億ドルとなり、ついに１兆ドルを超えて日本に並んだ。２００７年には１兆５２８２億ドルで世界一となり、その後も、２００９年には２兆ドル、２０１１年には３兆ドルを超え、２０１３年には３兆８２１３億ドルとなり、現在も世界一の外貨準備保有国となっている。中国は、その世界一の豊富な外貨準備を使って、経済成長に必要な海外資源の購入および開発へと活発に動き出している。

先に述べた中国の原発拡大計画は、その計画実行のために莫大な資金を必要とする。２０２０年までに原発発電量８０００万キロワットという上方修正された目標の場合には、今後１００万キロワット級の原発を40基以上も建設することに

表１　中国の外貨準備高（2001～2013年）

（単位：億ドル）

2001年	2,122
2002年	2,864
2003年	4,033
2004年	6,099
2005年	8,189
2006年	10,663
2007年	15,282
2008年	19,460
2009年	23,992
2010年	28,473
2011年	31,812
2012年	33,116
2013年	38,213

資料）「中国統計摘要」2014年版。

出所）日中経済協会『中国経済データハンドブック』2014年版、129頁より作成。

なる。原発ユニットの建設には、1基ごとに5年を要するので、2020年までに8000万キロワットを実現するためには、第12次5ヵ年計画（2011〜15年）内に、全部の原発建設に着工しなければならない。1基が必要とする資金は120億元（約19億ドル）、40基では480億元（約762億ドル）となる。2011年時点で建設中の26基も加えると、中国の原発市場規模は約8000億元（約1270億ドル）である。そのうち原発の設備関係の投資は51％の約4100億元（約648億ドル）となる。このことは、原発を売り込みたい先進国とその原発メーカーにとっても多大な事業機会を得る可能性がある。それを見込んで、フランス、アメリカ、日本などはさまざまにアプローチしているのである。(13)

さて、2011年3月に福島原発事故が発生し、中国政府は国内すべての原発プロジェクトを一時期見合わせることとしたが、2012年10月に国務院常務会議は「原子力発電中長期発展計画（2011〜2020年）」を発表し、新規原発の安全審査と許認可を再開した。2013年1月に、国務院は「エネルギー発展計画」を承認し、原発設備容量を2015年時点で4000万キロワット、2020時点で5800万キロワットと見通している。2014年4月に国家エネルギー委員会が開催され、その会議で李克強国務院総理は、原発をはじめとする「クリーン・エネルギー・プロジェクト」を全面的に推進することを公式表明した。こうして、福島原発事故後に一時の停滞があったものの、再び中国は「原発大国」実現の政策を強力に推し進めている。(14)

ここで注目すべきは、アメリカのジョージ・ブッシュ政権と同様、中国の原発推進は、原発が「クリーン・エネルギー」の1つであるという主張を理由（口実）にしていることである。すなわち、それは原子力エネルギーがもっとも大規模な、二酸化炭素を排出しない電力源であるという主張である。

なお、2013年の中国の全国発電量のうち、原発が占める割合は2・11%と、全発電量に対する原発発電量の割合は非常に低く、フランスの74・8%、韓国の30・4%、アメリカの19・0%などに遠く及ばない。また、ブラジルは3・1%、南アフリカは5・1%、インドは3・6%であり、それらの国と比較しても2013年の時点ではまだ低い[15]。

しかし、2014年1月時点の原発発電量の世界順位をみると、中国は第1章でも取り上げたように世界第6位の「原発大国」であることを見逃してはならない。

2 中国の原発産業の現状

表2は、2014年12月時点の中国の運転中と建設中の原発リストである。2014年12月の時点で、中国で運転中の原発は21基、1705・2万キロワットである。泰山Ⅰ原発と泰山Ⅱ原発の原子炉は中国の自主設計したもの、泰山Ⅲ原発の原子炉はカナダから導入したもの、田湾原発はロシアから、大亜湾原発と嶺澳Ⅰ原発の原子炉はフランスから導入したものである。また建設中の中国の原発は28基、3049万キロワットであり、これは世界の建設中原発の約半数に相当する。建設中の三門原発と海陽原発の原子炉はウェスティング・ハウス社（WH社）の第3世代炉、台山原発の原子炉はアレバ社の欧州加圧水炉（EPR）・第3世代炉である。

現在、中国における主要な原発メーカーは、①中国核工業集団公司（CNNC）、②中国広核集団公

表2　中国の原発の現状（2014年12月時点）

事業者	運転中			建設中		
	施設名	基・万kW	炉型	施設名	基・万kW	炉型
CNNC	秦山I	29.8	PWR（CNP300）	福清1、2、3、4	4 × 108	PWR（CPR1000）
	秦山II-1、2、3、4	4 × 61.0	PWR（CNP600）	方家山1、2	2 × 108	PWR（CPR1000）
	秦山III-1、2	2 × 65.0	PHWR（CANDU）	三門1、2	2 × 125	PWR（AP1000）
	田湾-1、2	2 × 99.0	PWR（VVER1000）	晶江1、2	2 × 65	PWR（CNP600）
	高速炉CEFR	2.0	実験炉（CIAE運転）	田湾3、4	2 × 106	PWR（VVER1000）
CGN	大亜湾1、2	2 × 94.4	PWR（仏M310）	紅沿河3、4	2 × 119	PWR（CPR1000）
	嶺澳I-1.2	2 × 93.8	PWR（仏M310）	寧徳3、4	2 × 108	PWR（CPR1000）
	嶺澳II-1、2	2 × 102.0	PWR（CPR1000）	陽江2、3、4	2 × 108	PWR（CPR1000）
	寧徳1、2	102.0	PWR（CPR1000）	陽江5、6	2 × 108	PWR（ACPR1000）
	紅沿河1、2	106.0	PWR（CPR1000）	台山1、2	2 × 175	PWR（EPR）
	陽江1	106.0	PWR（CPR1000）	防城港1、2	2 × 108	PWR（CPR1000）
CPI				海陽1、2	2 × 125	PWR（AP1000）
CHNG				石島湾	21	HTR（高温ガス炉）
合計	21基	1,705.2		28基	3,049	

（事業者）
CNNC：中国核工業集団公司
CGN：中国広核集団公司（前CGNPC：中国広東核電集団有限公司）
CPI：中国電力投資集団公司
CHNG：中国華能集団公司
CIAE：中国原子能科学研究院

注）台山原発のPWR（EPR）は欧州加圧水炉、アレバ社の第3世代炉。三門原発と海陽原発のAP-1000はWH社の第3世代炉。

出所）社団法人・日本原子力産業協会国際部資料「最近の世界の原子力動向」2014年12月12日より作成。

司（CGN）、③中国電力投資集団公司（CPI）である。そのうち、①中国核工業集団公司（CNNC）と②中国広核集団公司（CGN）の2社は歴史があり、原発の建設実績が大きい。

まず①中国核工業集団公司（CNNC）は、国防産業部門から発展したことで、国産技術中心の炉型戦略を取り、1980年代に30万キロワットの泰山Ⅰ原発（炉型CNP300）の建設（同社の自主設計、圧力容器は三菱重工業、ポンプ等重要部分は輸入）を成功させた。その後、泰山Ⅱ原発では60万キロワット級炉（炉型CNP600）を完成（蒸気タービンはWH社、圧力容器は三菱重工業が協力）させ、福清原発と方家山原発の建設で108万キロワットのCPR1000（フランスの大亜湾原発M310を基礎とする）を建設する計画を推進した。

また、同社は中国で唯一の原発プラント輸出の実績（パキスタンのチャシュマ原発4基〈2基運転中、2基建設中〉とカラチ原発2基）を持つ。[16] チャシュマ原発の最初の2基（1・2号機）の原発輸出は1993年に開始され、2000年に完成した。さらに、2008年に同原発3・4号機を輸出した。これは中国の最初の原発輸出となった。[17]

次に②中国広核集団公司（CGN）は、中国広東核電集団有限公司（CGNPC）を母体とする。2013年4月に、広東省を中心としていた中国広東核電集団有限公司の事業をそれ以外にも広く展開することを意図として中国広核集団公司（CGN）と改称した。1980年代半ばからの中国の原発導入準備期に、中国核工業集団公司（CNNC）は泰山Ⅰ原発建設を開始していたが、これに対抗して、中国広東核電集団有限公司（CGNPC）はフランスの技術（M310炉）を基礎に大亜湾原発1・2号機を建設し、中国初の原発運転を開始し、その後経済的優位性を示した。さらに同社は、フランスの技術を基礎にした100万キロワット級の第2世代改良型炉（第2・5世代炉とも呼ぶ）CPR1000を開発し、大々的に建設路線を敷いた[18]。

なお、中国広核集団公司（CGN）は、2013年11月に、ルーマニア国営のニュークリアエレクトリカ社のチェルナボーダ原発の3・4号基の提携意向書に署名したと発表しており、また同社は2013年10月にも、フランス電力公社（EDF）との間でイギリスの原発の投資・建設に関する戦略提携合意書も締結している。欧州諸国で2件となる原発をめぐる提携は、同社の海外進出の新たな一歩である[19]。

ここでイギリスでの新規原発建設への参加について説明する。2013年10月にイギリス政府はイギリス南西部ヒンクリーポイントに新たな原子力発電所を建設することで、フランス電力公社（EDF）とフランスのアレバ社、中国広核集団（CGN）と中国核工業集団（CNNC）と合意した。イギリスでの原発建設は、1988年に建設が始まり1995年に完成したサイズウェルB原発（118・8万キロワット、PWR）以来25年ぶりである。イギリスの原発建設に中国企業が参入するのは初めてであった。イギリス政府やEDFによると、アレバ社の欧州加圧水型炉（EPR）2基を建設する計画であり、総事業費は160億ポンド（約2兆5000億円）、EDFが45〜50％、中国広核集団（CGN）と中国核工業集団（CNNC）が計30〜40％、アレバ社が10％出資する。約60年間操業することで資金を回収する計画である。契約期間は35年間で、2023年の発電開始を目指すとしている。当初はEDFとイギリスのエネルギー大手セントリカが事業を受注したが、セントリカが2013年2月にコストが想定より膨らむとして撤退し、EDFが新たなパートナーを探していた。イギリスは欧州連合（ＥＵ）の温室効果ガス削減目標を達成するために旧式の石炭火力発電所を順次閉鎖する予定で、それに代わる電力供給源として原発６ヵ所の新規建設を計画している。しかし、２０１１年3月の福島原発事故後、欧州の電力各社は原発事業に消極的になっており、２０１２年以降、イギリスとドイツの企業が原発６ヵ所の建設事業から相次いで撤退を表明し、計画の遅れが問題化していた。イギリス政府はオズボーン財務相自らが中国を訪問し、中国企業がイギリスの原発事業に参入することを容認する方針を表明した。今回の事業ではＥＤＦなどに対し、電力の売却価格を従来の2倍近い１メガワット時当たり90ポンド前後に固定することを保証し、さらに同社などの資金調達に１００億ポンドの政府保証も付ける破格の金融支援も約束し、事業の実現にこぎつけた。イギリスの原発をめぐっては、２０１２年11月に日立が南西部オールドベリーの原発事業会社をドイツ企業から買収し、さらに、東芝の子会社ＷＨ社がイギリス中部セラフィールドの原発事業会社の株式を過半数取得する方向でフランス・スペインの企業連合と交渉している。イギリス政府は将来的に中国企業が原発事業の過半数を取得することも可能としており、今後は日本の原発企業グループとの競争が激しくなる可能性もある[20]。

このように中国は国内の原発新設ばかりか、海外への原発輸出にも積極的である。

表3は、２０１５年2月時点の最近の中国の原発輸出をまとめたものである。中国の最初の原発輸出は中国核工業集団（ＣＮＮＣ）によるパキスタンのチャシュマ原発１・2号機であった。それぞれ２０００年と２０１１年に運転を開始している。現在は、中国が独自開発を進めてきた第3世代炉ＡＣＰ１０００のチャシュマ原発３・４号機が建設中である。２０１３年には同国のカラチ原発２基を

表3　中国の原発輸出（2015年2月時点）

パキスタン CNNC	チャシュマ原発1号機	2000年運転開始
	2号機	2011年運転開始
	3号機	2011年着工、2016年予定
	4号機	2012年着工、2017年予定
	カラチ原発2基ACP1000	2013年受注
		2015年2月6基受注発表
ルーマニア CGN	チェルナヴォダ原発3号機	2014年受注発表
	4号機	
イギリス CNNCとCGNの共同出資	ヒンクリーポイント原発2基（アレバ社欧州加圧水型炉EPR）	2013年参画発表
アルゼンチン CNNC	ACP1000	2015年2月受注
インドネシア	高温ガス炉	日本との国際入札の予定

注）CNNCは中国核工業集団公司、CGNは中国広核集団公司。
出所）報道より筆者作成。

受注し、2015年2月には詳細はまだよくわからないが、同国の6基の受注も報道された。さらに、2015年2月には中国はアルゼンチンの原発新設も受注したとの発表があった。第3世代炉ACP1000をアルゼンチンに輸出するとのことである。

さて最後の③中国電力投資集団公司（CPI）は、2002年12月に国家電力公司が「市場競争のための発送電分離」を目的に解体されて発足した。中国の5大発電集団公司（中国華能集団公司、中国大砂唐集団公司、中国華電集団公司、中国国電集団公司、中国電力投資集団公司）のなかではもっとも小さい企業集団ではあるが、唯一原子力発電への過半出資が認められている。その結果、中国電力投資集団公司（CPI）は、火力、水力、原子力、新エネルギーのすべての発電所を持つ中国唯一の電力事業者となった。これまでは、実際に過半の出資をした原発はなかったが、海陽原発では、WH

社の最新鋭炉AP1000を世界最初に用いた2基の建設で65％を出資し、その原発の所有者になる。[21]

なお、中国でもっとも多く建設された原発は准国産PWR炉のCPR1000であり、第2・5世代炉と位置づけられている。このCPR1000はフランスの技術（M310炉）を基礎に開発された大亜湾原発を改良して中国核工業集団公司（CNNC）と中国広東核電集団有限公司（CGNPC）が協力して国産化を進めたものである。改良型も含めて第2世代炉は人工的、能動的な安全システムに依存しているのに対して、第3世代炉は重力等自然の力を利用して炉停止・炉心冷却する受動的安全性を基本としている。すなわち、第3世代炉は原発の全電源喪失の過酷事故を想定している。それゆえ、2011年3月11日の福島原発事故発生を受けて、同年3月16日の国務院常務会議はCPR1000の新規建設は認可しないことを決定した。その後、2012年10月の国務院常務会議での決定により、今後の新規原発建設においては第3世代炉の安全基準が要求された。[22]

中国における第3世代炉には、WH社のAP1000、中国広核集団公司（CGN）が開発するCAP1000の進化型のACP1000、WH社AP1000の材料の見直しを含め国産化したCAP1000、フランスのアレバ社のEPR、国家能源局（NEA、国家エネルギー局）の指示で中国広核集団公司（CGN）と中国核工業集団公司（CNNC）の開発中の炉の設計を一本化した華龍1号（開発中、中国が完全な知的財産権を持つ）、AP1000を徹底的に見直したCAP1400（開発中、中国が完全な知的財産権を持つ）などがある。そのうち、2013年10月に国家能源局（NEA）が発表した「原発輸出を国家戦略とする」との方針に沿った華龍1号とCAP1400は、近い将来における中国の第3世代炉の原発輸出の最有力原発である。[23]

前の表2より、第3世代炉についてみると、建設中の三門原発1・2号機と海陽原発1・2号機はWH社のAP1000、台山原発1・2号機はフランスのアレバ社のEPR、陽江原発5・6号機は中国広核集団公司（CGN）が開発中のCPR1000を改良したACPR1000、石島湾原発はHTR（高温ガス炉）である。その表には示されていないが、福清原発5・6号機は華龍1号（開発中）、栄成石島原発（実証炉建設中）はCAP1400（開発中）である。

3　中国の第3世代炉の開発

中国は2001年にはWTOに加盟しており、その後の中国の急激な経済発展と輸出の増大は、それを支えるエネルギーの確保が重要であった。そこで、中国は新たな原発の導入にも積極的な政策を取った。2004年に中国政府は4基の新規原発建設を国際入札にすると発表した。浙江省の三門第1期と広東省の陽江第1期の計4基の原子力発電プラント建設をめぐって、外国産原子炉の輸入を狙いとした国際競争入札が実施された。中国政府は、第3世代軽水炉として、WH社のAP1000、アレバ社のEPR、ロシアのアトムトロイエクスポルト社（現在のロスアトム社）のVVER1200の導入を検討した。技術選定の責任を担ったのは、国家核電技術公司（SNPTC）である。国家核電（SNPTC）は、第3世代の原子力発電技術の導入・消化・吸収・移転・応用および普及を目的として2004年に設立された国務院直属の原子力技術推進機関である。入札から22ヵ月後の2006年12月、中国政府は国産化および自主開発の標準炉として最終的にAP1000の採用を決定した。アレバ社のEPRの敗北は、中国への技術移転に難色を示したことが大きいと指摘されている。2006年12月に北京において、アメリカのエネルギー省（DOE）のサミュエル・ボードマン長官と中国国家発展改革委員会の馬凱主任がWH社設計による第3世代炉（AP1000）の技術移転で合意し、二国間覚書に署名し、2007年にWH社と中国側企業の間で原子力プラント建設契約が正式に調印された。契約額は80億ドルといわれる。なお、米中覚書の2ヵ月前の2006年10月に東芝によるWH社買収が完了している。この最新鋭機種WH社AP1000の新規原発4基は2009年から2010年にかけて着工しており、それが前に示した建設中の三門原発1・2号機と海陽原発1・2号機である[24]。

さて、中国の最新鋭機種（第3世代炉）であるWH社のAP1000の導入の目的について郭四志（帝京大学教授）は、次のように説明している。

中国政府は、自らの知的財産権のある原発技術により、「原発大国」から「原発強国」へ転換することを図っている。（中略）中国のAP1000技術の導入は、第3世代炉の自主的開発の第一歩に過ぎない。現在、AP1000技術による三門原発の設備国産化はすでに55%に達している。今後さらに、大型の先進的加圧水型原子炉プロジェクトに備え、AP1000技術を把握したうえで、再革新を通じて、独自の知的財産権・特許技術を有し、効率的な大型の先進的加圧水型原子炉を作り上げることを目指している[25]。

その進化形であるCAP1400（最大出力140万キロワット）原発はすでに政府の「原発の中長期発展計画」に組み入れられている。

中国は自国のエネルギー安全保障を図るうえで、将来、プラント原発技術の輸出能力を持ち、自主化技術を具備するようになれば、アメリカ、フランス、ロシアなどのように国内の需要を満たし、さらに海外進出して原発建設を受注し、国際原発市場に参入することを狙っている(26)。

このように、中国の第3世代炉の開発の目的は第一に知的財産権の獲得であり、第二に国際原発市場への参入である。

4　中国の原発産業の問題

中国は「原発大国」から「原発強国」へと目標を置いているようだが、中国の原発産業は多くの課題を抱えている。

まず1990年代以降の急激な原発建設数の増加に伴う、人材養成、原発の安全性確保、設備・備品の品質保証などの問題の懸念がある。たとえば、コンポーネントのサプライチェーン（供給網）が不十分であり、また鍛造品部材、主冷却ポンプと安全関係バルブの製造能力と品質が確保できていないことが指摘されている(27)。

三門原発と海陽原発で採用されたWH社の第3世代炉AP1000の事例でみてみると、国家発展改革委員会（NRDC）は、2006年に上海電気（SEC）、東方電気（DEC）、ハルビン電気（HEC）の3大国有独資原子力機器製造会社による大型投資を承認し、2015年までに原子力圧力容器と蒸気発生器の生産容量を年間20セットにまで増産する計画であったが、大型ポンプとバルブの生産ができず、英国のSF社（Sheffield Forgemasters社）から供給を受けている。また、東芝とアメリカのショーグループと、AP1000（計4基）のエンジニアリング、調達、コミッショニング、試運転に関する契約を締結している。CW社（Curtiss-Wright社）は、一次冷却材ポンプ16台を製造する契約を締結した。さらに、WH社の子会社であるPaRN社（PaR Nuclear社）が、中国の太原重型机械集団有限公司と合弁で、中国の原子力プラント（特にAP1000）向けにクレーンと燃料処理機器を製造しつつ、関連サービスを提供するPaR-TZ社を設立している。[28]

次に、日本国民にはあまり認識されていないが、中国は世界のなかでも有数の地震大国の1つである。最近では、2008年5月12日に発生したマグニチュード8・0の四川省大地震があり、9万人近い死者と行方不明者が出ている。このような大地震の被害はたびたび発生している。西南、西北、華北、東南、台湾などの5つの地域で地震活動が活発であり、中国の全部で31の省・区のうち、19の省・区においてマグニチュード7・0以上の地震が発生している。[29]

しかし、何よりも重大なのは、福島原発事故を体験した今、より安全性の高いといわれる第3世代炉であっても、本当に原発の安全性は保証されているのかということである。

中国はアメリカや他の先進国でも建設経験および運転実績がないWH社第3世代炉AP1000を

導入し建設中である。さらに、まだその最新原発が完成していないにもかかわらず、それを改良してCAP1400を開発しようとしている。現在も自国でのサプライチェーンに弱点があり、主冷却ポンプと安全関係バルブの十分な製造能力がなく、品質保証も不十分のまま、それらの供給を外国企業に依存している段階であるにもかかわらず、原発新設と原発輸出を推進している現状に一部では中国の技術力とそれを支える技術者のレベルとその人材養成を疑問視する見解もある。新設と開発を急ぐあまり、原発の安全確保が不十分のまま、重大な原発事故の発生につながることを懸念する意見もある。

また、中国国内においては、急激な経済発展の影で人々の貧富の拡大、党幹部や政府官僚の汚職・腐敗問題が進行しており、また新疆ウイグル自治区やチベット自治区などの民族問題が深刻化し、さらに大気汚染や水汚染などの環境破壊と悪化も進行しており、人々の不安や治安悪化が大きな問題となっている。原発の計画・建設・運転については数十年の時間が必要であるが、廃炉を含む「核のゴミ」の後始末、その安全な管理・保管などについては数十年ではなく、数百年以上の長期の時間が必要である。そのような深刻な社会的矛盾がいつ爆発するかわからない中国の独裁的な政治体制が今後も、数十年、数百年も安定して継続するとは考えられない。その意味で、途上国・新興国の独裁的な国家ほど原発事故を含めた核の危険、体制崩壊による核の拡散についての危険は大きいといえる。永久に安定した独裁的な政治体制は存在しないのである。

加えて中国は「社会主義」体制のために土地は私有財産ではなく国家財産となっているが、不動産建設に伴う住民の強制的な立ち退きは、実際に大きな社会問題となっている。その意味で、原発の新設においても人々の不満の爆発がどのような形で現れるか予想はできない。実際、２０１３年7月に、広東省江門市鶴山県で核燃料プロジェクトが進められようとされ、政府はその安全性は非常に高いと宣伝したが、地元住民の強い反対を受け、公示から10日間で取り止めになった事例もある。このように、今日の中国においても原発問題は、単なるエネルギー問題や、経済問題、環境問題ではなく、より複雑な社会問題となりうる(30)。

今後も「原発大国」としての中国の動向を注視する必要がある。

注

(1) 原子力百科事典ＡＴＯＭＩＣＡ「中国の原子力開発、原子力安全規制、原子力発電（14-02-03-03）」一般財団法人・高度情報科学技術研究機構（ＲＩＳＴ）。http://www.rist.or.jp/atomica/index.html
(2) 鈴木真奈美（２０１４）『日本はなぜ原発を輸出するのか』平凡社新書、１５２～１５５頁。
(3) 日中経済協会『中国経済データハンドブック２０１４年版』、77頁。（資料「ＢＰ統計」２０１４年版）
(4) 同上書、１２０頁。
(5) 同上書、１２１頁。
(6) 須藤繁（２０１４）『日本の石油は大丈夫なのか？』同友館、１７７～１７８頁。
(7) 日中経済協会『日中経済産業白書２０１３／２０１４』、43頁。
(8) 同上書、54頁。
(9) 三菱東京ＵＦＪ銀行（中国）有限公司「原子力発電の再開に伴う最近の原発業界動向」『経済週報』２０１４年5月14日第２０３期、4頁。

(10)郭四志(2011)『中国エネルギー事情』岩波新書、187頁。
(11)同上書、192~197頁。
「世界で始まったウラン争奪戦」『週刊エコノミスト』(2008年6月24日号掲載記事)みずほ情報総研。http://www.mizuho-ir.co.jp/publication/contribution/2008/economist080624.html
天本一平(日本原子力研究開発機構)「世界のウラン資源とわが国のウラン調達」2012年12月。http://www.aesj.or.jp/~recycle/nfctxt/nfctxt_2-1.pdf
(12)北野尚宏(2013)「アジア諸国への経済協力 メコン地域・中央アジアを中心に」下村恭民・大橋英夫・日本国際問題研究所編『中国の対外援助』日本経済評論社、85~94頁。
(13)郭四志(2012)『中国 原発大国への道』岩波ブックレット834号、55頁。
(14)三菱東京UFJ銀行(中国)有限公司「原子力発電の再開に伴う最近の原発業界動向」、2~4頁。
中杉秀夫(2014)「中国の原子力発電開発:原子力産業の構造と国産炉開発」一般社団法人・日本原子力産業協会国際部、2014年11月25日、30~31頁。http://www.jaif.or.jp/cms_admin/wp-content/uploads/2014/01/141126china-data_r6.pdf
(15)三菱東京UFJ銀行(中国)有限公司「原子力発電の再開に伴う最近の原発業界動向」、4頁。
(16)中杉秀夫「中国の原子力発電開発:原子力産業の構造と国産炉開発」、9~10頁。
(17)郭四志『中国 原発大国への道』、39頁。
(18)中杉秀夫「中国の原子力発電開発:原子力産業の構造と国産炉開発」、14~15頁。
(19)「中国広核集団、ルーマニアの原子炉増設に出資」『人民網日本語版』2013年11月27日17時02分。http://www.infochina.jp/jp/index.php?m=content&c=index&a=show&catid=6&id=3513
(20)「英、25年ぶりに原発新設へ 中国企業が初参入」『朝日新聞』2013年10月21日23時35分。http://www.asahi.com/articles/TKY201310210526.html

「原発事業に中国2社参入　日本企業との激戦区に」『毎日新聞』２０１３年10月21日20時33分。http://mainichi.jp/select/news/20131022k0000m030065000c.html

(21) 中杉秀夫「中国の原子力発電開発：原子力産業の構造と国産炉開発」、16頁。

(22) 同上論文、35～37頁

(23) 同上論文、35～48頁。

(24) 鈴木真奈美（２０１４）『日本はなぜ原発を輸出するのか』平凡社新書、１５２～１６２頁。経済産業省「平成24年度発電用原子炉等利用環境調査　海外原子力産業調査」、８４１～８４２頁。http://www.meti.go.jp/meti_lib/report/2013fy/E003935.pdf

(25) 郭四志『中国エネルギー事情』、２０４～２０５頁。

(26) 同上書、２０６頁。

(27) 中杉秀夫「中国の原子力発電開発：原子力産業の構造と国産炉開発」、58頁。

(28) 経済産業省「平成24年度発電用原子炉等利用環境調査　海外原子力産業調査」、８４４～８４５頁。

(29) 郭四志『中国　原発大国への道』、46～47頁。

(30) 三菱東京ＵＦＪ銀行（中国）有限公司「原子力発電の再開に伴う最近の原発業界動向」、６頁。

第3章

日本の
原発輸出

1 「原子力政策大綱」(2005年)

2005年にアメリカのブッシュ政権は原発復活と原発推進を目的とした「エネルギー政策法」（通称「包括エネルギー法」）を成立させ、「原子力ルネサンス」を盛り上げた。また、前に指摘したように、ブッシュ政権は中国とインドをターゲットにした原発輸出の準備も開始した。

この第2期ブッシュ政権のエネルギー政策を受けて、2005年10月に日本の小泉純一郎内閣は原発推進を目的に「原子力政策大綱」を閣議決定した。ここでは「原子力政策大綱」において注目すべきいくつかの重要な点を取り上げる。(1)

第一に、原発推進の大きな理由の1つに「地球温暖化対策」が指摘されていることである。

原子力エネルギー利用技術は、既に我が国のエネルギー安定供給と地球温暖化対策に貢献してきているが、なお、改良・改善の余地は少なくない。そこで、今後とも他のエネルギー技術と競争し、協調してこの貢献の度合いを高めていくことができるように、その特長を一層伸ばし、課題を克服する努力を継続的に推進し、その過程を通じて学術の進歩、産業の振興にも貢献する。(2)

近年になって、新増設が停滞していた米国やフィンランド等でも、地球温暖化対策やエネルギー安定供給等の観点から、原子力発電所の新増設に向けた動きが始まっており、また、電力需要が急増している中国やインドでは原子力発電所建設計画の着実な進展が見られる。(3)

前者の文章は「基本的目標」の1つであり、後者の文章は「現状認識」の部分であるが、原発推進の大きな理由の1つが「地球温暖化対策」であることを言明している。

第二に、原発推進の具体的な目標について、「基本的考え方」として次のように示している。

我が国において各種エネルギー源の特性を踏まえたエネルギー供給のベストミックスを追求していくなかで、原子力発電がエネルギー安定供給及び地球温暖化対策に引き続き有意に貢献していくことを期待するためには、2030年以後も総発電電力量の30~40%程度という現在の水準程度か、それ以上の供給割合を原子力発電が担うことを目指すことが適切である。(4)

ここでは、原発の具体的な目標数字が示されており、「2030年以後も総発電電力量の30~40%程度という現在の水準程度か、それ以上の供給割合を原子力発電が担うことを目指す」と明言している。もう1つは、高速増殖炉についても今後の具体的な目標を明らかにして、次のように示している。

高速増殖炉については、軽水炉核燃料サイクル事業の進捗や「高速増殖炉サイクルの実用化戦略調査研究」、「もんじゅ」等の成果に基づいた実用化への取組を踏まえつつ、ウラン需給の動向等を勘案し、経済性等の諸条件が整うことを前提に、2050年頃から商業ベースでの導入を目指す。(5)

さらにもう1つは、核燃料サイクルを着実に推進することである。核燃料リサイクル計画とは、原発で一度使ったウラン燃料（使用済燃料）を分別処理することで、もう一度原子力発電の燃料としてリサイクルすることである。ウラン資源を再利用すれば、エネルギーを長期にわたり安定供給することができるという理屈である。ただし、それがさらに原発コストを引き上げるという問題があり、長期的にみて採算が合うかどうかは別問題である。

第三に、「原子力産業の国際展開」という節を設け、日本の原発輸出の可能性を示している。

米国や仏国等の原子力発電利用が成熟している国に対しては、産業界が主体となって商業ベースにより展開することを期待する。

原子力発電導入の拡大期にある国に対しては、我が国の製造事業者は、原子炉関連技術のライセンスや各種の国際約束等を考慮し、他国の製造事業者と協力しながら、国際展開を図っていくこととしており、今後ともこうした方針の下に国際展開を進めることを期待する。(6)

ここでは、ブッシュ政権のエネルギー政策の重要な1つである中国とインドをターゲットにした原発輸出に対応するように「我が国の製造事業者は、原子炉関連技術のライセンスや各種の国際約束等を考慮し、他国の製造事業者と協力しながら、国際展開を図っていくこと」と明言している。すなわち、日本もアメリカと協力しながら中国やインドのような「原子力発電導入の拡大期にある国」に対して積極的に原発輸出を展開することを明らかにしている。

2 「原子力立国計画」（2006年）

2005年の「原子力政策大綱」の小泉内閣での閣議決定を受けて、2006年8月に経済産業省の総合資源エネルギー調査会電気事業分科会原子力部会報告書として「原子力立国計画」がまとめられ、同年の原子力委員会において決定した。さらに、この「原子力立国計画」は、2007年の「エネルギー基本計画」に盛り込まれ、福田康夫内閣で閣議決定された。⑦

この「原子力立国計画」には、「5つの基本方針」として、次のように示されている。すなわち、Ⅰ．「中長期的にブレない」確固たる国家戦略と政策枠組みの確立、Ⅱ．個々の施策や具体的時期については、国際情勢や技術の動向等に応じた「戦略的柔軟さ」を保持、Ⅲ．国、電気事業者、メーカー間の建設的協力関係を深化。このため関係者間の真のコミュニケーションを実現し、ビジョンを共有。先ずは国が大きな方向性を示して最初の第一歩を踏み出す、Ⅳ．国家戦略に沿った「個別地域施策」の重視、Ⅴ．「開かれた公平な議論」に基づく政策決定による政策の安定性の確保である。

そのなかのⅠ．「中長期的にブレない」確固たる国家戦略と政策枠組みの確立とは、2005年「原子力政策大綱」の方針を今後とも長期にわたり実施するということを意味しており、事実上の日本の長期原発推進計画である。

また、その計画においては「実現方策」として、次の9項目が示されている。すなわち、①電力自由化時代の原子力発電の新・増設、既設炉リプレース投資の実現、②安全確保を大前提とした既設原子力発電所の適切な活用、③核燃料サイクルの着実な推進とサイクル関連産業の戦略的強化、④高速増殖炉サイクルの早期実用化、⑤技術・産業・人材の厚みの確保・発展、⑥我が国原子力産業の国際展開支援、⑦原子力発電拡大と核不拡散の両立に向けた国際的な枠組み作りへの積極的関与、⑧国と立地地域の信頼関係の強化、きめの細かい広聴・広報、⑨放射性廃棄物対策の着実な推進である。

「原子力立国計画」は「第3部　現状・課題と今後の対応」において、2000年代半ばの「原子力ルネサンス」の盛り上がりと原発産業をめぐる大きな国際環境変化のなかで日本の目指す原発産業の強化について、次のように言及している。

国際的な資源獲得競争が激化しつつある中で、エネルギー自給率が極めて低い資源小国の我が国にとって、核燃料サイクルを含む原子力の推進は、エネルギー安全保障の確立と地球環境問題を一体的に解決する要である。

世界的に見ても、米国は原子力発電の発展と核不拡散の両立を目指した国際原子力エネルギー・パートナーシップ（GNEP）構想を提唱し、欧州各国においても地球温暖化対策やエネルギー安全保障の観点から原子力を評価する気運が高まる等、核燃料サイクルを含む原子力を推進する動きが急激に進展しつつある。

我が国としても、国家戦略として将来を見据えて確固とした方向性を堅持しつつ、喫緊に原子力の推進に取り組むべきである。その際、これまでに蓄積された技術的な強み等を発揮して、世界的な原子力の推進に先導的な役割を果たすべきである。また、原子力の推進の必要性について、広く国民と共有し、政府・関係機関、電気事業者、メーカー等による戦略的かつ総合的な取組を

推進すべきである。(8)

このように、日本の原発産業における国際的役割については「これまでに蓄積された技術的な強み等を発揮して、世界的な原子力の推進に先導的な役割を果たす」ことが強調されている。

さらに日本の原発産業の強みと弱みについても、次のように言及している。

これまで我が国では、少ないながらも新規建設が継続されてきたため、我が国メーカーは設計、製造、建設技術面で圧倒的な優位性を有しており、また、これを支えるコア部品では強い裾野産業を有している。このため、米国メーカーにおける新型炉開発においても、我が国メーカーは重要なパートナーとなっている。

他方で、これまで国内市場への対応が中心であったため、海外市場への対応は遅れており、また我が国独自開発の炉の国際的な認知度は低く、このため日本全体としてのブランド力は高くない。(中略)

今後10年程度は、わずかながらも新規建設が見込まれるため、裾野産業も含めて徐々に縮減傾向にはあるものの、ある程度の企業規模の維持が可能であるが、その後の状況については不透明である。国内各メーカーが体力を失って、国際的な影響力を喪失する事態に陥らないよう、体力のある今のうちに、中長期を見据えた戦略の構築と実行が必要である。我が国メーカーが「世界市場で通用する規模と競争力を持つよう体質を強化すること」(『原子力政策大綱』)が政策上の目標である。

こうした中長期的な戦略の立案・実行には、まず我が国メーカーが国際市場で競争する原子炉のコンセプトやターゲット市場等を明確にし、その実現に向け、関係者が戦略的に取り組むことが必要である。(9)


このように、「原子力立国計画」においては、日本の原発産業の強みとしては「我が国メーカーは設計、製造、建設技術面で圧倒的な優位性を有しており、また、これを支えるコア部品では強い裾野産業を有している」としている。そして、日本のその強みを活かして「我が国メーカーが国際市場で競争する原子炉のコンセプトやターゲット市場等を明確にし、その実現に向け、関係者が戦略的に取り組むこと」を明言し、日本の原発産業の海外進出と原発輸出を方向づけている。

以上みてきたように、日本の原発政策は、2005年の「原子力政策大綱」の閣議決定と2007年の「原子力立国計画」の閣議決定によって、長期的な原発推進政策が確立されてくる。

3 民主党政権の「エネルギー基本計画」（2010年6月）

2009年8月30日の総選挙によって民主党政権が誕生した。この政権交代によって原発政策は大きな転機を迎えるかにみえたが、実際にはこれまでの基本的な原発推進政策と重要な変化はない「エネルギー基本計画」が2010年6月に鳩山由起夫内閣によって閣議決定された。

この2010年は、2008年の世界金融危機の回復期にあり、世界の原油価格は1バレル当たり80ドル台を推移していた。世界のエネルギーをめぐる情勢の変化について「エネルギー基本計画」では、次の3つを指摘している。[10]

第一に、我が国の資源エネルギーの安定供給に係る内外の制約が一層深刻化していることである。アジアを中心に世界のエネルギー需要は急増を続けており、資源権益確保をめぐる国際競争は熾烈化している。2008年に原油価格が1バレル当たり140ドルを突破するなど、資源エネルギー価格の乱高下も顕著となっており、今後も中長期的な価格上昇が見込まれるとしている。

第二に、地球温暖化問題の解決に向けた、エネルギー政策に関するより強力かつ包括的な対応への内外からの要請の高まりである。2008年から京都議定書に基づく第1約束期間が開始された。さらに、2009年9月の国連気候変動首脳会合において、我が国は、すべての主要国による公平かつ実効性ある国際的枠組みの構築および意欲的な目標の合意を前提として1990年比で2020年までに温室効果ガスを25%削減することを表明した。

第三に、エネルギー・環境分野に対し、経済成長の牽引役としての役割が強く求められるようになったことである。2008年のリーマンショックを契機に世界経済は歴史的な大不況に直面し、各国は産業構造・成長戦略の再構築を迫られている。2009年12月に(民主党鳩山内閣で)閣議決定した新成長戦略(基本方針)においても、この分野の強みを活かして「環境・エネルギー大国」を目指すとされていることを受け、今後、この分野への政策資源の集中投入が急務だとしている。

さて「エネルギー基本計画」では、具体的数字を示しながら2030年までの目標を明らかにしている。すなわち、地球温暖化問題への関心の高まりを踏まえ、原子力のさらなる新増設を含む政策総動員により、２０３０年までにエネルギー自給率の大幅な向上（約18％から約4割へ）とエネルギー起源二酸化炭素の30％削減を目指す。特に、原発政策においては、「２０３０年に向けた目標」として原子力発電を推進して、新増設は２０２０年までに9基、２０３０年までに14基以上を建設し、設備稼働率は２０２０年には85％、２０３０年には90％にするという計画であった(11)。

この民主党政権の原発政策の実現目標をみると、ある意味で、これまでの自民党政権時代よりも強力な原発推進政策であることがわかる。そこでは、２０３０年までの目標として、２０２０年までに9基、２０３０年までに14基以上の原発を新増設すると具体的数字を示して明言している。

さらに「エネルギー基本計画」は「エネルギー・環境分野における国際展開の推進」としては、次のように主張している。

我が国が今後とも国際競争力を維持していくためには、海外の需要を積極的に取り込み、アジアや中東を始め、世界の低炭素エネルギー技術や関連インフラ市場を我が国産業界が牽引していく必要がある。そこで、２０３０年に向け、我が国に優位性があり、かつ今後も市場拡大が見込まれるエネルギー関連の製品・システムの国際市場において、我が国企業群が世界最高水準のシェアを獲得、維持していくことを目指す。この目標に向け総合的に取り組むことで、我が国の経済成長と世界の温室効果ガス削減を同時に達成する。

特に高効率火力発電（ＣＣＳを含む）、原子力発電、送配電、スマートコミュニティ、太陽光発電や風力発電等の再生可能エネルギー等のシステムや、ヒートポンプ、燃料電池、省エネ型産業プロセス・機器等について、我が国の技術の優位性を最大限活用するべきである。産業界のニーズも踏まえつつ、官民一体となった戦略的な海外展開支援を推進する。（中略）

我が国のエネルギー技術の競争力強化を図るとともに、企業連合体（コンソーシアム）の形成支援等、技術・システムの海外展開を推進するため、上流から下流までの一体性を持った体制整備を官民一体となって促進する。[12]

実際、2010年10月に菅直人内閣は「産業界のニーズも踏まえつつ、官民一体となった戦略的な海外展開支援を推進する」として、そのための新たな「国策会社」である「国際原子力開発株式会社」（JINED）を創立した。電力9社（北海道電力、東北電力、東京電力、中部電力、北陸電力、関西電力、中国電力、四国電力、九州電力）と、東芝、日立、三菱重工業、および株式会社産業革新機構、計13社が出資した。この「官民一体」オールジャパンの「国際原子力開発株式会社」の設立についての発表では、国際原子力開発は、原子力発電プロジェクトの受注を通じて、新規導入国での安全で信頼性の高い原子力発電の確立に貢献するべく、日本政府による制度整備や資金等に関する支援を受けながら、我が国がこれまで培ってきた原子力発電所の建設、運転保守、人材育成等の技術・ノウハウを官民一体となって包括的に提案すると表明している。[13]

また、2010年10月に菅直人首相はベトナムを訪問し、グエン・タン・ズン首相と会談した。そこで、ベトナム中部のニントゥアン省ビンハイ地区で計画されている原発2基の建設について合意した。これは民主党政権の初の原発輸出の「成果」であった。設立されたばかりの「国際原子力開発」の最初の大きな仕事は、このベトナムへの原発輸出、ニントゥアン省の原発2基の建設プロジェクトとなった。その設立の挨拶文には、「今後は、当面の取り組みとして、経済産業省をはじめとした関係者とベトナム国ニントゥアン省で計画中の原子力発電プロジェクトの受注に向け、同国のニーズを踏まえた建設計画や人材育成計画等の提案などの具体的な活動を進めてまいります」とある。

4 原発新増設の停滞

２００５年以前の日本の原発をめぐる状況について説明すると、１９６６年に東海原発1号機が運転開始以降、１９７０年代には20基、１９８０年代には16基、１９９０年代には15基の原発が新設され運転を開始した。１９９７年に運転開始された新潟県の柏崎刈羽原発7号機と佐賀県の玄海原発4号機が１９９０年代の最後の原発であった。２０００年代においては、２００２年に宮城県の女川原発3号機、２００５年に静岡県の浜岡原発5号機と青森県の東通原発1号機、２００６年に石川県の志賀原発2号機、２００９年に北海道の泊原発3号機が運転開始となったが、わずか5基に激減した。

図1は、１９５２年から福島原発事故直前の２０１０年までの発電電力量の推移を示したものである。福島原発事故直前の２０１０年の発電電力量の構成比率をみると、原子力が30・8％、石炭が23・8％、一般水力が7・8％、ＬＮＧ（液化天然ガス）が27・2％、石油等が8・3％、揚水（主に原子力の夜間の余剰利用による）が0・9％、新エネルギーが1・2％であった。第一次石油危機が起

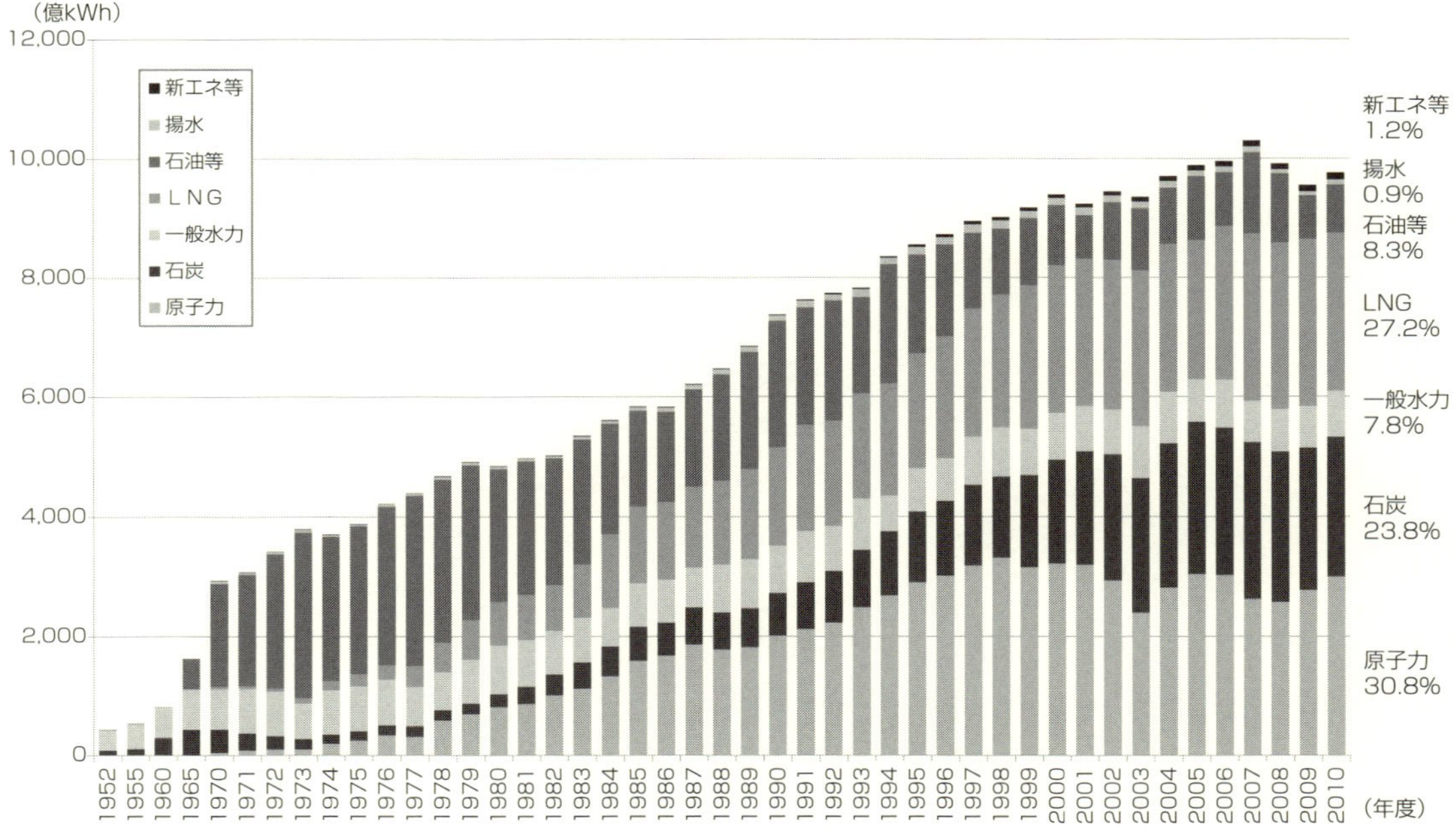

図１　発電電力量の推移（1952〜2010年）

出所）経済産業省『エネルギー白書2011年版』第214-1-6図。

こった1973年の発電電力量の構成比率をみると、原子力が2・8%、石炭が4・7%、一般水力が16・0%、LNG（液化天然ガス）が2・4%、石油等が73・2%、揚水が1・2%、新エネルギーが0%であった。1973年と2010年を比較すると、第一に、石油等の構成比が73・2%から8・3%へと大幅に減少したこと、第二に、石油等の大幅減少とは対照的に、原子力が2・8%から30・8%へ急増したことが目立つ。これは第一次石油危機と第二次石油危機に先進国が対応した共通のエネルギー政策の転換（原子力エネルギーの導入）の反映であった。第三に、原子力と同様に、石炭が4・7%から23・8%、LNG（液化天然ガス）が2・4%から27・2へと大幅に増加している。このように、2つの石油危機後の日本のエネルギー政策の特徴は、原子力エネルギーを急増させ、同時に石炭とLNGも増加させたことである。なお、原子力エネルギーの構成比は、1998年の36・8%が過去最高であり、1995年から2001年の間は、その構成比が34%台であったが、2002年以降は、原発の相次ぐ事故やトラブルのために原発設備の稼働率も60%後半まで低下し、2000年代には原発の新増設も先述のようにわずか5基となった。

この2000年代の国内原発新設の停滞には、次の3つの原因がある。

第1の原因は、1986年の史上最悪のチェルノブイリ原発事故に加えて、1990年代後半から国内原発において事故、事件、災害が続発し、原発に対する国民の不信が高まったことであった。1995年12月「動燃」の高速増殖炉「もんじゅ」でナトリウム漏れ事故が発生し、事故を撮影したビデオ隠しが問題となった。1996年4月福島第一原発2号機の構内で火災があったが、東電はその事実を隠蔽し、後日問題となった。1998年7月東北電力女川原発1号機の原子炉で制御棒が引き抜けるトラブルがあった。1999年9月東海村の核燃料加工施設JCO東海事業所で臨界事故が発生し、作業員2人が死亡、1人が重体となり、この事故で住民も避難した。2002年には東電の原発のデータ改ざんとトラブル隠しが発覚し、同年8月に保安院が東電の不正を報告する記者会見を行った。同年9月にその責任を取り、南直哉社長はじめ社長経験者5人が辞任している。2004年8月には関西電力の美浜原発3号機で蒸気噴出事故が発生し、作業員5人が死亡し、6人が重軽傷となった。なお、2007年7月16日には新潟県中越沖地震によって東電の柏崎刈羽原発の変圧器で火災が発生し、機器多数が破損した。この地震による原発火災を契機に、原発の耐震性評価が問題となり、電力会社が地震の影響を過小評価していることが明らかとなった。同年8月には浜岡原発に関するシンポジウムで「やらせ」が発覚し、その後各地で同様の「やらせ」が問題となった。

第2の原因は、1990年代以降の電力市場の自由化による影響である。アメリカとヨーロッパも電力市場の自由化が進んでいたが、日本においても1995年の電気事業法改正によって独立系発電事業者による発電部門への新規参入が認められ、2000年には小売市場が部分的に自由化された[14]。

第3の原因は、1989年の日本の「バブル経済」崩壊後の「失われた10年」あるいは「失われた20年」とも呼ばれる日本経済の長期不況への突入である。1990年代のアメリカの「ITバブル」と呼ばれる長期の好景気とは対照的に、日本経済は「デフレ経済」とも呼ばれる長期不況に入り、その結果、国内の電力需要の大きな成長が期待できなくなったのである。

それゆえ、2005年のブッシュ政権の「エネルギー政策法」（通称「包括エネルギー法」）の実施と「原子力ルネサンス」の盛り上がりは、1990年代後半以降、停滞していた日本の原発産業にとって大きなチャンス到来であった。

5　電力市場の自由化と原発産業

ここで先進国における電力市場の自由化について少し説明すると、アメリカや欧州連合（EU）では、1990年代以降、電力市場の自由化のために発電会社と送電会社を分離する「発送電分離」も含めて自由化が推進されてきた。

アメリカにおいては、1992年より公益事業持株会社法（PUHCA）の規制を適用免除された新たな発電事業者区分として適用除外卸発電事業者（EWG）という独立系発電事業者（IPP）が規定された。これにより事業形態および地理的活動範囲において卸目的で自由に発電施設を所有、運転し電力を販売することが可能となり、卸発電市場が全米大で実質的に自由化されることになった。その結果、現在、アメリカには3200社以上の電気事業者（Utilities）が存在する。これら事業者は所有形態により私営、連邦営、地方公営、協同組合営事業者に分類される。[15]

欧州連合（EU）においては、1996年のEU電力指令および2003年の改正EU電力指令の2回の指令によって加盟国に電力自由化が義務づけられた。小売については1996年のEU電力指令では2003年までに国内市場の少なくとも32％の自由化を義務づけ、2003年の改正EU電力指令では2004年7月までの家庭用を除く需要家（約60％）の自由化および2007年7月までの全面自由化を義務づけた。また、発送電分離については、1996年のEU電力指令で発送配電部門の機能分離および会計分離を義務づけ、２００３年の改正ＥＵ電力指令では発送配電部門の機能分離および法的分離を義務づけた[16]。

ドイツにおいては、かつては電気事業者が１０００社近く存在していたが、主な企業形態は、発電から送電、配電、小売までを営む垂直統合型の大手私営電力会社と自治体の行政区を供給区域として主に配電と小売を営む公営電気事業者の２種類であった。しかし、自由化以降は大手電力会社の合併が進んで８社から４社となり、その後の発送電分離により、４社は発電、送電、配電、小売の事業別に別会社化され、４大グループに移行した。２００５年の時点で、４大グループが総発電設備の約８割を所有し、総発電電力量の約９割を発電している[17]。

また、ドイツにおいては、１９９８年に新しいエネルギー事業法が施行され、家庭用も含めたすべての需要家が電力の購入先を自由に選択できる全面自由化が実施された[18]。

フランスにおいては、「電力自由化法」が２０００年２月に制定されたものの、「ＥＵ電力自由化」指令で１９９９年２月から小売電力市場の自由化が規定されていたため、実質的には１９９９年２月から自由化が開始された。自由化は段階的に実施され、市場開放率は１９９９年２月以降約20％（年間消費電力量１億キロワット時以上の需要家約２００軒が自由化対象）、２０００年５月以降約30％（１６００万キロワット時以上の需要家約１６００軒が自由化対象）、２００３年２月以降約37％（７００万キロワット時以上の需要家約３３００軒が自由化対象）と拡大された。２００４年７月以降は、家庭用需要家を除く産業用・業務用需要家が自由化され、２００７年７月以降は全面自由化が実施された[19]。

なおフランスにおいては、第二次世界大戦後、経済の急速な再建の必要性から基幹産業の国有化が進められ、電気事業においてもフランス電力公社（ＥＤＦ）が設立され国有化された。ＥＤＦは垂直統合型事業者として国内の発送配電事業を独占的に行ってきたが、２０００年以降の自由化により、発電部門、配電部門はそれぞれ子会社化されてＲＴＥ、ＥＲＤＦとなった。ＲＴＥは国内の送電系統の運用・維持・管理、需給調整のほか、国際連係系統の管理も行っている。[20]

イギリスにおいては、１９９０年に電力自由化と同時に国有電気事業者の分割・民営化が実施された。それまで発電と送電を独占していた国有の発送電局（ＣＥＧＢ）は発電会社３社と送電会社１社に分割・民営化され、12の国有配電局も民営化され配電会社となった。電力市場の自由化によって新規参入が相次ぎ、２０１３年６月時点で発電会社１２８社、小売会社１０７社（ライセンス所有者数）が事業を展開している。[21]

日本においては、１９９５年より次の４次にわたって電気事業制度改革が実施されてきた。[22]

第１次制度改革（１９９５年）においては、第一に、卸電気事業の参入許可を原則として撤廃し、電源調達入札制度を創設して、発電部門において競争原理を導入し、第二に、特定電気事業制度を創設し、特定の供給地点における電力小売事業を制度化し、第三に、一般電気事業者の自主性を認める方向で料金規制を見直し、選択約款を導入する。なお、この電力卸売事業に新規参入する事業者は独立系発電事業者（ＩＰＰ）と呼ばれている。

第２次制度改革（１９９９年）においては、第一に、小売部門において、特別高圧需要家（原則、契約電力２０００キロワット以上）を対象として部分自由化を導入し、第二に、料金の引下げ等、電気の使用者の利益を阻害する恐れがないと見込まれる場合においては、これまでの規制を緩和し、認可制から届出制に移行する。2000年3月から大規模工場やオフィスビル、デパート、大病院等の特別高圧で受電する需要家（原則2万ボルト以上で受電し、電気の契約容量が原則2000キロワット以上の需要家）に対しては、電力会社以外の新規参入者も電気を供給することができるようになった。新しく電気の小売事業に参入した事業者は、特定規模電気事業者（PPS）と呼ばれている。その際、自由化対象となった需要家は、国内の電力販売量の3割弱を占めていた。

第3次制度改革（2003年）においては、第一に、小売部門において、高圧需要家（原則、契約電力50キロワット以上）まで部分自由化範囲を拡大し、第二に、一般電気事業者の送配電部門に係るルール策定・監視等を行う中立機関（送配電等業務支援機関）を創設し、第三に、一般電気事業者の送配電部門における情報遮断、差別的取扱いの禁止等を電気事業法により担保し、第四に、全国大の卸電力取引市場を整備する。なお、改正電気事業法は2004年4月より一部施行され、小売自由化範囲が電気の契約容量が原則500キロワット以上の高圧需要家に拡大され、国内の販売電力量の約4割が自由化対象となった。さらに、2005年4月からの全面施行により、小売自由化範囲は電気の契約容量が50キロワット以上のすべての高圧需要家にまで拡大され、国内の販売電力量の約6割が自由化対象となった。

第4次制度改革（2008年）においては、第一に、卸電力取引所の取引活性化に向けた改革、および送電網利用に係る新電力の競争条件を改善し、第二に、安定供給の確保および環境適合に向けた取組を推進する（グリーン電力卸取引の導入等）。ただし、小売部門の自由化範囲は拡大せず、5年後を目処に範囲拡大の是非について改めて検討する。

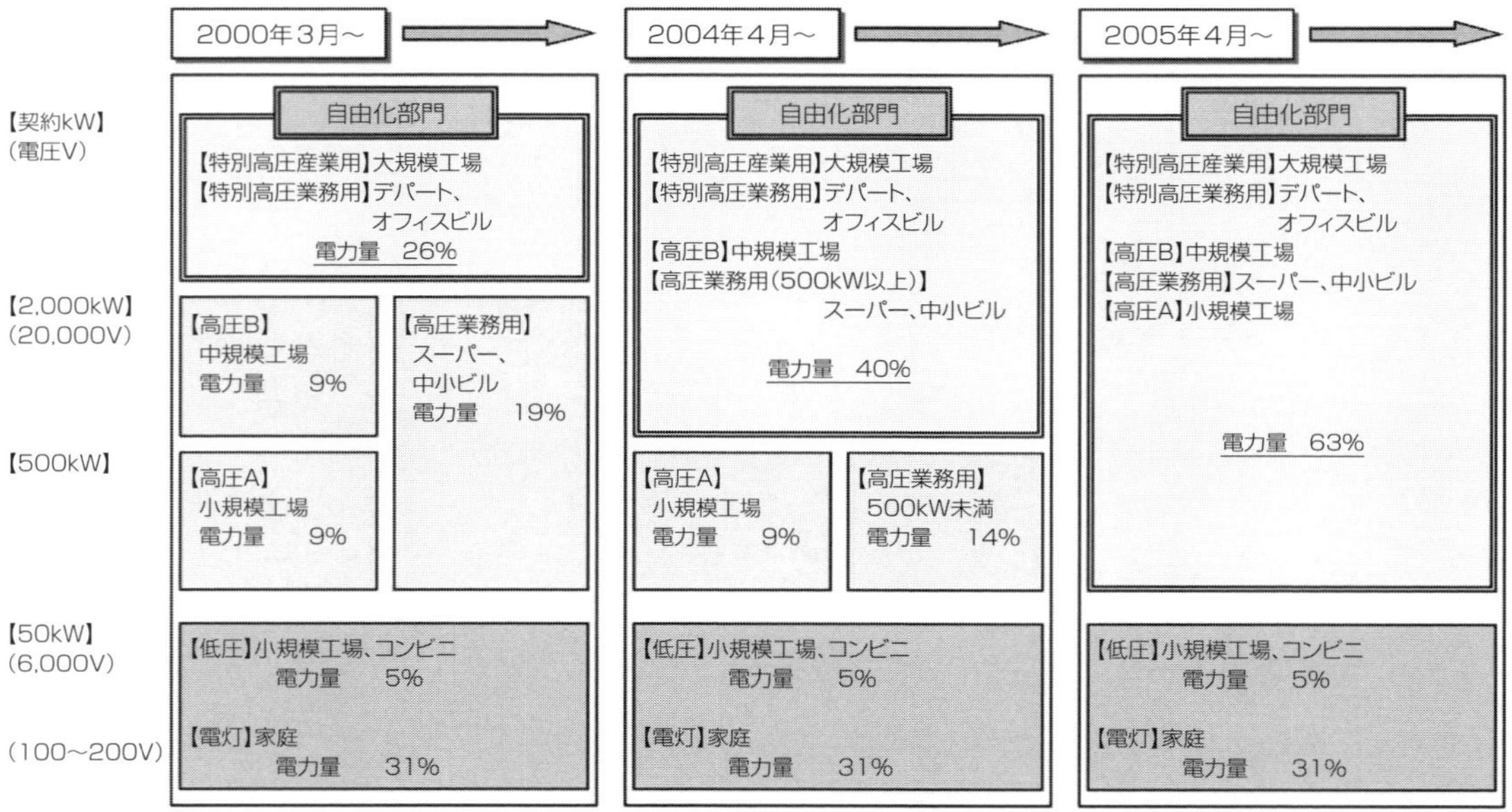

図２　電力自由化に向けたスケジュール

出所）経済産業省『エネルギー白書 2011 年版』第 4 章第 2 節電気事業制度、第 341 － 1 － 1 図。http://www.enecho.meti.go.jp/about/whitepaper/2011html/3-4-1.html

図2は、電力市場の自由化に向けたスケジュールを示したものである。

2014年4月2日には、「電力システムに関する改革方針」が閣議決定され、そのなかには、第二段階として2016年（平成28年）を目処に電気の小売業への参入の全面自由化が項目として入っている。しかし、日本の電力市場の自由化においては、発電会社と送電会社を分離する「発送電分離」については、曖昧なままである。第三段階として「法的分離による送配電部門の中立性の一層の確保、電気の小売料金の全面自由化」という項目があるが、「平成30年から平成32年まで（2018年から2020年まで）を目処に法的分離の方式による送配電部門の中立性の一層の確保に係る制度及び電気の小売料金の全面自由化に係る制度を実施することとし、そのために必要な法律案を平成27年（2015年）通常国会に提出することを目指すものとする」として、明確に「発送電分離」を実行するとは明記されていない[23]。

実際に、1990年代に資源エネルギー庁電気事業分科会において電力自由化が検討されてきたが、2003年に「わが国においては、発電部門は自由化、小売部門は部分自由化した上で、発電と送電を一貫体制により運営する」ことが適当であるとの結論が出されて、欧米の電力市場の自由化では当たり前の「発送電分離」は否定された[24]。

このように、日本においても、1990年代には電力市場の自由化のために発電会社と送電会社を分離する「発送電分離」を推進する動きもあったが、日本の電力会社は地域独占と「総括原価方式」による「護送船団方式」で企業利益が完全に保証されていたため、「発送電分離」は電力業界および原発産業には大きな脅威であった。なぜならば、電力市場の自由化によって採算ラインが低くなれば、

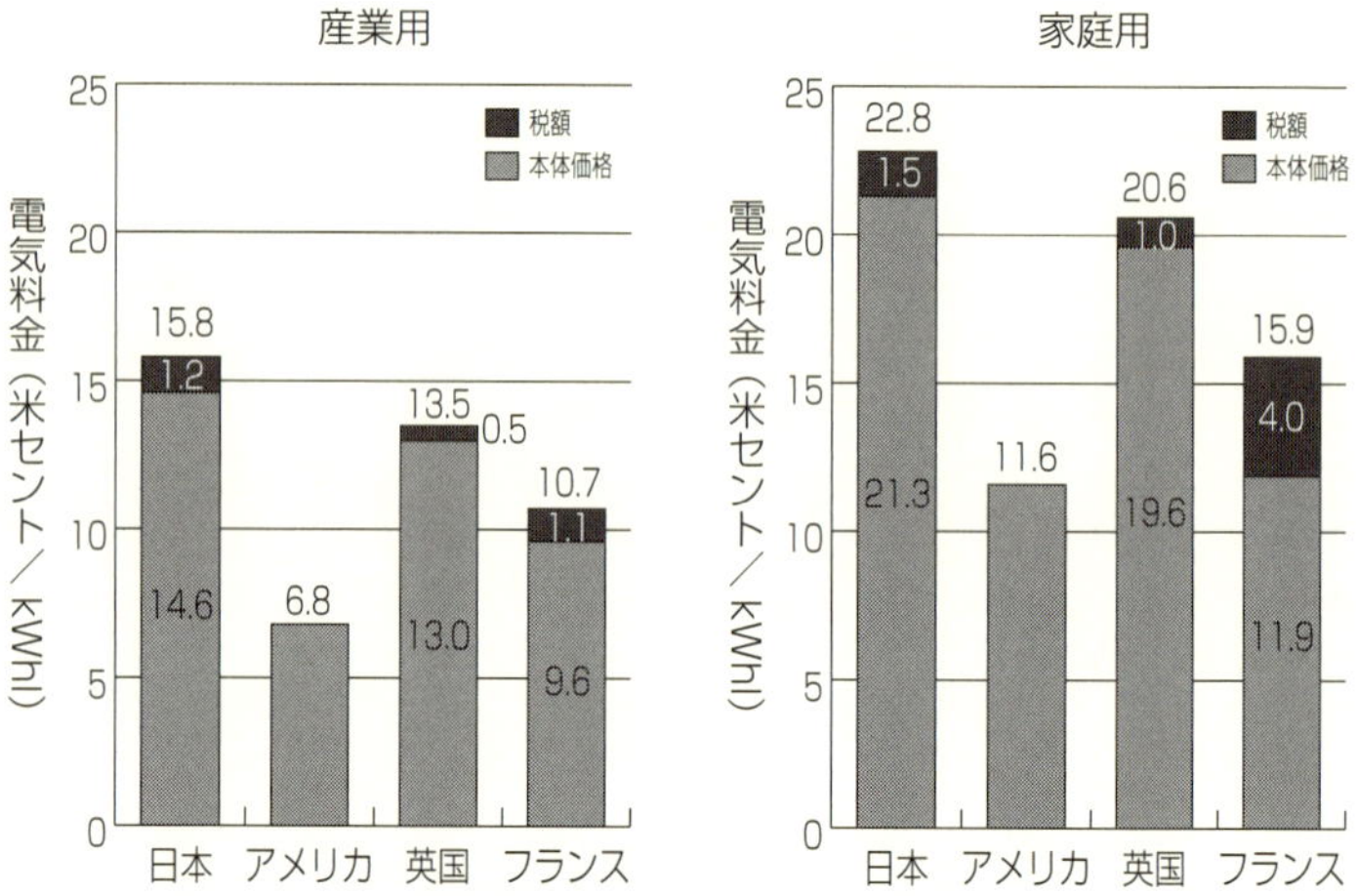

図３　電力料金の国際比較（2009年）

注）アメリカは本体価格と税額の内訳不明。

資料）OECD/IEA, ENERGY PRICES & TAXES, 3rd Quarter 2010。平均為替はOECD Statextractより。

出所）経済産業省『エネルギー白書2011年版』第224-6-1図より。

コスト高の原発はますます採算に合わなくなり、競争力を失うからである。実際、アメリカでは、１９７９年のスリーマイル島の原発事故に電力市場の自由化が重なり、原発は競争力を低下させ、原発の新設は30年以上も停滞した。ヨーロッパにおいても、１９８６年のチェルノブイリ原発事故もあり、同様に20年近くも原発の新設は停滞した。その結果、日本の電力料金は自由化が進んだ欧米と比較して高く設定されてきた。

図３は、２００９年の電力料金の国際比較を示したものである。産業用の電力料金は、１キロワット当たり、日本が税金を含めて15・8セント、アメリカが６・８セント、イギリスが税金を含めて13・5セント、フランスが税金を含めて10・7セントであり、日本は一番高い。同様に、家庭用の電力料金は、１キロワット当たり、日本が税

表1　政府の電力ガス事業改革のスケジュール
（2015年1月時点）

	実施時期	改革の内容	手続き
第1段階	2015年4月	電力の広域融通の司令塔となる組織を設立	2013年11月法成立
第2段階	2016年4月	電力小売全面自由化	2014年6月法成立
第3段階	2017年	都市ガス小売全面自由化	2015年3月法案閣議決定
	2020年4月	電力大手の送配電部門を別会社化	
	2022年4月	都市ガス大手3社の導管部門を別会社化	

出所）『毎日新聞』2015年3月3日付より作成。

金を含めて22・8セント、アメリカが11・6セント、イギリスが税金を含めて20・6セント、フランスが税金を含めて15・9セントであり、やはり日本が一番高い。日本の電力会社は地域独占と「総括原価方式」によって独占的利益を完全に保証されていた。そして、電力会社はその利益を「原発マネー」として政治家、官僚（天下り）、学者、マスコミ、原発を受け入れる地方自治体などに配分して、原発推進に邁進してきたのである。

経済産業省の元官僚であった古賀茂明によれば、日本においても1990年代に電力市場の自由化のために本気で「発送電分離」を推進しようという動きも官僚のなかにはあったが、結局は電力業界および原発産業、そしてその産業界の利益を守ろうとする政治家の圧力によってその計画は挫折したという[25]。

しかし2015年3月3日、政府は、大手電力会社から送配電部門を切り離す「発送電分離」を2020年4月に実施する電気事業法の改正案を閣議決定した。同時に、政府は2017年に都市ガス小売全面自由化を盛り込んだガス事業の改革法案も閣議決定した。これにより、電力・ガスあわせて計10兆円の家庭向け市場が開放されることになり、地域や業態を超えた販売競争や、電気とガスのセット割引などサービス競争が進む見通しである。福島原発事故後、東日本に深刻な電力不足が発生した反省から、政府は電力大手が地域ごとに電力供給を独占する制度を約60年ぶりに見直す方針を2013年4月に決めた。改革第1弾では、2015年4月に広域的な電力融通の司令塔となる機関を設置する。第2弾として2016年4月に電力小売を全面自由化する。今回決めた第3弾では、2020年4月に電力大手の運営する送配電網を別会社化する。電力大手が運営している送配電網を新規参入者も公平に利用できるようにすることで競争を促す狙いである。[26]

表1は、今回の政府の電力ガス事業改革のスケジュールを示したものである。これが示すように、政府は、前にみたように1995年以降、大型工場など大口向けをはじめにして電力市場の自由化を段階的に進めてきたが、2015年の今回の「発送電分離」の改革は、これらに続く「第三段階」であり、経済産業省は「電力・ガス取引監視等委員会」を設置し、大手の電力やガス会社がグループ外の企業に送電網や導管を公平な条件で使わせるよう監視する。しかし、大手電力やガス業界は改革に慎重である。今回は「発送電分離」が閣議決定されたが、自民党内には原発の再稼働が遅れているなかで自由化を進めると大手電力会社の経営が厳しくなるとの意見が根強く、法案の付則には、需給の改善状況を検証し「必要な措置を講じる」との一文が盛り込まれた。経済産業省側は改革の延期は想定していないと強調するが、業界や自民党などから原発に絡め、延期を求める声が強まる懸念もある。これからも注目すべきことである。[27]

6 「原子力ルネサンス」と福島原発事故

2005年のブッシュ政権の「エネルギー政策法」(通称「包括エネルギー法」)の実施と「原子力ルネサンス」の盛り上がりは、1990年代後半以降、停滞していた日本の原発産業にとって大きなチャンス到来であった。

また、同じ2005年には「京都議定書」をロシアが批准したことによって、条約は成立条件を満たして発効した。2008年からは「京都議定書」の第1約束期間(2012年までの5年間)に入った。日本では、前にみたように、2005年に小泉純一郎内閣が「原子力政策大綱」を閣議決定し、2007年には福田康夫内閣が「原子力立国計画」を閣議決定した。原発を推進する理由(口実)は、「京都議定書」の地球温暖化論を基礎とした「クリーン・エネルギー」の1つとしての利用である。一方、アメリカでは「シェール革命」が進行するなか、2006年にウェスティング・ハウス社(WH社)が東芝に買収された。2007年にはアメリカは中国に第3世代炉(WH社AP1000)4基の輸出を正式調印した。2008年にはアメリカはインドとの原子力協定を締結した。2009年に誕生したオバマ政権はブッシュ政権のエネルギー政策を継続し、28基の原発建設・運転一括認可を原子力規制委員会に申請した。同年、東芝はアメリカ・テキサス州の原発建設を受注した。また、同年にはアメリカが天然ガスの生産量(シェールガスを含む)でロシアを超え、世界一となった。2010年には原発メーカーの企業連携がさらに進み、GE社と日立が原発事業を統合し、三菱重工業がフランスのアレバ社に出資し、企業連合を形成した。同年には日本の民主党政権が、前にみたように、「エネルギー基本計画」を閣議決定し、さらに積極的な原発政策を推進した。

日本においてもこのような「原子力ルネサンス」の大波に乗り、原発の新増設が開始されるところで、2011年3月11日にチェルノブイリ原発事故と同じ「レベル7」の福島原発事故が発生した。福島原発事故によって、2012年5月5日以降、日本のすべての原発の商業運転が停止した。その後、同年7月5日に関西電力の大飯原発3号機が再稼働したが、2013年9月15日以降は、再び日本のすべての原発は運転を停止した（しかし、2015年8月11日に九電の川内原発1号機が再稼働した）。

2014年10月の時点で、全国の原発の施設のうち、廃炉作業中が7基、原子力規制委員会の審査で合格は九州電力の川内原発1・2号機の2基のみである。また、現役の48基のうち、運転開始から30年以上の原発は18基もある。すなわち、東京電力の福島第2原発1号機（32年）・2号機（30年）、東北電力の女川原発1号機（30年）、日本原電の東海第2原発（35年）、敦賀原発1号機（44年）、関西電力の美浜原発1号機（43年）・2号機（42年）・3号機（37年）、大飯原発1号機（35年）・2号機（34年）、高浜原発1号機（39年）・2号機（38年）、中国電力の島根原発1号機（40年）、四国電力の伊方原発1号機（37年）・2号機（32年）、九州電力の玄海原発1号機（39年）・2号機（33年）、川内原発1号機（30年）である。そして、2016年7月時点で、運転開始から40年を迎える原発は7基であり、運転延長あるいは廃炉かを選択しなければならない[28]。2015年3月の報道によれば、そのうち中国電力の島根原発1号機（島根県）、九州電力の玄海原発1号機（佐賀県）、日本原電の敦賀原発1号機（福井県）、関西電力の美浜原発1・2号機（福井県）の5基については廃炉が決定した。それは2013年7月施行の改正原子炉等規正法で定められた「原則40年の運転期間」ルールの初適用であった。島根原発1号

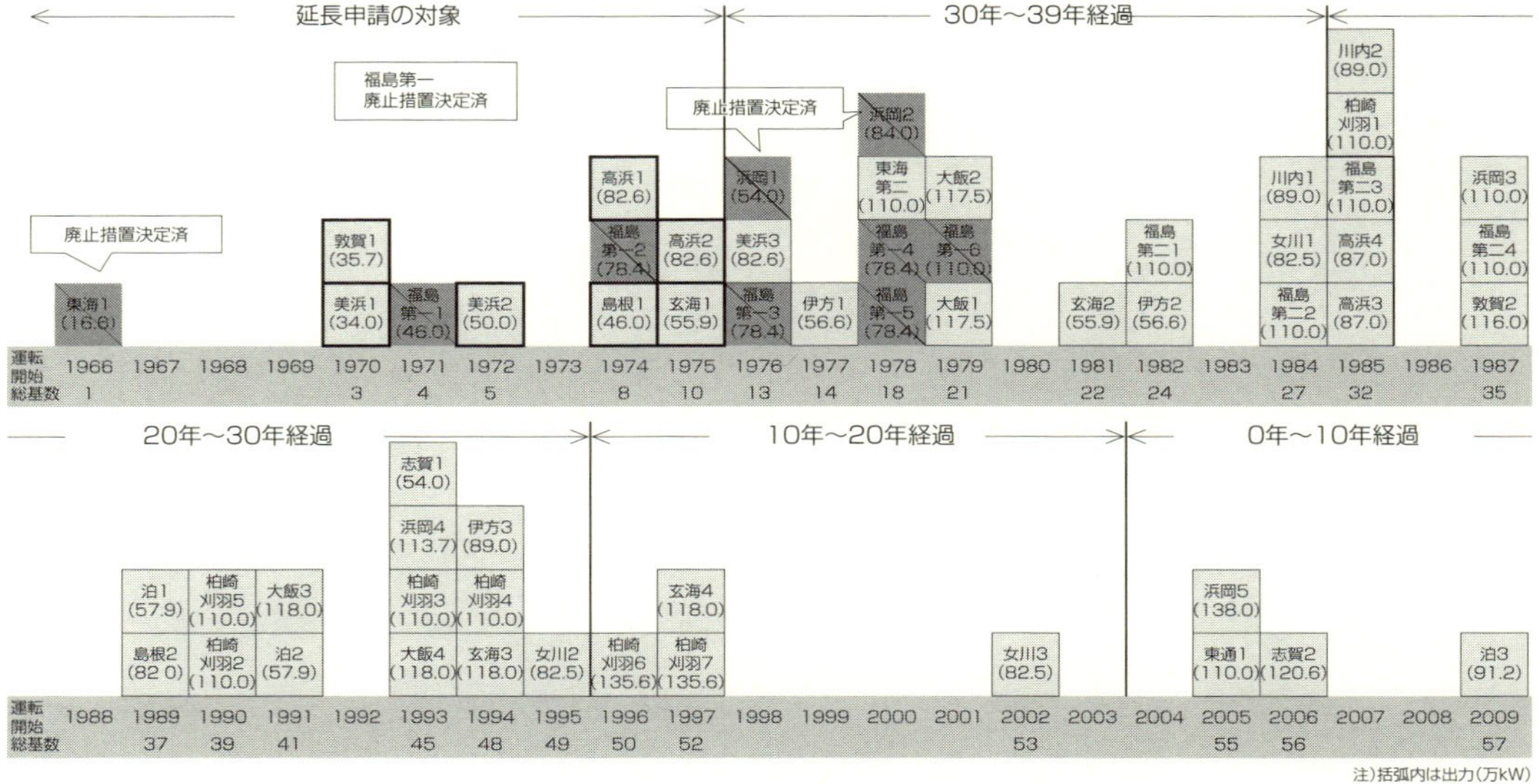

図４　既設原発の運転年数の状況（2015 年７月時点）

出所）資源エネルギー庁「廃炉を円滑に進めるための会計関連制度の課題」（参考資料２）平成 26 年 11 月。http://www.meti.go.jp/committee/sougouenergy/denryoku_gas/denkiryokin/hairo_wg/pdf/004_02_00.pdf

機は出力が46万キロワット、美浜原発1号機は出力が34万キロワット、2号機は50万キロワット、敦賀原発1号機は35万キロワット、玄海原発1号機は55万キロワットであり、いずれも新しい原発に比べて出力が小さく、「新規制基準」の安全対策の投資をして再稼働しても採算を確保するのは難しいと判断された。なお2015年2月12日、原子力規制委員会は関西電力の高浜原発3・4号機についても「新規制基準」を満たすと認める「審査書」を正式に決定した。九電の川内原発1・2号機に続き2例目となる。

図4は、2015年（平成27年）7月時点での既設原発の運転年数の状況をまとめたものである。福島原発事故が起きるまでは政府や電力業界は原発の寿命を60年間に延ばそうとしていたが、民主党政権が原則40年に法改正したことで、20年ほど前倒しで本格的な「廃炉時代」を迎えることになる。しかし廃炉には、技術的な問題と費用負担の問題がある。中部電力は浜岡原発1・2号機の廃炉を進めているが、原子炉などの解体技術の確立はまだ途上で、廃炉の実績が豊富な欧州の原子力関連企業から助言を受けている。浜岡原発1・2号機からは約48万トンのごみが出る見込みであるが、使用済燃料を一時的に保管する「中間貯蔵施設」だけでなく、原子炉などから出る放射性廃棄物の処分場も、どこに整備するかは決まっていないのが現状である。また原子炉の解体費など、直接的な廃炉費用だけでも、中型炉で1基当たり500億円前後と見込まれている。立地自治体の財政支援や廃炉の技術開発に加え、廃炉で出る使用済燃料の一時保管場所や放射性廃棄物を処分する場所を確保するのにも大きな費用が必要とされる。こうした施設を引き受ける負担をどこの自治体あるいは地域が背負うのかも、先送りされてきた大問題である。このように、原子炉の廃炉においても巨額な費用がかかり、

表2　原発と火力発電の費用比較

	原　発	火　力
建設費	4,200億円 120万キロワット級	1,620億円 天然ガス火力 135万キロワット級
廃炉・廃止期間	20〜30年	1〜2年
廃炉・廃止費用	550億〜830億円	最大30億円 50万キロワット以下
追加的費用の可能性	事故後の損害賠償費用 追加の安全対策費用 核燃料サイクル費用など	

出所）『朝日新聞』2015年3月13日付より作成。

原発は決してコストの低いエネルギー源ではない[29]。

表2は、原発と火力発電にかかる費用の比較を示したものである。最新の120万キロワット級の原発の建設費用は4000億円以上とされ、同規模の天然ガス火力発電所の2倍以上もかかる。20〜30年に及ぶ廃炉作業には大型炉で550億〜830億円かかるとされる。これ以外にも、事故が起きれば、損害賠償も膨らむ。高レベル放射性廃棄物の最終処分場が決まっていないといったお金以外の課題も多い。135万キロワット級の天然ガス火力発電の場合は、建設費は1620億円、廃炉期間が1〜2年、廃炉費用は50万キロワット以下の数字になるが最大30億円である。少なくとも135万キロワット級の天然ガス火力発電所の廃炉費用は原発と比較すると一桁小さいことは推測できる。

2015年3月13日に経済産業省は電力会社が原発を廃炉する際の負担を軽くするために会計制度（電気事業会計規則）の変更を公表した。それによって、運転開始から40年前後の老朽化した原発を廃炉にする場合、これまでの会計ルールでは電力会社は1基当たり約210億円に及ぶ損失を一度に計上する必要があったが、今回の会計制度の変更により、10年間に分割して処理することができるようになる。また、２０１６年４月の電力小売りの自由化後も、電力会社は、当面、廃炉費用を利用者の電気料金に上乗せし回収することができる。すなわち、廃炉の巨額の費用を消費者の国民に電気料金という形で負担させる仕組みである。原発のコスト高はこの点からみても明白である。[30]

このように、40年を超える出力が小さい原発の廃炉が進む一方で、その逆に、出力が大きい原発の再稼働と「最長20年の運転延長」の動きも同時に進んでいる事実に注目しなければならない。実際に、関西電力は２０１５年３月17日に高浜原発１号機（運転開始１９７４年11月）、２号機（同１９７５年11月）、美浜原発３号機（同１９７６年12月）の20年運転延長を目指し、再稼働へ向けた審査を原子力規制委員会に申請した。いずれも出力が82・６万キロワットと廃炉決定５基に比べて大きく、３基合計で３１００億円の安全対策費用を投じたとしても経済性が十分見込めると判断した。また日本原電は運転開始から36年経った東海第２原発（運転開始１９７８年11月、出力１１０万キロワット）の再稼働に向け、２０１４年５月に規制委審査を申請した。審査に合格すれば、いずれ運転延長も申請する見込みである。さらに、関西電力は運転開始から35年以上経つ大飯原発１号機（同１９７９年３月、１１７・５万キロワット）、２号機（同１９７９年12月、１１７・５万キロワット）の審査申請を準備中であり、やはり20年運転延長も視野に入れている。中国電力は、島根原発１号機（46万キロワット）を廃炉にしても、その３倍規模の島根原発３号機（１３７・３万キロワット）がほぼ完成しており、原子力規制委員会への審査申請の準備中である。２号機と３号機の合計出力は２１９・３万キロワットで、１号機と２号機合計の71％増となる。１号機の１基を廃炉にしても、出力や発電量は７割以上も増える。さらに、福島原発事故前に政府から原子炉設置許可と工事計画認可を得て着工済みだった電源開発（Ｊパワー）の大間原発

（138・3万キロワット）と東京電力の東通原発1号機については、今後、建設工事を再開し、原子力規制委員会へ審査申請を提出する可能性も否定できない。大間原発は工事進捗率が4割程度であったが、2014年12月に「新規制基準」の適合性審査を申請した。東通原発1号機は工事進捗率が約10％の時点で福島原発事故が発生し、それから本格工事が中断されている[31]。

さて、原子力エネルギーの利用において大きな問題の1つが「核のゴミ」の後始末である。これは発電に使った後の燃えかすである高レベル放射性廃棄物は、ガラス原料と一緒に高温で溶かしてステンレス容器に入れたもの（ガラス固化体）を、地下300mを超す深い場所に埋める、いわゆる「地層処分」が最適とされている。しかし、数万年単位にわたる処分場の安定が維持できるかどうかは誰もわからない。そのため、高レベル放射性廃棄物を完全に封印するか、当初の数十年から数百年間は取り出し可能な状態で保管するかは、各国によって方針が異なる。どちらにしても、この地層処分がすでに事業として行われている国は、現在のところない。もっとも先進的な例としては、フィンランドの核廃棄物処分場「オンカロ」がある。「オンカロ」は処分地として決定済みで、2020年頃には操業を開始する予定である。これに次ぐのがスウェーデンで、現在、原発のあるフォルスマルクが処分地に選定されていて、決定待ちの状況であり、決まれば2029年頃に操業開始となる。アメリカでは、ブッシュ政権の時代にネバダ州ユッカマウンテンに処分場を建設する計画が進んでいたが、地元の反対が根強く、オバマ政権になってこれを撤回した。そのほか、スイス、ドイツ、イギリス、カナダ、中国などでも処分場選定の動きがみられるが、具体的な候補地が決まった国は1つもない。日本も同様に未定である。日本は使用済燃料を再処理してプルトニウムとウランを取り出し、繰り返し使用するという核燃料サイクル政策を進めようとしているが、現実には頓挫している。仮にそれが操業にこぎつけたとしても、再処理の過程で出る高レベル放射性廃棄物をどうするかはまったく未解決のままである。フランスを除くほとんどの国では、再処理をせずに使用済燃料を高レベル廃棄物として直接処分する方針を取っている。再処理することによって巨額なコストが必要であり、再処理しない直接処分と比較して経済的にデメリットが大きい。しかし、日本は巨費を投じて始めた核燃料サイクル事業をやめることができずにいる。日本政府の2004年の報告書（総合資源エネルギー調査会電気事業分科会コスト等検討小委員会）によれば、「核のゴミ」の後始末費用（バックエンド費用、40年間）は18兆8000億円とする推計額が示されているが、過小評価とする批判もあり、74兆円とする試算も示されている。とはいえ、高速増殖炉「もんじゅ」は事故のため停止状態であり、青森県の六ヶ所村再処理工場も途中で工事が中断したままであり、核燃料サイクルは機能していない。使用済燃料から取り出したまま使いようのないプルトニウムが現在も増え続けている。さらに、高レベル廃棄物最終処分場は選定すら進んでおらず決まる見込みはほとんどないという現状である[32]。

前にもみたが、電力自由化が進むとなぜ原発事業が苦しくなるのかといえば、欧米と比較して日本の場合は、「発送電分離」を含む電力市場の自由化が進んでおらず、発電に必要な費用はすべて電気料金で回収できる「総括原価方式」であり、電力会社は「地域独占」であったため、大きな利益が完全に保証されていたからである。電力市場の全面自由化で競争が進めば、電気料金の「総括原価方式」と電力会社の「地域独占」は崩壊する。そうなれば、電力会社にとって原発にかかる膨大な費用を確実に回収できるかどうかは非常に疑わしくなる。原発はコスト高のため、他の発電方式と比較すると採算が合わなくなることは明確である。それゆえ、「発送電分離」を含む電力市場の自由化が進んだ欧米では民間の電力会社にとっては、原発の新増設は経済的理由で困難となったのである。その結果、アメリカでは１９７９年のスリーマイル島原発事故以後30年以上、ヨーロッパにおいては１９８６年のチェルノブイリ原発事故以後、特に１９９０年代以降、20年近くも原発の新増設ができなかったのである。

さて、２０１１年の福島原発事故の発生を受けて世界の原発に対する世論は一気に厳しくなり、ドイツやスイスは「脱原発」への政策転換を選択した。日本においても、国民の世論は急変し、それを受けて菅直人首相は「脱原発」を主張しはじめたが、一方では２０１１年８月に原発輸出継続も閣議決定した。しかし、菅首相は党内の「菅おろし」のなかで２０１１年９月に退陣し、引き継いだ野田内閣も２０１２年12月の総選挙で大敗して３年間の民主党政権は終焉し、自民党第２次安倍晋三政権が誕生した。

7　自民党安倍政権の誕生と原発輸出の売り込み

２０１２年12月の総選挙で大勝し発足した第２次安倍晋三内閣は２０１４年４月に「エネルギー基本計画」を閣議決定するが、原発輸出に関してはその閣議決定以前より積極的に活発に海外に売り込みをかけていた。２０１３年５月に安倍首相は、アラブ首長国連邦（ＵＡＥ）とトルコを訪問し、原発輸出を売り込み、それぞれ原子力協定を締結した。

まずアラブ首長国連邦（UAE）との原子力協定をみると、2013年5月2日にドバイで署名、2014年4月18日に国会承認、同年7月10日に協定発効となっている。

アラブ首長国連邦（UAE）は、2020年までに国内電力需要の25％を原子力発電で賄うことを目指しており、同国初の原子力発電所計画として、西部のバラカに原子炉4基を建設中（2009年に韓国企業連合が受注）である。4基以外にも建設計画があるとされ、今後、日本企業が参入し、原子力関連資機材の移転が行われる可能性がある。つまり、安倍首相による原発輸出の事前準備であった[33]。

次に、トルコとの原子力協定は、2013年4月26日に東京で署名（日本側）、同年5月3日にアンカラで署名（トルコ側）、2014年4月18日に国会承認、同年6月29日に協定発効となっている。トルコは、2023年までに国内電力需要の5％を原子力発電で賄う計画があり、そのために8基の原子炉を建設予定（アックユ原発とシノップ原発に4基ずつ）である。そのうち、シノップ原発の4基（2023年に1基目を運転開始）が契約対象であり、三菱重工業とフランスのアレバ社の企業連合が受注した[34]。

また、2013年5月に安倍首相は来日したインドのシン首相と首脳会談を行い、同月29日「安倍晋三総理大臣とマンモハン・シン首相による共同声明」が発表され、日本とインドの原子力協定の早期妥結に合意したことが明らかにされた。ここでも安倍首相による原発輸出の売り込みが行われた[35]。

日本が原発を輸出するためには、その前提条件として原子力協定の締結が必要である。なぜならば、原発は「核の平和利用」が前提であり、核兵器の製造に利用されない保証が必要であるからである。

日本の原子力協定の歴史をみると、2005年のブッシュ政権の原発推進のエネルギー政策の展開、同年の小泉内閣の「原子力政策大綱」以後に、原発輸出をアメリカと共同で推進するために原子力協定を締結する動きが活発となっている。特に、2009年に誕生した民主党政権以後、相次いで原子力協定が締結されている。2011年に日本とカザフスタン（世界第2位のウラン資源大国）、2012年には日本と韓国（原発の製造部品や設備関連の必要性）、日本とベトナム、日本とヨルダン、日本とロシア（カナダと並ぶウラン資源大国）の間で原子力協定の締結がなされた。さらに、2013年には、日本とUAE、日本とトルコの間で原子力協定の締結がなされた。その他、インド、南アフリカ、ブラジル、メキシコ、マレーシア、モンゴル、タイ、サウジアラビアなどと現在交渉中である。また、これら以前に原子力協定が締結された国は、イギリス（1958年）、アメリカ（1968年、研究協定は1955年）、カナダ（1960年）、フランス（1972年）、オーストラリア（1972年）、中国（1986年）、ユーラトム（2006年、欧州連合（EU）の下にある国際機関）であった。[36]

さらに、2013年6月に安倍首相は、フランス大統領として17年ぶりに国賓として訪日したオランド大統領と会談し、「日仏共同声明」を発表した。そのなかで原子力エネルギーに関して、次のように明言している。

民生原子力エネルギーに関するパートナーシップを強化する。両国は、原子力発電が重要であること及び安全性の強化が優先課題であることを共有するとともに、その協力に係る両国の原子力規制当局間の協力を拡大した。両国は、燃料サイクル（特に六ヶ所村の再処理施設の安全かつ安定的な操業の開始、使用済燃料の再利用、放射性廃棄物の減容化・有害度低減）及び高速炉を含む第四世代炉の準備におけるパートナーシップを引き続き深めていく。両国は、産業分野において、世界最高水準の安全性を有する共同開発原子炉アトメア1の国際展開の支援及び第三国の能力強化の支援を含め、第三国における協力を進めていく。(37)

フランスは、アメリカ、日本と並ぶ世界の「原発大国」である。福島原発事故以来、先進国の原発産業は大きな逆流に直面しているが、原発を推進し、原発輸出を展開する日本(安倍政権)とフランスは共通の利益がある。すなわち、その共同声明にあるように、両国は原子力エネルギーに関するパートナーシップを強化し、さらに第三国の能力強化の支援を含め、第三国における協力を進めていくことを主張している。これは原発推進と原発輸出の促進を確認した共同声明であった。なお、その共同声明にある「アトメア」(ATMEA)とは、三菱重工業とアレバ社による合弁事業会社であり、2007年に設立された。「アトメア1」(ATMEA1)は110万キロワット級(中型炉)の第3世代炉プラス加圧水型炉(PWR)である。その共同声明の際に、日本とフランスにおいて原子力エネルギー分野の二国間協力のなかで、原子炉の共同開発、第三国における連携(トルコ等)、能力構築支援・サプライチェーン発達支援、「アトメア1」の建設・運転を実施するための支援が確認された。

2014年の時点で、世界に原発輸出できる国は、前に世界の原発メーカーの再編で説明したように、アメリカ、日本、フランス、カナダ、ロシア、中国、韓国の7ヵ国である。東芝・WH社、日立・GE社、三菱重工業・アレバ社という3つの原発企業連合の形成は、日本、アメリカ、フランスの3ヵ国の「原発大国」同盟が事実上成立している現実を示している。その7ヵ国の「原発大国」において3つも世界的な巨大原発企業を持つのは日本だけである。安倍政権が原発輸出に必死になるのは、国内では福島原発事故によって原発に対する国民の反発が強く、国内でのさらなる原発の新増設は困難であるために、日本の3つの世界的な巨大原発企業の利益と「生き残り」のために、アメリカおよびフランスと共同しながら世界への原発輸出に活路を求めているためである。

8 安倍政権の「エネルギー基本計画」(2014年4月)

第2次安倍晋三内閣が2014年4月に閣議決定した「エネルギー基本計画」において、策定の経緯は、次のとおりである。

第三次計画(民主党政権の2010年6月に閣議決定)の策定後、エネルギーを巡る環境は、東日本大震災及び東京電力福島第一原子力発電所事故を始めとして、国内外で大きく変化し、我が国のエネルギー政策は、大規模な調整を求められる事態に直面することとなった。

第四次に当たる本計画(「エネルギー基本計画」)は、こうした大きな環境の変化に対応すべく、新たなエネルギー政策の方向性を示すものである。

本計画では、中長期(今後20年程度)のエネルギー需給構造を視野に入れ、今後取り組むべき政策課題と、長期的、総合的かつ計画的なエネルギー政策の方針をまとめている。(38)

その「エネルギー基本計画」のなかから原子力エネルギーの位置づけについては、次のように説明している。

燃料投入量に対するエネルギー出力が圧倒的に大きく、数年にわたって国内保有燃料だけで生産が維持できる低炭素の準国産エネルギー源として、優れた安定供給性と効率性を有しており、運転コストが低廉で変動も少なく、運転時には温室効果ガスの排出もないことから、安全性の確保を大前提に、エネルギー需給構造の安定性に寄与する重要なベースロード電源である。(39)

なお、ここでの「ベースロード電源」とは、「発電（運転）コストが低廉で、安定的に発電することができ、昼夜を問わず継続的に稼働できる電源」であり、具体的には「地熱、一般水力（流れ込み式）、原子力、石炭」を利用した電源のことと説明している。(40)

このように政府（安倍政権）は国民に対してかつてと同じ方法でプロパガンダを繰り返しているが、原子力発電が他のエネルギー利用と比較して低廉で低コストでないことは、これまで述べてきたものに加え、すでに大島堅一（立命館大学教授）の研究によって明らかにされている。2004年の政府発表（総合資源エネルギー調査会電気事業分科会コスト等検討小委員会資料）によれば、1キロワット当たりの発電コストは、原子力が5・3円なのに対して、一般水力が13・6円、石油火力が10・2円、石炭火力が6・5円、LNG（液化天然ガス）火力が6・4円で、原子力が一番「安い」という評価であった。これが原子力発電は「安い」という政府と電力業界の大宣伝、プロパガンダの根拠であった。しかし、大島試算によれば、原子力が10・25円、火力が9・91円、一般水力が3・91円となり、原子力が政府発表の約2倍となり、他のエネルギーを利用した発電コストと比較して、原子力発電は一番「高い」という結果となる。この大島試算は、1970年から2010年までの電力会社が公表した資料を基礎にした計算数字に政府の自治体への各種交付金等を含めた社会的費用を加えた計算結果である。(41)

2011年の福島原発事故後、菅首相は「脱原発」を主張したが、一方では退陣直前には「原発輸出継続」を閣議決定した。その後の安倍政権は前の民主党政権同様に、積極的に原発輸出の売り込みに奔走している。2014年4月に閣議決定された「エネルギー基本計画」は再び原発を「重要なベースロード電源」と位置づけ、原発輸出と同様に国内原発も継続・推進することを明らかにした。

また、その計画書には「原子力政策の再構築」という節を設けている。そのなかでは、福島原発事故後の「現在も約14万人もの人々が避難を余儀なくされ、汚染水等の東京電力福島第一原子力発電所事故をめぐるトラブルは今なお多くの国民や国際社会に不安を与えている」と述べ、さらに高レベル放射性廃棄物についても「我が国においては、現在、約1万7000トンの使用済燃料を保管中である。これは、既に再処理された分も合わせるとガラス固化体で約2万5000本相当の高レベル放射性廃棄物となる」と述べながら、核燃料サイクル政策の推進について、次のように主張している。

我が国は、資源の有効利用、高レベル放射性廃棄物の減容化・有害度低減等の観点から、使用済燃料を再処理し、回収されるプルトニウム等を有効利用する核燃料サイクルの推進を基本的方針としている。

核燃料サイクルについては、六ヶ所再処理工場の竣工遅延やもんじゅのトラブルなどが続いてきた。このような現状を真摯に受け止め、これら技術的課題やトラブルの克服など直面する問題を一つ一つ解決することが重要である。その上で、使用済燃料の処分に関する課題を解決し、将来世代のリスクや負担を軽減するためにも、高レベル放射性廃棄物の減容化・有害度低減や、資源の有効利用等に資する核燃料サイクルについて、これまでの経緯等も十分に考慮し、引き続き関係自治体や国際社会の理解を得つつ取り組むこととし、再処理やプルサーマル等を推進する。

具体的には、安全確保を大前提に、プルサーマルの推進、六ヶ所再処理工場の竣工、MOX燃料加工工場の建設、むつ中間貯蔵施設の竣工等を進める。(中略)プルトニウムの回収と利用のバランスを十分に考慮しつつ、プルサーマルの推進等によりプルトニウムの適切な管理と利用を行うとともに、米国や仏国等と国際協力を進めつつ、高速炉等の研究開発に取り組む。[42]

要するに、使用済燃料を再処理し、回収されるプルトニウム等を有効利用する核燃料サイクルを今後とも推進し、それをアメリカやフランスなどとの国際協力を進めつつ、高速炉等の研究開発に取り組むということを明言した。これまで高速増殖炉「もんじゅ」には1兆円、青森県の六ヶ所再処理工場には2兆円もの国費を使っているが、それらは現在もまともに稼働もしていなければ、経済的に採算が合う可能性も非常に低い。まさに「悪夢の核燃料サイクル計画」である。

さらに、その計画書には「日米のエネルギー協力関係の拡大」において、次のように説明している。

現在、エネルギーをめぐる米国との関係は、より包括的なものへと変化しようとしている。
（中略）
原子力分野では、東京電力福島第一原子力発電所事故後の日米間における協力関係をさらに強化するため、民生用原子力協力に関する日米二国間委員会も立ち上げられた。原子力利用を支える体制については、商業分野においても日本と米国の原子炉メーカーは一体的にビジネスを展開する体制を既に確立しており、日米はパートナーとして、原子力の平和利用、核不拡散、核セキュリティ確保などを国際的に確保しながら原子力を利用する体制を強化するための重要な役割を担っている。(43)

日本とアメリカは、特にブッシュ政権の原発推進のエネルギー政策の展開を受けて、原発メーカーの企業連合を形成し、世界への原発輸出に共同の利益を見いだしている。それゆえ、日本とアメリカの原発産業を軸にした連携関係は重要であるとの認識となっている。

また、「世界の原子力平和利用と核不拡散への貢献」においては、「我が国としては、米仏等の関係国との協力の下、こうした取り組みを進めていく」とも説明している。(44)

日本にとっては、三菱重工業・アレバ社の原発企業連合が成立した現在は、当然、アメリカと同様にフランスも世界への原発輸出の重要なパートナーである。

最後に、原発推進の大きな理由（口実）は、相変わらず「地球温暖化対策」としての国際貢献である。「地球温暖化の本質的解決に向けた我が国のエネルギー関連先端技術導入支援を中心とした国際貢献」を主張する。特に、途上国に対しては「攻めの地球温暖化外交戦略」を展開するとしている。「攻めの地球温暖化外交戦略」においては、新興国や途上国への原発輸出がもっとも重要な手段の1つであることはいうまでもない。

9 日本の関係する海外の原発事業

2009年9月22日に民主党政権の鳩山由紀夫首相が国連気候変動首脳会合における演説において「温室効果ガス（二酸化炭素）の25%削減」の国際公約を発表し、さらに2010年6月に「エネルギー基本計画」を鳩山内閣で閣議決定した。その後、日本の海外での原発事業の展開は非常に活発となった。民主党政権の原発推進政策の重要な主張の根拠は、原子力発電システムはそのライフサイクルを通じての単位発電電力量当たりの二酸化炭素の排出量は極めて小さいというものであった。原発推進のためのこの主張は、現在の自民党政権（安倍内閣）に限らず、アメリカ、中国、フランスなど原発を推進する政府がその政策を正当化するものである。2010年10月には日本の原発輸出を推進するために、電力会社9社、原発メーカー3社（東芝、日立、三菱重工業）、産業革新機構によってオールジャパンの「国際原子力開発」（JINED）が設立された。また、同年には、日立とGE社は原発事業を統合し、三菱重工業はアレバ社に出資して企業連携を強化した。

2011年3月に福島原発事故が発生した後も、2011年8月に菅直人内閣は「原発輸出継続」を閣議決定した。同年には、日本とカザフスタン（ウラン資源大国）の原子力協定が発効した。201

2年には、日本とベトナム、日本とヨルダンの原子力協定が発効した。

しかし、福島原発事故の影響は大きく、国民の原発への不信と反発は非常に強いものがあったが、2012年の総選挙で勝利し成立した第2次安倍晋三政権は、2013年にはトルコおよびUAEとの二国間原子力協定に署名し、積極的に海外への原発の売り込みを開始した。同年5月にトルコのシノップ原発4基を三菱重工業・アレバ社の企業連合が受注した。

2014年には、安倍首相はフランスのオランド大統領との首脳会談で両国の原発推進を確認し、さらにインドのシン首相との首脳会談では原子力協定の早期妥結で合意し、インドへも原発輸出の売り込みを進めた。同年4月に閣議決定した「エネルギー基本計画」においては、原発を「重要なベースロード電源」と位置づけ、原発の維持・推進、原発輸出をより積極的に展開することを明らかにした。

表3が示すように、2015年1月の時点で、日本の関係する海外の主な原発事業は、アメリカ、中国、台湾、ベトナム、インドネシア、カザフスタン、UAE、トルコ、サウジアラビア、ヨルダン、リトアニア、フィンランド、イギリス、ブルガリア、チェコ、ポーランドなど16ヵ国・地域である。

うちインドネシアについて簡単に説明すると、2015年1月に日本とインドネシア両国は同年春を目処に次世代型の原子炉として期待される「高温ガス炉」の共同開発に乗り出すとの報道があった。1990年にジャワ島中部ムリア半島での原発建設計画において日本のニュージェック社（関西電力のエンジニアリング会社）が事業化可能性調査を落札したが、この計画を推進していたスハルト政権が1997年のアジア通貨危機を発端とする政治不安から失脚するとともに無期限延長となった。しか

表3　日本の海外での主な原発事業（2015年1月時点）

アメリカ	東芝、日立、三菱重工業が建設・運転の一括許可を申請中 WH社の4基（サマー原発2・3号機、ボーグル原発3・4号機）を建設中
中国	東芝・WH社がAP1000を4基受注し、建設中 三菱重工業がタービンを輸出
台湾	建設中第4原発1・2号機2基の主要機器は日本製（東芝、日立） 福島原発事故後、原発反対運動が高揚 2014年4月27日に馬英九総統が第4原発の凍結を発表
ベトナム	2011年9月に南東部ニントゥアン第2原発に2基建設する覚書締結 2012年1月に日本・ベトナム原子力協定が発効 2014年1月16日にズン首相が安全性優先で原発着工の遅れの可能性を示唆
インドネシア	高温ガス炉の共同開発に乗り出す　中国が競争相手となる見込み
カザフスタン	東芝・WH社（AP1000）が国営原子力会社カザトムプロムと交渉中
UAE	2009年に韓国企業連合が4基建設落札し、5基目以降の受注を目指す（アレバ社、日立・GE社が国際入札で敗退） 2014年に日本・UAE原子力協定が発効
トルコ	2010年にシノップ原発4基計画で三菱重工業・アレバ社が優先交渉権を与えられる 2013年5月にシノップ原発4基計画で三菱重工業・アレバ社が受注 2014年6月に日本・トルコ原子力協定が発効
サウジアラビア	2013年9月に日立・GE社、東芝・WH社、米エクセロン・ニュークリア・パートナーズと協力契約締結 原子力協定を協議中
ヨルダン	2012年2月に日本・ヨルダン原子力協定が発効 2012年4月に原発優先交渉権を日・仏アトメアとロシアASEに決定 2013年9月に原発2基の建設をロシアASEに決定
リトアニア	EU加盟に伴い旧ソ連原発廃炉のため、新規建設計画ビサギナス原発に日立が参画
フィンランド	2013年1月に東芝に大型炉建設の優先交渉権を与えるが、7月に中型炉としてロシア企業を選択（東芝炉は中止） 2013年1月に南西部のオルキルオト4号機の国際入札で日本、フランス、韓国の5社が競合
イギリス	3事業者が新規建設を計画中。政府は建設予定地8サイトを公表 2012年11月に日立が新規建設を検討する事業者ホライズン社を買収 2014年1月に東芝が新規建設を検討する事業者ニュージェン社を買収
ブルガリア	2014年8月1日にコズロドイ7号機の建設でWH社が基本合意
チェコ	2012年7月にテメリン原発新設計画に国際入札 WH社、ロシアASE、アレバ社の競合
ポーランド	計300万kW（基数未定）の建設計画あり（2024年運転開始予定）。 GE日立、東芝、アレバ社、加、露、中、韓が関心あり

出所）『朝日新聞』2014年11月17日付の記事、日本原子力産業協会国際部「最近の世界の原子力開発動向」2014年12月12日、総合資源エネルギー調査会原子力小委員会第7回会合資料4　2014年10月より作成。インドネシアとカザフスタンは2015年1月の報道より。

し、2014年6月、インドネシアは2031年に高温ガス炉の実用化を目指す計画を公表した。インドネシアにおける最近の経済成長によって国内のエネルギー需要が高まったためだ。福島原発事故を考慮して、従来の軽水炉ではなく、高温ガス炉を選択した。インドネシアも日本と同様に世界有数の「地震大国」であり、より安全な原発が求められているという国内事情による。日本原子力研究開発機構（JAEA）（茨城県東海村）は2014年8月にインドネシア政府との間で高温ガス炉の技術協力に関する取り決めを交わした。今回の共同開発では、技術力の高い日本企業も参加し、高温ガス炉向けの燃料の製造方法や、安全設計に関する技術支援を進める。今後、国際入札が行われる予定だがそれには中国も参加する見通しで、日中両国による受注競争となる公算が大きい。中国はすでに研究炉の次の段階である実証炉の2017年完成を目指している。日本の場合は炉1基が数百億～1000億円以上とされるのに対し、中国は「半値以下」（政府関係者）とみられている[45]。

なお、独立行政法人・日本原子力研究開発機構（JAEA）の「高温ガス炉」の説明によれば、高温ガス炉は、炉心の主な構成材に黒鉛を中心としたセラミック材料を用い、核分裂で生じた熱を外に取り出すための冷却材にヘリウムガスを用いた原子炉である。軽水炉は、金属被覆管を使用し、冷却材には水（軽水）を用いていることから、原子炉から取り出せる温度は300℃程度に制限され、蒸気タービンによる発電効率は30％程度に過ぎない。これに対し、高温ガス炉は、耐熱性に優れたセラミック材料の使用により1000℃程度の熱を取り出すことができ、またガスタービン発電方式が採用でき、45％以上の発電効率を得ることができる。さらに、発電以外にも化学工業等のさまざまな分野で熱を利用できるため水素ガス生産に利用可能である。どんな場合でも、炉心溶融や大量の放射能放出事故が起きる恐れのない、極めて安全な原子炉で、軽水炉と比較すると発電コストも低いと、メリットばかりが説明されている。[46]

しかし、「高温ガス炉」の問題点も指摘しておくと、小川雅生（元東京工業大学原子炉工学研究所所長）によれば、第一に空気突入による火災の可能性（原子炉に大量に使われる高純度黒鉛が空気中の酸素と接触することによる火災）、第二に核燃料の損傷の可能性（燃料球の生産管理ミスなど）、第三に炉の大型化が困難（大出力にすると炉心や格納容器が大きくなり、これは製造コストを高くし、そのため発電に関しては軽水炉に対する優位性がない）などである。[47]

また2015年1月に報道されたもう1つの例は、カザフスタンへの東芝・WH社による原発輸出である。カザフスタンは世界のウラン資源大国であり、日本とは2011年5月6日にすでに原子力協定が発効している。その報道によれば、カザフスタンは2020年代に5ヵ所程度の原発建設を計画している。東芝がカザフスタンに原子炉を輸出する交渉を進めており、子会社のWH社が開発した出力100万キロワット規模の加圧水型軽水炉（PWR）AP1000を売り込んでおり、成功すれば受注額は1基当たり数千億円規模になる見込みである。東芝は2010年から、日本原子力発電、丸紅の原子力関連事業子会社とともに、原発建設が可能かどうか事前調査を進めてきており、現在、カザフ国営の原子力会社カザトムプロムと原発の納入交渉を進めている。[48]

10　日本の原発メーカー3社の受注・納入実績

日本の原発メーカー3社の原子力事業におけるこれまでの受注・納入実績について整理・検証してみる。

表4は、2015年2月時点の日本の原発メーカー別の主な海外受注案件を整理したものである。東芝・WH社は、フィンランド、アメリカ、中国、イギリス、ブルガリア、カザフスタンなどで売り込みを展開しており、主力商品は第3世代炉の加圧水型炉（PWR）AP1000である。日立・GE社は、フィンランド、イギリス、リトアニアなどで売り込みを展開しており、主力商品はABWR（改良型沸騰水型炉）である。三菱重工業・アレバ社は、フィンランド、アメリカ（現在もまだ審査中の南テキサス州プロジェクト（STP計画）、日本の原発メーカーとして初のアメリカ進出事例）、トルコ（シノップ原発）などで売り込みを展開している。三菱重工業とアレバ社は2007年に新しくアトメア社を設立し、主力商品は共同開発した「アトメア1」加圧水型炉（PWR）である。

さて、日本の原発メーカーの海外事業のなかからフィンランドのオルキリオト原発4号機の事例を少し説明すると、ここでは日本勢3社が受注をめぐって激しく争っている。東芝は東電柏崎刈羽原発6・7号機など4基の運転実績がある改良型沸騰水型炉（ABWR）を提案した。東芝はもともとGE社より沸騰水型炉（BWR）を技術導入していた経験があり、フィンランドの既存原発はABWRと仕組みが似た沸騰水型炉（BWR）のため、その運転経験を活かせる強みがある。日立はアメリカGE社と共同開発した高経済性単純化沸騰水型炉（ESBWR）を提案した。ABWRをさらに高度化

表4　日本の原発メーカーの主な海外受注案件（2015年2月時点）

東芝	フィンランド	オルキルオト原発4号機に入札
	アメリカ	34年ぶりに新設認可の原発に子会社WH社の新型炉AP1000を採用・受注
		（サマー原発2・3号機、ボーグル原発3・4号機は現在建設中）
		サウス・テキサス・プロジェクト（STP）のABWR型2基受注
		（2009年に一括受注、その後東電が撤退、2015年2月現在、計画停止中）
	中国	WH社の新型炉AP1000を4基受注・建設中
		（三門原発1・2号機、海陽原発1・2号機は現在建設中）
	イギリス	原発事業会社ニュージェン社を買収
	ブルガリア	WH社の新型炉1基AP1000受注基本合意（ゴズロイド原発7号機）
	カザフスタン	WH社の新型炉AP1000受注見込み
日立	フィンランド	米GE社と組みオルキルオト原発4号機に入札
	イギリス	原発事業会社ホライズン社を買収、ABWR建設を計画
	リトアニア	バルト3国と事業会社の設立、ABWR建設を計画
三菱重工業	フィンランド	オルキルオト原発4号機に入札
	トルコ	仏アレバ社との企業連合が新設4基を受注（シノップ原発4基）
	アメリカ	テキサス州の原発2基の新設計画（STP）に参画
		（カリフォルニア州サンオノフレ原発廃炉、SCE社より40億ドル損害賠償請求）

注）ABWRは改良型沸騰水型炉軽水炉であり、東電柏崎刈羽原発6・7号機と同型。

出所）『産経新聞』2015年1月1日付とその他の報道より作成。http://www.sankei.com/premium/photos/150101/prm1501010004-p1.html

したＥＳＢＷＲは、原子炉上部に冷却水を配置し、緊急時には重力で自然に落下し、炉内の水量を維持し、電源喪失後にも72時間は自己冷却できる仕組みである。三菱重工業はヨーロッパ市場向けに開発した世界最大級（170万キロワット級）の改良型加圧水型炉（ＥＵ-ＡＰＷＲ）を提案した。各社とも福島原発事故を踏まえて安全性を高めた最新鋭原発を提案し、海外受注の拡大に必死となっている。福島原発事故後の現在、新興国を含めた原発の世界市場においては日本勢3社の連合企業グループのほかに、ロシア、中国、韓国、カナダの原発メーカーによって熾烈な国際競争が展開されている。フィンランドのオルキリオト原発4号機の競合は、その象徴的な事例である[49]。

さて日本の3つの原発メーカーのなかでも、特に東芝の海外事業の展開が目立っている。東芝は2006年にＷＨ社を41億5800万ドル（約4900億円）で買収した。東芝は沸騰水型炉（ＢＲＷ）のＧＥ社からの技術導入を受け、東京電力などと連携して多数の国内原発を建設してきた原発メーカーであったが、買収したＷＨ社は現在世界の軽水炉原発の主流となっている圧力水型炉（ＰＷＲ）の主力メーカーであった。このＷＨ社買収により、東芝は圧力水型炉（ＰＷＲ）と沸騰水型炉（ＢＲＷ）の両方を売り込みできる代表的な原発企業となった。表5は、2010年1月時点の東芝の国内での原子力プラント納入実績を示したものである。これが示すように、東芝はこれまで国内においては、2011年3月の原発事故を起こした東電の福島第一原発1～3号機をはじめ、福島第2原発1号機と3号機、柏崎刈羽原発1～3号機など、多数の原発建設を東京電力、東北電力、中部電力などから受注し、納入してきた。

東芝・ＷＨ社は、世界の原発運転プラント426基のうち、設備容量ベースの約28％を占め、世界

表5　東芝プラント納入実績（2010年1月時点）

客　先	原子力施設名	出　力	受注・納入施設	納入年月
日本原子力研究開発機構	臨界実験装置		（3基）臨界実験装置	1959年10月～ 1962年8月
日本原子力研究開発機構	国産1号研究炉（JRR-3）	10MWt	計測制御装置、破損燃料検出装置ほか	1962年1月
日本原子力研究開発機構	動力試験炉（JPDR）	12.5MWe	タービン発電機BOP設備	1963年12月
日本原子力研究開発機構	材料試験炉（JMTR）	50MWt	計測制御装置ほか	1967年12月
日本原子力発電（株）	敦賀発電所1号機	357MWe	格納容器BOP設備（タービン、発電機を除く）	1970年3月
東京電力（株）	福島第一原子力発電所1号機	460MWe	原子炉蒸気供給系機器 電気据付工事、配管	1971年3月
東京電力（株）	福島第一原子力発電所2号機	784MWe	原子炉蒸気供給系機器BOP設備（タービン、発電機を除く）	1974年7月
中部電力（株）	浜岡原子力発電所1号機	540MWe	原子炉系設備	1976年3月
東京電力（株）	福島第一原子力発電所3号機	784MWe	発電設備一式	1976年3月
日本原子力研究開発機構	高速実験炉「常陽」	100MWe	原子炉機器、格納容器ほか	1977年3月
東京電力（株）	福島第一原子力発電所5号機	784MWe	発電設備一式	1978年4月
中部電力（株）	浜岡原子力発電所2号機	840MWe	原子炉系設備	1978年11月
日本原子力研究開発機構	新型転換炉「ふげん」	165MWe	格納容器、タービン、発電機	1979年3月
東京電力（株）	福島第一原子力発電所6号機	1,100MWe	原子炉蒸気供給系BOP設備	1979年10月
東京電力（株）	福島第二原子力発電所1号機	1,100MWe	発電設備一式	1982年4月
東北電力（株）	女川原子力発電所1号機	524MWe	発電設備一式	1984年6月
東京電力（株）	福島第二原子力発電所3号機	1,100MWe	発電設備一式	1985年6月
東京電力（株）	柏崎刈羽原子力発電所1号機	1,100MWe	発電設備一式	1985年9月

中部電力（株）	浜岡原子力発電所 3 号機	1,100MWe	原子炉系設備	1987 年 8 月
東京電力（株）	柏崎刈羽原子力発電所 2 号機	1,100MWe	発電設備一式	1990 年 9 月
日本原子力研究開発機構	高速増殖原型炉「もんじゅ」	280MWe	遮蔽プラグ、タービン、発電機ほか	［1994 年 4 月臨界］
東京電力（株）	柏崎刈羽原子力発電所 3 号機	1,100MWe	発電設備一式	1993 年 8 月
中部電力（株）	浜岡原子力発電所 4 号機	1,137MWe	原子炉系設備	1993 年 9 月
日本原燃（株）	六ヶ所ウラン濃縮工場 第 1 期工事分（600 トン SWU/ 年）		高周波電源設備、計測制御設備ほか	1994 年 9 月
日本原燃（株）	高レベル放射性廃棄物貯蔵管理センター		計測制御設備、電気設備、検査設備ほか	1995 年 4 月
東北電力（株）	女川原子力発電所 2 号機	825MWe	発電設備一式	1995 年 7 月
東京電力（株）	柏崎刈羽原子力発電所 6 号機	1,356MWe	原子炉蒸気供給系機器	1996 年 11 月
東京電力（株）	柏崎刈羽原子力発電所 7 号機	1,356MWe	BOP 設備（タービン、発電機を除く）	1997 年 7 月
日本原子力研究開発機構	高温工学試験研究炉（HTTR）	30MWt	反応度制御設備、中間熱交換器ほか	1997 年 10 月
日本原燃（株）	六ヶ所ウラン濃縮工場 第 2 期工事前半分（450 トン SWU/ 年）		高周波電源設備、計測制御設備ほか	1998 年 10 月
東北電力（株）	女川原子力発電所 3 号機	825MWe	原子炉系設備	2002 年 1 月
中部電力（株）	浜岡原子力発電所 5 号機	1,380MWe	原子炉設備	2005 年 1 月
東北電力（株）	東通原子力発電所 1 号機	1,100MWe	発電設備一式	2005 年 12 月

出所）東芝原子力事業部「プラント納入実績」より作成。http://www.toshiba.co.jp/nuclearenergy/jigyoubu/nounyu.htm

最大の納入実績を誇る。東芝の原子力事業の売上高は2013年度で推定約6000億円であり、日立の同年度の約1100億円と比較しても、圧倒的である。現在、WH社の主力原発商品であるAP1000は、中国で4基（三門原発1・2号機、海陽原発1・2号機）、アメリカで4基（サマー原発2・3号機、ボーグル原発3・4号機）の8基を建設中であるが、東芝はアメリカのサウス・テキサス・プロジェクト（STP）で改良型沸騰水型炉（ABWR）1基が建設許可待ちのみである。2014年8月にブルガリアのゴズロイド原発7号機でWH社のAP1000を受注したが、その納入の際には東芝製のタービンがセットで採用される可能性が高い。WH社買収以前ならば、たとえば中国では他社製のタービンが使用されていたことを考えると、今回の東芝によるWH社のM&Aは着実に成果を上げつつある。WH社のAP1000の受注・建設により大きな利益を得るだけでなく、今後長期の原発のメンテナンスや燃料などの原発関連ビジネスでも継続して利益を見込める。実際、東芝グループの原子力事業は、売上高の8割以上を既存プラントの保守サービスや燃料供給によって稼いでいる。東芝の営業利益実績をみると、2011年3月期が2402億円、2012年3月期が2066億円、2013年3月期が1943億円となり、減収が続いたが、2014年3月期は2908億円（同年度売上高は6兆5025億円）となり、反転して増益となった。今後はさらに活発な海外の原子力事業の展開によって4000億円を目指している。なお、ライバルの日立は2014年3月期の営業利益見通しを従来の5000億円から5100億円と上方修正し、1991年3月期の5064億円を上回り、23年ぶりに過去最高利益を更新する見込みである。また、東芝の「中期計画概要2016年度見通し」のなかでは、今後は売上高の海外比率拡大を目指すとある。その資料によれば、2013年度の売上高6兆5025億円の内訳は、日本が42％、欧米が31％、新興国が27％であったが、2016年度には売上高7兆5000億円、その内訳は、日本が37％、欧米が32％、新興国が31％とある[50]。

しかし、東芝の海外原子力事業はすべてが順風満帆というわけではない。東芝はアメリカでの最初の日本の原発メーカーの進出例として注目された2009年のサウス・テキサス・プロジェクト（STP）のABWR型原発2基の受注に成功したが、2011年3月の福島原発事故により状況は一変した。それを契機に、共同出資を決めていた東京電力がこのSTP計画より撤退した。さらに、事故の余波でアメリカの原子力規制委員会（NRC）は姿勢を硬化させ、2012年半ばに建設許可を出す見込みと説明していたが、現在も建設許可を下していない。この状況のなかで、アメリカのSTP計画の事業主体であった大手電力企業も追加の投資を打ち切ったため、この計画は現在、停止状態となっている。2014年度においてもこの1件だけで310億円の減収となった。このSTP計画は東芝がこれまでの出資と融資の累計で約600億円を投じた一大プロジェクトである。この問題が今後どのように展開するかは注目される[51]（なお、加えて、2015年4月には不正経理問題が明らかになり、7月には第三者委員会による調査で1700億円を超える営業利益の水増しも明らかになった。3人の歴代社長が引責辞任となったが、今後も注目される問題である）。

次に、日立の原子力事業について説明する。日立もまた東芝同様にアメリカのGE社から沸騰水型炉（BWR）の技術導入をし、国内を中心に多数の原発建設を受注してきた。図5は、日立のこれまでの国内の原発の納入実績を示したものである。東芝同様に、東京電力、東北電力、中部電力などから福島第一原発4号機、福島第2原発2～4号機、島根原発1～3号機など多くの原発建設を受注し、

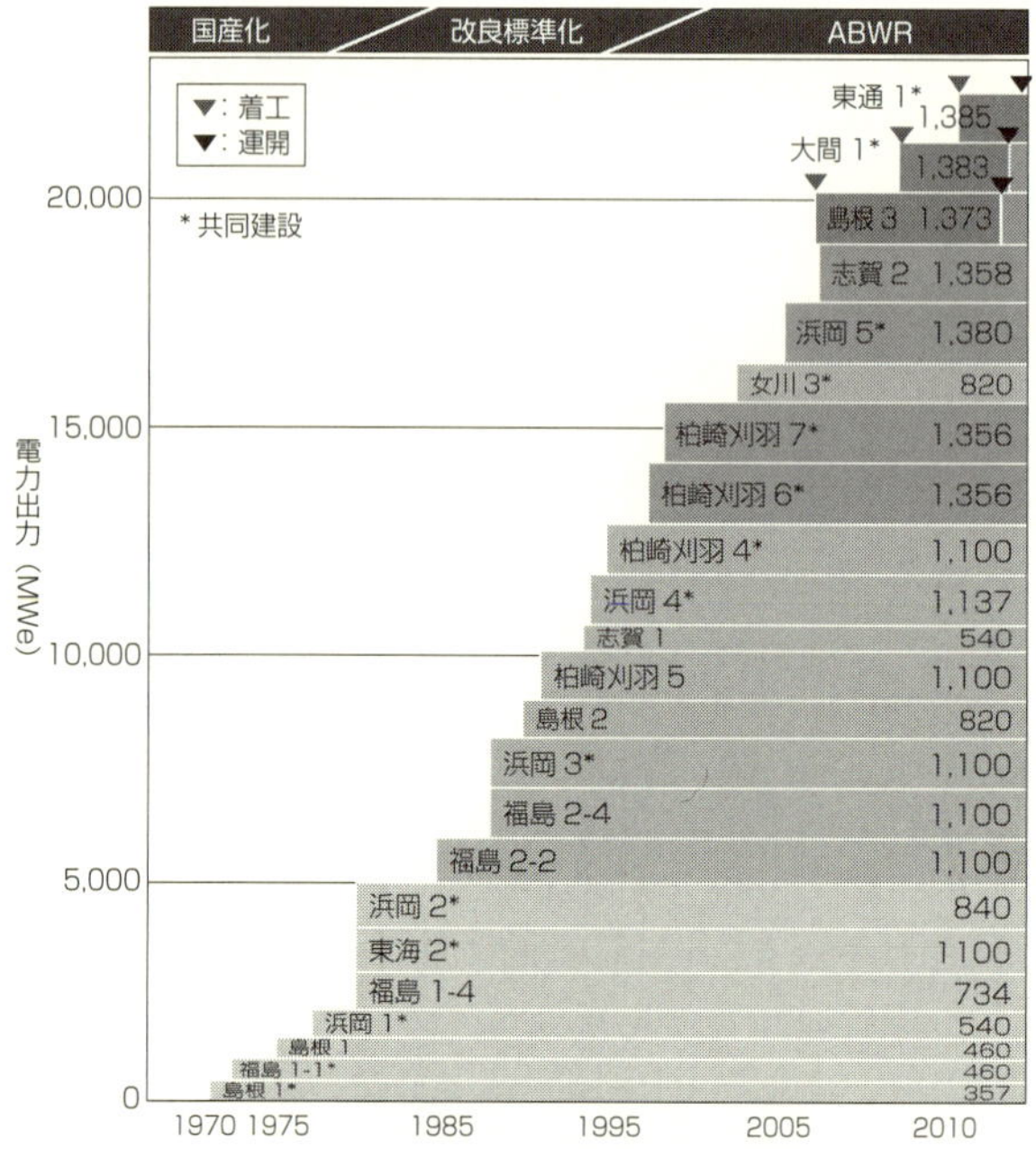

図5 日立の原子力発電の納入実績

出所）日立 GE ニュークリア・エナジー株式会社「原子力発電の納入実績」より。http://www.hitachi-hgne.co.jp/activities/results/delivery_record/index.html

納入してきた。なお、そのうち、敦賀原発1号機、福島第一原発1号機、浜岡原発1～5号機、柏崎刈羽原発6・7号機などは東芝などとの共同建設である。

また、日立は海外でも多数の原発に原子炉圧力容器や原子炉格納容器などを納入してきた。表6は、日立の原子力事業の海外への主要な納入実績を示したものである。これが示すように、アメリカ、インド、韓国、スイス、台湾、中国、パキスタン、ロシアなどである。1970年代より、パキスタンのカラチ原発へのタービン発電機、台湾の金山原発への原子炉格納容器、アメリカのホープクリーク原発

表6　日立の原子力事業の海外への主要な納入実績

国・地域	原発施設（納入時期）	納入内容
アメリカ	ホープクリーク NPS（1974年）	原子炉圧力容器
	バーモントヤンキー NPS（1985年）	PLR&RHR 配管リプレース
	ピーチボトム（1985年）	PLR&RHR リプレース
インド	タラプール NPS（1983年）	チャンネルボックス
韓国	古里1、2、3、4号機（2005〜2009年）	発電機取替
スイス	ライブシュタット NPS（1980年）	炉内構造物
台湾地域	金山1、2号機（1973年）	原子炉格納容器
	（1977年）	使用済燃料貯蔵ラック
	国聖1、2号機（1980年）	使用済燃料貯蔵ラック
	龍門 NPS（現在、建設停止中）	主要原子炉機器 放射性廃棄物処理施設 水処理システム
中国	秦山Ⅲ　1、2号機（2003年）	タービン発電機 復水器 湿分分離加熱器他
	秦山Ⅲ　1、2号機（2004年）	原子炉再循環ポンプ用 モータ（予備品）
パキスタン	カラチ NPS（1972年）	タービン発電機
ロシア	レニングラード NPS（1997年）	配管破断検出装置

注）台湾の龍門原発は GE 社が主契約で、ABWR（改良型沸騰水型炉）の主要機器を供給。
出所）日立 GE ニュークリア・エナジー「海外市場への主要な納入実績」より作成。http://www.hitachi-hgne.co.jp/activities/overseas/delivery_record/index.html

への原子炉圧力容器などの納入によってその海外事業が展開されていた。最近の動向としては、フィンランドのオルキルオト原発4号機の入札、イギリスの原発事業会社ホライズン社の買収と改良型沸騰水型炉（ABWR）建設の計画参入、リトアニアでの改良型沸騰水型炉（ABWR）建設の受注などが注目される。

次に、三菱重工業の原子力事業の展開をみる。三菱重工業は最初の段階ではWH社から圧力水型炉（PWR）の技術導入をした。国内では関西電力や九州電力などから受注し、原子力事業を展開した。

表7　三菱重工業の主要機器の納入実績

主な機器名	製作・納入先（基数）		合計（基）
	輸　出	国　内	
原子炉容器（RV）	フィンランド1基	23基	27
	中国3基		
原子炉容器上蓋（RVCH）（取替用）	アメリカ15基	20基（1基製造中）	42
	スウェーデン3基		
	ブラジル1基		
	韓国3基（2基製造中）		
蒸気発生器（GS）	アメリカ6基	106基（含取替用32基）（3基製造中）	137
	ベルギー10基		
	フランス15基（3基製造中）		
加圧器（Prz）	アメリカ1基	23基	24
原子力タービン	スペイン1基	40基（含取替用16基）	52
	スロベニア1基		
	中国6基		
	メキシコ2基（BWR向）		
	台湾2基（BWR向）		
原子炉冷却材ポンプ（RCP）	中国8基	71基	79

注）三菱重工業は加圧水型軽水炉（PWR）原子力プラント向けのあらゆる製品について、開発から詳細設計、製品製造まで、一貫して供給。

出所）三菱重工業原子力事業「主要機器の受注実績」より作成。http://www.mhi.co.jp/ee/nuclear/global/record.html

たとえば、美浜原発1号機は三菱重工業とWH社によって建設され、1970年に運転を開始した。その後、三菱重工業が受注し建設した原発は、大飯原発1～4号機、高浜原発1・2号機、美浜原発2・3号機、敦賀原発2～4号機、伊方原発1～3号機、玄海原発1～4号機、川内原発1～3号機、泊原発1～3号機などである。表7は、三菱重工業の国内外の主要機器の納入実績を示したものである。また図6は、三菱重工業の海外での主要機器の納入実績を示したものであ

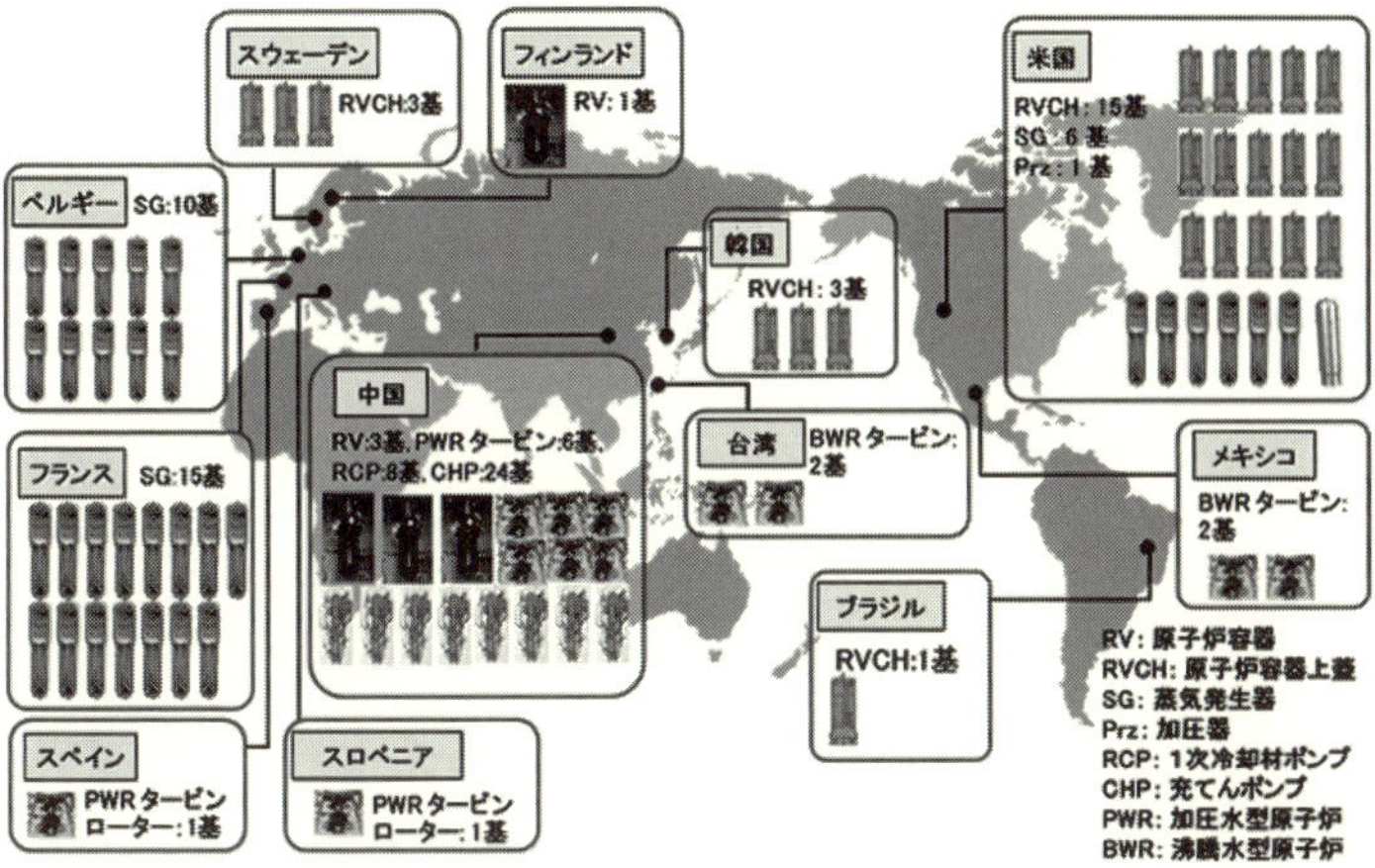

図6　三菱重工業の海外での主要納入実績

出所）三菱重工業原子力事業「主要機器の受注実績」より。http://www.mhi.co.jp/ee/nuclear/global/record.html

る。

表7と図6が示すように、三菱重工業の海外での主要機器の納入は、フィンランド、中国、アメリカ、スウェーデン、ブラジル、韓国、ベルギー、フランス、スペイン、スロベニア、メキシコ、台湾などである。三菱重工業は加圧水型炉（PWR）原子力プラント向けのあらゆる製品について、原発の開発から詳細設計、製品製造まで、一貫して供給してきた。最近の動向では、トルコのシノップ原発において、アレバ社と共同で設立した企業連合（アトメア社）の最新中型炉・圧力水型炉（PWR）「アトメア1」4基の受注に成功したこと、アメリカのテキサス州の原発2基の新設計画に参画したことなどが注目される。

なお、三菱重工業の提携企業のアレバ社について少し説明すると、2015年3月の報道によれば、アレバ社は2014年通期決算において最終損益が48億ユーロ（約6400億円）の赤字であることを公表した。巨額の赤字の原因は、第一に２０１１年の福島原発事故を契機にして世界各地の原発新設計画凍結や安全対策強化に伴うコスト増が発生したこと、第二に日本をはじめ取引先の原発稼働停止に伴う燃料販売の急減などで収益が悪化したこと、第三にフィンランドで建設中のオルキルオト原発３号機の大幅な遅れなどである。２０１１年の福島原発事故後、ヨーロッパにおいてはドイツ、イタリア、スイスなどが「脱原発」への道を選択し、スペインも原発新設を止めて再生可能エネルギーのシェア拡大へ舵を切った。加えて、２０１２年のフランス大統領選挙で原発依存度を75％から50％に引き下げる公約を掲げて当選したフランソワ・オランド政権下で「縮原発」が進んでいることも重要な事実である。さらに、フィンランドのオルキルオト原発３号機においては、安全性を高めた最新鋭の欧州圧力水型炉（ＥＰＲ）第１号案件として２００５年に着工し、当初は２００９年に稼働開始予定であったが、設計の不具合や現地下請け業者とのトラブルなどが頻発し、工期は再三の見直しの結果、現在は９年遅れの２０１８年とされている。その原発建設の大幅な遅れによって、２００５年の着工時点では30億ユーロ（約４３８０億円）だった総工費も、現在では85億ユーロ（約１兆２４１０億円）近くに膨れ上がり、完成時には39億ユーロ（約５６９０億円）の損失が見込まれている。同様に、フランス国内で建設中のフラマンビル原発３号機（ＥＰＲ）も工事が遅れている。２００７年の着工当初は２０１２年の運転開始を予定していたが、現在は２０１７年の完成を目指している。その結果、アレバ社の純損益は、２０１１年12月期（通期）に24億２４００万ユーロ（約３５４０億円）、２０１２年12月期に９９００万ユーロ（約１４０億円）、２０１３年12月期に４億９４００万ユーロ（約７２０億円）、２０１４年12月期に48億ユーロ（約６４００億円）の４期連続の赤字となった。このようなアレバ社の経営危機は世界の原発産業に大きな衝撃を与える可能性がある。現在、イギリスの南西部のヒンクリーポイントで20年ぶりの原発新設計画が進められており、フランス電力公社（ＥＤＦ）が中国企業2社と組んでアレバ製ＥＰＲ２基を建設する予定だが、フィンランドやフランスでのＥＰＲ建設の難航で、この計画を危ぶむ声が広がっている。三菱重工業はアレバ社と共同開発した中型の新型加圧水型軽水炉（ＰＷＲ）「アトメア１」の売り込みに力を入れ、トルコの黒海沿岸都市シノップに４基を建設する計画だが、パートナーであるアレバ社の動向しだいでは、プロジェクトが大幅に見直される可能性も否定できない[52]。

さて現在、原発輸出の前提となる原子力協定締結を交渉中の国は、インド、南アフリカ、ブラジル、メキシコ、マレーシア、モンゴル、タイなど7ヵ国である。

それらの国において競争相手となるのは、やはり中国、韓国、ロシア、カナダの原発メーカーと政府である。現在の世界の原発市場は、「売手市場」であった冷戦時代とは異なり、買手優位の「買手市場」である。原発の売り込みの際には、輸出側が提案する融資条件が受注の可否を左右する。次のトルコの事例はその典型例である[53]。

11　トルコへの原発輸出の事例

トルコは、人口８０６９万人（世界第18位、２０１３年7月時点）、１人当たりＧＤＰは1万４８００ドル、欧州第6位、世界第17位の経済規模（２０１２年時点）で、２０２３年に世界第10位の経済大国になるという目標を立てている。
最初に、アックユ原発建設についての簡単な経緯と契約内容を説明する。トルコは２０１０年５月に地中海沿岸アックユでの１２０万キロワットのＶＶＥＲ（ロシア製加圧水型炉）、ＡＥＳ２００６モデル４基の建設・運転・保守等をロシアに発注した。２０１０年12月にロシア国営原子力企業「ロスアトム」はプロジェクト実行のため１００％子会社「アックユ発電会社（ＡＮＰＰ）」を設立した。環境影響評価書承認とそれに基づく建設ライセンス発給遅延などで着工は２０１５年半ば～２０１６年、初号機試運転は２０１９年の予定であり、商業運転は２０２０～２０２１年の見込みが有力である。
アックユは世界初の原子力発電での「建設・所有・運転（ＢＯＯ）」（Build、Own、Operate）方式契約である。建設費（当初見通し２００億ドル）はロシア側が負担する。返済のため、「トルコ電力取引・契約会社（ＴＥＴＡＳ）」がＡＮＰＰから固定価格１キロワット当たり12・35セントで15年間電力を購入する。ＡＮＰＰは、建設、運転、保守、廃炉措置、使用済燃料・放射性廃棄物管理、損害賠償に責任を負い、「廃炉措置」と「使用済燃料・放射性廃棄物管理」のため１キロワット当たり12・35セントの売電価格から０・15セントの基金を積み立てる。このような商業ベースの契約条件を政府同士がバックアップすることを約束するためにロシア・トルコの「政府間協定」（ＩＧＡ）が２０１０年５月に結ばれた。さらに、アックユ・プロジェクトのためのＡＮＰＰによる原発要員養成も含まれる。原発１基当たり運転・保守要員５００～６００人が必要とされ、そのためにトルコ人学部生を２０１３年から１年に２００人ずつロシアで留学・研修する。[54]
ここに登場する原発輸出のＢＯＯ（Build、Own、Operate）方式契約をもう少し説明すると、それは輸出側のロシアのロスアトム社が原発の建設、運転、維持・管理を行い、売電によってその費用を回収するという仕組みである。BOO方式契約の場合、買手のトルコ側は原発運営リスクと投資費用を負担しなくても済む上、原発の建設運営経験のないトルコにとってロシアが建設から最終的な廃炉までのすべての管理運営に責任を持つというメリットがある。輸出するロシア側には原発を長期にわたり所有・運営できるために原発運用上の効率性を高めることができるというメリットがある。

次に、日本が関係するシノップ原発の簡単な経緯と契約内容について説明する。韓国の原発企業KEPCOが韓国型原子炉（APR1400）4基（総出力560万キロワット）を提案し2010年3月にトルコ側と受注交渉を始めたが、2010年11月に韓国側が辞退する。交渉がまとまらなかった最大の理由は、電力販売価格に関する見解の差が埋まらなかったためである。トルコはシノップ原発建設計画にプロジェクト・ファイナンシング（PF）方式の導入を決めていた。原発建設にあたっては両国が事業費の30％を直接投資し、残りの70％は国際金融市場から借り入れ、建設された原発が生産する電気を販売することで受注企業は負債を返すという仕組みであった。それゆえ、電力販売価格は国内資金力が不足する韓国にとって最大の交渉課題であったが、原発の収益性を高めるために電力販売単価の上乗せを求めた韓国と電力価格を少しでも抑えたいトルコの意見が折り合わなかった。また、トルコ側は原発建設資金の低利調達を求めていたが、国内の金融市場からの資金調達は韓国には難しかったことも交渉中断の要因となった[55]。

なおこの背景には前年（2009年）のアラブ首長国連邦（UAE）のバカラ原発の受注の「成功」、それも無理を重ねた「成功」がある。それは当時の李明博《イ・ミョンバク》大統領の強力なトップセールの成果であった。2009年のUAEのバカラ原発受注の最終段階では、韓国、日本、フランスの競合があったが、結果は「予想外」の韓国企業の落札であった。いくつかの情報をまとめると、入札価格は日本とフランスの各320億ドルに対して、韓国は200億ドル（一説では186億ドル、そのうち100億ドルを韓国からの融資）であったといわれている。日本やフランスよりも120億ドルもの安値を提案したことに加え、60年間にわたって原発の運転を保証するという条件が韓国落札の決め手になったといわれている。特に、世界の原発関係者を驚かせたのは、その安値（事実上のダンピング）と融資だけでなく、60年間の原発運転保証であった。なぜならば、世界のどこにも60年間も無事に商業運転したことのある原発（加圧水型（PWR）と沸騰水型（BWR）の軽水炉原発）は現在まで1基も存在しないのである。一般的には、40年間が基本的な設計、運転期間である。したがって、60年間保証であれば、途中に大規模な修理や設備・部品の交換が必要となり、120億ドルもダンピングしておいて、投資・融資の採算が合うであろうか。また、原子炉等の経年劣化による原発事故の懸念も大きくなり、原発事故が現実に起きた場合の損害賠償などを考慮に入れると、リスクが非常に大きな原発輸出といえよう[56]。

シノップ原発に話を戻そう。韓国辞退の後、2010年12月に日本の東芝に優先交渉権が与えられた。しかし、2011年3月に福島原発事故が発生し、日本は耐震技術と事故教訓反映を期待されたが、事態は膠着し、交渉は中断した。2012年2月にトルコは再度韓国に2基建設の期待を表明し、4月以降には日本、韓国、中国、カナダとの交渉を並行して進めた。安倍首相が訪問した2013年5月3日に、トルコは日本と原子力協力協定と「政府間協定」（IGA）を締結し、日本に優先交渉権（実質の内定）を付与した。国際企業連合（三菱重工業、伊藤忠、フランスのGDFスエズ、トルコの発電会社E

UAS）が「プロジェクト会社」を設立し、アトメア社の最新の加圧水型炉（PWR）「アトメア1」（110万キロワット）4基建設を提案する。2013年10月29日の安倍首相再訪時に、両政府はシノップの施設国政府契約（HGA）原案で大筋合意した。トルコで議会承認後、政府と「プロジェクト会社」が調印の予定である。初号機の着工は2017年、運転開始2023年が目標である。このプロジェクトの総事業費は220億ドルで、日本企業の海外プロジェクトでは最大の受注額である。HGAでの電力売買、トルコ側出資、放射性廃棄物や使用済燃料の取扱い、廃炉、損害賠償の条件、安全審査での実炉データ使用（参考炉設定）などが交渉中である。トルコ側の電力買上価格はアックユ・プロジェクトより安いといわれ、トルコ政府の買取保証、廃炉措置、使用済燃料と高レベル廃棄物の処理・処分、原発事故時の損害賠償などの問題が残されている。[57]

またプロジェクトの総事業費が220億ドルと日本企業の海外プロジェクトとしては最大の受注額であるが、資金調達に関しての詳細が明らかでなく、総事業費が巨額なだけに問題も多い。それは、原発輸出は、世界銀行やアジア開発銀行などの国際開発融資の対象ではなく、また日本の政府開発援助（ODA）の対象でもない。日本の公的金融による資金の調達が必要となる可能性が非常に高い。その場合は、財務省が所管する国際協力銀行（JBIC）と経済産業省が所管する日本貿易保険（NEXI）の出番となるが、それらの財源は財投債や財投機関債などであり、その基礎は日本国民の年金積立基金やゆうちょ銀行の貯金である。[58] もし日本の海外原発事業で大きな事故あるいは失敗があった場合には、最終的には日本国民の負担となるのである。

その可能性は決して小さくない。それこそ「想定外」では済まされない。トルコは日本と同じ「地震大国」の1つである。1900年以降にM6以上の地震が72回も発生した。1999年のトルコ北西部地震（イズミット地震、M7・8）では、1万7000人以上の死者、4万3000人以上の負傷者が発生し、重要な変電所が機器損壊が相次ぎ数日間にわたり停電する事態も発生している。

また、原発の採算性についても問題が指摘されている。シノップ原発の建設コストは、220～250億ドル（約2兆2000億円～2兆5000億円）と推定されているが、ロシア企業が受注したアックユのプロジェクトでは、コストが200億ドルから250億ドルに跳ね上がり、現在も見直し中であることなどから、トルコのエネルギー専門家は原子力発電が他の代替エネルギー源に比べて長期的にコスト高になると指摘している[59]。

これまでトルコへの原発輸出の事例を詳しく検証してきたが、このトルコの事例からわかるように、現在の世界の原発市場においては冷戦時代とは異なりもはや「売手市場」ではなく、買手優位の「買手市場」となっている。原発の海外への売り込みに際しては、輸出側が提案する融資条件が成功の大きな要因となっている。しかし、その原発輸出によって、買手の輸入国の人々は原発事故による大きなリスクを引き受けなければならない。特に、途上国の場合には、政治的経済的に不安定な国が多いことも考慮に入れる必要がある。また、売手の輸出国の国民にとっては、その買手に有利な巨額の融資によって大きな経済的負担と別な意味での大きなリスクを引き受けることになる。なぜならば、特に途上国の場合には戦争や内戦のリスクは非常に大きいばかりでなく、東日本大震災と同様に大きな自然災害による原発事故の可能性も否定できないからである。現在の人類の科学技術では「絶対安全な原発」は存在しないからである。

12　日本の原発輸出に関連する具体的な問題点

ここでは、日本の原発輸出に関係するいくつかの具体的な問題点について取り上げる。

第一に、原発輸出の有力な売り込み国としてインドがあるが、インドには製造物責任を明確にした原子力損害賠償法がある。

インドにおいては2020年までに総事業費9兆円規模で原発18基を建設予定であるが、原子力損害賠償法が2010年9月に成立している。そこには原発事故が発生した場合、原子炉などの原発メーカーにまで責任が及ぶことになる、製造者責任が明記されている。それゆえ、日本とインドの原子力協定では、その例外規定を示すように交渉している。実際、1984年にインド国内でのアメリカのユニオン・カーバイド社の化学工場事故の発生により、死者2万5000人、負傷者数十万人が出た事例がある。この事件に関係するインド工場のアメリカ人の経営責任者は法廷にも出廷せず、国外逃亡した。インドは30億ドルの賠償金を求めたが、結局は1989年に和解となり、賠償金はわずか5億ドルとなった。インド政府はこの和解に大きな不満を持った。それゆえ、この事件を教訓として2010年に原子力損害賠償法を成立させたのだ。また、インドは核保有国であるが、核不拡散条約（NPT）の未締約国であり、また包括的核実験禁止条約（CTBT）にも署名していない[60]。

第二に、国際条約である「原子力損害の補完的な補償条約（CSC）」への加盟である。この国際条約はアメリカなどすでに5ヵ国（その他に、アルゼンチン、UAE、モロッコ、ルーマニアが加盟）が締結していて、日本が加盟したことで2015年4月15日に発効する。表8は、原子力損害賠償に関する主

表8　原子力損害賠償の主な国際条約

原子力損害の補完的な保障条約（CSC）	改正パリ条約	改正ウィーン条約
加盟・署名国の地域性		
アメリカ、UAEなど5ヵ国が加盟。 アジアや環太平洋の国々に拡大？	欧州中心	中東欧や中南米中心
最低賠償額（円換算）		
約470億円	約960億円	約470億円
責　任		
電力会社や燃料会社など事業運営者	同じ	同じ
賠償請求できる期間		
10年。ただし、国内法が優先	死亡や身体の障害は30年	死亡や身体の障害は30年
免責事由		
戦闘行為、敵対行為、内戦・内乱 異常に巨大な天災地変	同じ ナシ	同じ ナシ

出所）『朝日新聞』2014年10月24日付、第45回原子力委員会資料第1号「原子力損害賠償に関する条約について」平成23年11月15日付より作成。

な国際条約の概要である。

これらの国際条約は原発事故に備えた国際的な損害賠償の条約である。途上国を中心に原発が普及する見通しのなかで、日本の安倍政権は原発輸出を積極的に展開しているが、その結果、海外での原発事故のリスクが高まる。日本が加盟する「原子力損害の補完的な補償条約（CSC）」の特徴は加盟国で事故が起きたとき共同で賠償の資金を「補完」する仕組みである。この国際条約は、1997年に採択されたが、条約発効条件である締約国5ヵ国、締約国の原子炉の熱出力40万メガワット（4億キロワット）に満たないため、未発効の状態であった。日本が加盟するとその条約の発効条件を満たすため、アメリカが強く働きかけてきたものである。(61)

2011年11月15日付の第45回原子力委員会資料第1号「原子力損害賠償に関する条約について」文部科学省原子力損害賠償対策室の資料によ

れば、この国際条約の加盟のメリットとして、「原子力事業者の賠償責任の免責事由について『異常に巨大な天災地変』が定められていること等、我が国の原賠法との親和性がある」こと、また、「我が国と密接な関係を有する米国がCSCを批准している」という点を指摘している。それは、巨大地震と大津波が発生した福島原発事故を考慮すると、「地震大国」であるトルコへの日本の原発輸出にはもっとも都合の良い国際条約である。「改正パリ条約」と「改正ウィーン条約」には、「異常に巨大な天災地変」の免責事由は含まれていない。日本のこの条約の加盟の目的は、明らかに原発輸出の促進のための条件整備である[62]。

第三に、アメリカのサンオノフレ原発の三菱重工業に対する巨額の損害賠償である。

2012年6月にカリフォルニア州最大の電力会社、南カリフォルニア・エジソン社（SCE）は、水漏れ事故で2011年1月末以後において稼働を停止していたサンオノフレ原発を廃炉にすると発表した。廃炉となるのはサンオノフレ原発の2号機および3号機（ともに出力108万キロワット、加圧水型軽水炉）である。2012年1月に3号機で三菱重工業製の蒸気発生器から放射能漏れが見つかったことがきっかけであった。SCE社は再稼働を目指したが地元住民らの反発で断念した。SCE社は2012年6月に2基の原発の廃炉を決め、損害賠償を三菱重工業に求める方針を通告してきた。同年10月半ばに明らかになったSCE社の賠償請求額は40億ドル（約3900億円）であった。三菱重工業は「不適切な内容で根拠がない。契約上の責任上限は1億3700万ドル（約135億円）だ」と反論しており、双方は国際的な仲裁機関であるパリの国際商業会議所で争う構えである。三菱重工業のみならず、原発メーカーにとって衝撃だったのは、契約で定めた賠償の上限を超えた金額を

請求されたことである。(63)

第四に、日本の原発輸出に関連する安全確認の問題である。

毎日新聞社の調査（2013年12月22日付）によれば、原発関連機器の輸出を行うにあたって、その商品の簡単な書面審査や聞き取りだけで輸出が実行されているのである。独立行政法人「日本貿易保険」あるいは政府系金融機関「国際協力銀行」の融資を利用して1件当たり10億円を超える機器を輸出する際、原発関連機器メーカーが両機関を通じて原子力政策課に安全確認を申請する。毎日新聞が入手した文書によると、安全確認は2003年2月に定められた次の内規（3項目）に基づいて行われている。すなわち、第1項目、輸出元のメーカーが機器の品質確保や、輸出後長期間にわたり機器の保守補修、関連研修サービスを適切に行うか、第2項目、相手国・地域が安全規制を適切に行える体制などを整備しているか、第3項目、原子力安全条約などの国際的取り決めを受け入れ守っているか、であり、第1項目は、経産省産業機械課と原子力政策課、第2項目と第3項目は経産省旧原子力安全・保安院が実施すると定められている。

毎日新聞の取材に対し、原子力政策課は第1項目について「安全の確保は国際的に立地国が行うことになっている」として、現状のままで問題ないとの見解を示した。しかし、相手国が途上国の場合、技術者不在で事実上ノーチェックになり、事故があれば、セールスを図った日本側の道義的責任が問われる可能性がある。さらに、第2項目と第3項目については、2012年9月に発足した原子力規制庁がその調査・点検の引き継ぎを拒否し、実施不能に陥っていることが毎日新聞の報道で明らかになっている。

そもそも日本貿易保険も国際協力銀行の融資も使わない場合や、輸出額が1件当たり10億円以下なら、安全確認手続きは不要。毎日新聞の調べでは、2012年までの10年間に輸出された原子炉圧力容器などのうち、少なくとも約511億円分は安全確認を経ずに輸出された。一方、情報公開で得た資料によると、安全確認は2003年以降、中国など6ヵ国への輸出時に25件実施され、すべて「合格」と判断された(64)。

日本の原発輸出に対しても、新設された原子力規制庁の権限が明確にされ「世界最高水準」の安全点検が実行されるべきである。

第五に、原発輸出を積極的に展開する安倍政権への原発企業の政治献金、「原発マネー」の問題である。

2013年度の政治献金に関する報道によれば、自民党の政治資金団体「国民政治協会（国政協）」の2013年収支報告書には、日本を代表する3つの原発メーカーが大口献金企業として顔をそろえた。その政治献金額は、三菱重工業が3000万円、東芝が2850万円、日立が2850万円であった。三菱重工業は前年よりも3倍、東芝と日立は約2倍、それぞれ政治献金額を増やしていた(65)。

また、別の報道によれば、原発再稼働を進める電力会社や原子力関連の企業などでつくる原発利益共同体の中核組織、原子力産業協会（原産協）の主な会員企業と電力会社のグループ企業など53の企業・団体が、2012年に計3億3353万円を国政協に献金していることが、総務省公表の政治資金収支報告書で明らかになった。電力会社の役員による自民党側への献金が、福島原発事故の起きた2011年分の3倍となっていることも判明した。53の企業・団体のうち、電力会社からはグループ

表9　電力会社役員の個人献金（2012〜2013年）

	2011年度（万円）	人数	2012年度（万円）	人数	主な献金先
北海道	15	5	12	4	坂井一郎理事・原子力部長
東北	0	0	83	14	高橋会長、海輪社長、副社長5人
東京	0	0	0	0	
中部	25	2	33	3	三田敏雄会長、水野明久社長
北陸	0	0	134	15	久和社長、副社長3人
関西	0	0	0	0	
中国	52	22	137	15	山下隆会長、苅田知英社長
四国	28	7	10	2	眞鍋省三常任監査役
九州	6	1	0	0	
合計	126	37	409	53	

注）役職は2012年のもの。
出所）『しんぶん赤旗』2013年12月2日付より作成。

企業の中電工や四電ビジネスを通じて献金が行われ、三菱重工業の1000万円、東芝の1400万円、日立の1400万円などが並んでいる。一方、原発を持つ電力会社9社の役員（2012年当時の取締役、監査役、執行役員、相談役、理事）の国政協への個人献金を調べると、東電、関西電力、九州電力を除く6社の役員53人が総額409万円を献金していた。原発事故が起きた2011年分と比べ、5社で37人、総額126万円だった献金が3倍以上となっている。表9は、2012年から2013年の電力会社役員の個人献金を示したものである[66]。

1973年まで、銀行、鉄鋼、電力業界は公然と自民党に政治献金をしていた「御三家」であったが、田中角栄首相の金権政治批判を受けて、電力業界の表からの政治献金は消えた。しかし、その後、会社役員の個人献金という形で組織的に行われるようになり、それが原発の「安全神話」を形成した「原発マネー」の1つだとして2011年の福島原発事故後に注目された。そして、今日、原発輸出と原発推進を活発に展開する安倍政権になって再び「原発マネー」の攻勢が開始されたことを示している。しかし、原発産業や原発関連企業の政治献金という「原発マネー」に対しては、福島原発事故の反省と教訓からすると、もっと厳しい法的規制がなされるべきである。

注

(1) 内閣府原子力委員会「原子力政策大綱」2005年10月11日。http://www.aec.go.jp/jicst/NC/tyoki/taikou/kettei/siryo1.pdf
(2) 同上、3~4頁。
(3) 同上、4頁。
(4) 同上、32頁。
(5) 同上、33頁。
(6) 同上、50頁。
(7) 資源エネルギー庁「原子力立国計画」2006年8月。http://www.meti.go.jp/report/downloadfiles/g60823a04j.pdf
(8) 総合資源エネルギー調査会電気事業分科会原子力部会報告書「原子力立国計画」2006年8月8日、25頁。
(9) 同上、93~94頁。
(10) 「エネルギー基本計画」2010年6月、2~3頁。http://www.enecho.meti.go.jp/category/others/basic_plan/pdf/100618honbun.pdf
(11) 同上、9頁、27頁。

(12) 同上、54頁。
(13)「国際原子力開発株式会社」の設立について。http://www.jined.co.jp/pdf/101015-j.pdf
(14) 鈴木真奈美『日本はなぜ原発を輸出するのか』平凡社新書、２０１４年、69～71頁。吉岡斉『新版　原子力の社会史』朝日新聞出版、２０１１年、２９０～２９５頁。
(15) 一般社団法人・海外電力調査会。http://www.jepic.or.jp/data/ele/ele_02.html
(16) 熊本一規『脱原発の経済学』緑風出版、２０１１年、53頁。
(17) 同上書、54頁。
(18) 一般社団法人・海外電力調査会。http://www.jepic.or.jp/data/ele/ele_04.html
(19) 一般社団法人・海外電力調査会。http://www.jepic.or.jp/data/ele/ele_03.html
(20) 熊本一規、前掲書、55頁。
(21) 一般社団法人・海外電力調査会。http://www.jepic.or.jp/data/ele/ele_05.html
(22) 経済産業省資源エネルギー庁電力・ガス事業部電力市場整備課「電力小売市場の自由化について」２０１３年10月（平成25年10月）。
経済産業省『エネルギー白書２０１１年版』、第４章第１節電気事業制度。http://www.enecho.meti.go.jp/about/whitepaper/2011html/3-4-1.html
(23) 閣議決定「電力システムに関する改革方針」平成25年４月２日。http://www.meti.go.jp/press/2013/04/20130402001/20130402001-2.pdf
(24)「発送電分離について」電気事業連合会。http://www.fepc.or.jp/enterprise/jiyuuka/bunri/
(25) 古賀茂明『日本中枢の崩壊』講談社、２０１１年、33～34頁。
「発送分離の動き阻止」『朝日新聞』２０１１年５月25日付。

小森敦司（朝日新聞編集委員）「第４回経産官僚が仕掛けた電力改革『発送電分離』は時を経て蘇るか」（２０１５年１月13日）。http://globe.asahi.com/movers_shakers/091005/01_01.html

(26)「電力ガス改革法案：20年実施『発送電分離』閣議決定」『毎日新聞』２０１５年３月３日20時20分（最終更新３月３日21時00分）http://mainichi.jp/select/news/20150304k0000m020070000c.html

(27)「発送電分離　20年実施　参入増　電気料金下げ焦点」『東京新聞』２０１５年３月３日夕刊。http://www.tokyo-np.co.jp/article/economics/news/CK2015030302000250.html

(28)『朝日新聞』２０１４年10月27日付。http://www.asahi.com/articles/photo/AS20141027000264.html

(29)同上

(30)経済産業省資源エネルギー庁「電気事業会計規則等の一部を改正する省令を公布・施行しました　廃炉を円滑に進めるための会計関連制度」２０１５年３月13日（公表日）。http://www.meti.go.jp/press/2014/03/20150313003/20150313003.pdf

「電力会社が原発廃炉する際の負担軽くするため、会計制度変更」フジテレビ、２０１５年３月15日３時８分。http://www.fnn-news.com/news/headlines/articles/CONN00288160.html

(31)中村稔（編集局記者）「原発５基廃炉の裏で蠢く『倍返し』の新増設　日本原電は敦賀３、４号増設へ働きかけ強化」『東洋経済』２０１５年３月23日付。http://toyokeizai.net/articles/-/63971

(32)「原発のごみの捨て場所はあるのか？」『毎日新聞』２０１４年１月31日。http://mainichi.jp/ronten/news/20140131dyo00m010033000c.html

中野洋一『原発依存と地球温暖化論の策略　経済学からの批判的考察』法律文化社、２０１１年、21～22頁。

(33)外務省「日・アラブ首長国連邦原子力協定」http://www.mofa.go.jp/mofaj/files/000019366.pdf

(34)外務省「日・トルコ原子力協定」。http://www.mofa.go.jp/mofaj/files/000019367.pdf

(35)外務省「安倍晋三総理大臣とマンモハン・シン首相による共同声明」。http://www.mofa.go.jp/mofaj/files/000005380.pdf

(36)鈴木真奈美、前掲書、19頁。

(37)外務省「日仏共同声明」２０１３年６月。http://www.mofa.go.jp/mofaj/files/000006048.pdf

(38)「エネルギー基本計画」２０１４年4月、3頁。首相官邸ホームページより。http://www.kantei.go.jp/jp/kakugikettei/2014/_icsFiles/afieldfile/2014/05/27/20140411.pdf

(39) 同上、21頁。

(40) 同上、19頁。

(41) 大島堅一『原発のコスト　エネルギー転換への視点』岩波新書、２０１１年、１１１〜１１４頁。同著『原発はやっぱり割に合わない　国民から見た本当のコスト』東洋経済新報社、２０１３年、93〜１１３頁。

(42)「エネルギー基本計画」２０１４年4月、46頁。

(43) 同上、69頁。

(44) 同上、48頁。

(45)「中国と一騎打ち、インドネシアと次世代原発開発」『読売新聞』２０１５年1月16日6時43分。http://www.yomiuri.co.jp/politics/20150115-OYT1T50167.html

鈴木真奈美、前掲書、１６２〜１６３頁。

(46)「高温ガス炉とは」独立行政法人・日本原子力研究開発機構（ＪＡＥＡ）。http://www.jaea.go.jp/04/o-arai/nhc/jp/data/htgr_WHat/data_htgr_WHat.htm

(47) 小川雅生「高温ガス炉の利点と問題点」。http://oceangreen.jp/kaisetsu-shuu/KouonGasRo-RitenMondaiten.html

(48)「東芝：カザフと交渉　原子炉輸出、１基数千億円」『毎日新聞』２０１５年1月2日20時25分（最終更新1月2日22時53分）。http://mainichi.jp/select/news/20150103k0000m020038000c.html

(49)「中韓露と競争、世界市場で試される日本の最新「原発」技術」『産経新聞』２０１５年1月1日　11時00分。http://www.sankei.com/premium/photos/150101/prm1501010004-p1.html

(50) 富田頌子（編集局記者）「東芝・ＷＨがつかんだ初の東欧「原発ビジネス」　ブルガリアで獲得した巨大案件とは」『東洋経済オンライン』２０１４年8月18日付。http://toyokeizai.net/articles/-/45467

富田頌子（編集局記者）「誤算が続く東芝の原子力事業は立ち直れるか　米国の原発新設案件が前進せず損失を計上」『東洋経済オンライン』２０１４年5月9日付。http://toyokeizai.net/articles/-/37274
東芝「２０１４年度経営方針説明会」資料２０１４年5月22日。http://www.toshiba.co.jp/about/ir/jp/pr/pdf/tpr20140522.pdf

(51)「原発投資で最大６００億円規模　東芝を揺るがす減損リスク」週刊ダイヤモンド編集部、２０１４年4月23日付。http://diamond.jp/articles/-/52143

(52)「仏アレバが経営再建策　14年通期、4期連続の最終赤字」『日本経済新聞』２０１５年3月4日22時42分。http://www.nikkei.com/article/DGXLASGM04H7B_U5A300C1FF2000/
「揺らぎ始めた『原発大国フランス』」２０１５年01月08日17時12分ＪＳＴ更新：２０１５年03月08日18時12分JST FRANCE NUCLEAR PLANT。http://www.huffingtonpost.jp/foresight/shaking-france-nuclear-power_b_6426454.html

(53) 鈴木真奈美、前掲書、１１８頁。

(54) 中杉秀夫「トルコの原子力発電導入準備状況」一般社団法人・日本原子力産業協会国際部、２０１４年5月12日、1～2頁。http://www.jaif.or.jp/cms_admin/wp-content/uploads/2014/05/turkey_data1.pdf

(55) 柿崎正樹「トルコの原子力発電に向けた取り組み　これまでの経緯と課題」（研究ノート）『国際社会研究』第3号（神田外語大学グローバル・コミュニケーション研究所紀要）２０１２年、１５７頁。

(56) 秋場大輔「インフラ輸出、日本は本当に負けたのか　無謀な受注こそ『敗北』」『日経ビジネスリポート』２０１1年2月9日。http://business.nikkeibp.co.jp/article/manaGE/20110207/218330/?rt=nocnt
「韓国、ＵＡＥ原発運営権も受注の可能性…追加収益期待（1）（2）」『中央日報／中央日報日本語版』２０１４年5月21日8時26分。http://japanese.joins.com/article/546/185546.html

(57) 中杉秀夫「トルコの原子力発電導入準備状況」、2頁、35～39頁。

(58) 鈴木真奈美、前掲書、１１９～１２３頁。

(59) 田辺有輝「トルコの原子力協定・シノップ原子力発電所計画の問題点」（第2版）「環境・持続社会」研究センター（ＪＡＣＳＥＳ）、２０１３年10月30日。http://www.jacses.org/sdap/nuke/turkeyfact2.pdf

(60)「原発ビジネス、安倍首相トップセールスで加速する海外進出への壁とリスク」『ビジネス・ジャーナル』２０１３年６月12日付。http://biz-journal.jp/2013/06/post_2298.html

『朝日新聞』２０１３年５月30日付の記事。

(61)「原発賠償条約に日本加盟へ　原発輸出加速も」『朝日新聞』２０１４年10月24日６時43分。http://www.asahi.com/articles/ASGBR52BGGBRULZU012.html

(62) 第45回原子力委員会資料第１号「原子力損害賠償に関する条約について」文部科学省原子力損害賠償対策室、平成23年11月15日。http://www.aec.go.jp/jicst/NC/iinkai/teirei/siryo2011/siryo45/siryo1.pdf

(63)「原発輸出、想定外リスク　三菱重に１３８億円超請求」『朝日新聞』２０１３年７月20日付。

『日本経済新聞』２０１３年11月11日付の記事。http://www.nikkei.com/article/DGXZZO62265460X01C13A1000000/

(64)「原発輸出　実物見ず審査」『毎日新聞』２０１３年12月22日付。

(65)『西日本新聞』２０１４年11月29日付。

(66)『しんぶん赤旗』２０１３年12月２日付の記事より。http://www.jcp.or.jp/akahata/aik13/2013-12-02/2013120201_04_1.html

第４章

福島原発事故と経済的損失

1　4つの福島原発事故調査報告書

(1) 4つの事故調査報告書の概要

福島原発事故に関してはこれまで4つの事故調査報告書が公表されている。発表（最終報告書）順にみると、①民間（2012年2月27日）、②東電（2012年6月20日）、③国会（2012年7月5日）、④政府（2012年7月23日）の4つの事故調査委員会は、それぞれの調査方針により事故の調査と検証を進め、その報告書を公表した。その4つの報告書の概要は次のとおりである。

最初に、①民間の福島原発事故独立検証委員会（一般財団法人・日本再建イニシアティブ）の構成メンバーは、以下のとおりである。委員長は、北澤宏一（東京都市大学学長）、以下、委員は、遠藤哲也（元国際原子力機関理事会議長）、但木敬一（弁護士・森・濱田松本法律事務所、元検事総長）、野中郁次郎（一橋大学名誉教授）、藤井眞理子（東京大学先端科学技術研究センター教授）、山地憲治（地球環境産業技術研究機構理事・研究所長）の6名である。

民間事故調査報告書は、政府からも企業からも独立した市民の立場から、原発事故の原因究明と事故対応の経緯について検証を行い、2012年2月27日に公表された。民間事故調査委員会は、東電の事故対応におけるヒューマン・エラーを指摘して、「この事故が『人災』の性格を色濃く帯びていることを強く示唆している」としつつ、「その『人災』は、東京電力が全電源喪失過酷事故に対して備えを組織的に怠ってきたことの結果」とした上で、それを許容した規制当局の責任も同じとしている。調査結果を踏まえて、民間事故調査委員会は、独立性と専門性のある安全規制機関、アメリカの連邦緊急事態管理庁（FEMA）に匹敵するような過酷な災害・事故に対する本格的実行部隊、首相に適切な助言を行う独立した科学技術評価機関（機能）の創設等の必要性を指摘している。[1]

次に、②東電の福島原子力事故調査委員会の構成メンバーは、以下のとおりである。委員長は、山崎雅男（代表取締役副社長）、委員は、武井優（代表取締役副社長）、山口博（常務取締役）、内藤義博（常務取締役）、企画部長、技術部長、総務部長、原子力品質監査部長の8名である。

東電事故調査報告書は、事故の当事者として、「福島原子力事故調査委員会」および社外有識者で構成する「原子力安全・品質保証会議　事故調査検証委員会」を設置し、2011年12月2日に中間報告書、2012年6月20日に福島原子力事故調査報告書（最終報告書）を公表した。東電事故調査委員会は、社内調査を主体として、事故原因、事故対応等を調査・検証し、安全性向上のための設備面と運用面の対策をまとめ、津波想定について、その時々の最新知見を踏まえて対策を施す努力をしてきたものの、結果的に甘さがあり、「津波に対抗する備えが不十分であったことが今回の事故の根本的な原因」としている。その上で、東電事故調は、①徹底した津波対策、②電源喪失等の多重の機器故障や機能喪失を前提とした炉心損傷防止機能の確保、③炉心が損傷した場合に生じる影響を緩和する措置を3つの対応方針として示した。[2]

次に、③国会の東京電力福島原子力発電所事故調査委員会（国会事故調）の構成メンバーは、以下のとおりである。委員長は、黒川清（政策研究大学院大学アカデミックフェロー、元日本学術会議会長）、以下、委員は、石橋克彦（理学博士、地震学者、神戸大学名誉教授）、大島賢三（独立行政法人国際協力機構顧問、元国際連合大使）、崎山比早子（医学博士、元放射線医学総合研究所主任研究官）、櫻井正史（弁護士、元名古屋高等検察庁検事長、元防衛省防衛監察監）、田中耕一（分析化学者、株式会社島津製作所フェロー）、田中三彦（科学ジャーナリスト）、野村修也（中央大学法科大学院教授、弁護士）、蜂須賀禮子（福島県大熊町商工会会長）、横山禎徳（社会システム・デザイナー、東京大学エグゼクティブ・マネジメント・プログラム企画・推進責任者）の10名である。

国会事故調は、事故の当事者や関係者から独立した調査を国会の下で行い、2012年7月5日に報告書を両院議長に提出した。国会事故調は、事故の根源的原因として、規制する立場である当局と規制される立場である東電が逆転関係に陥り、原子力安全についての監視・監督機能が崩壊していた点を挙げ、「今回の事故は『自然災害』ではなくあきらかに『人災』である」と結論づけている。調査結果を踏まえ、国会事故調査委員会は、原子力規制に対する国会の関与を含んだ7つの提言をまとめ、国会に対して、その実現に向けた実施計画を速やかに策定し、進捗の状況を国民に公表することを求めている[3]。

最後に、④政府の東京電力福島原子力発電所における事故調査・検証委員会の構成メンバーは、以下のとおりである。委員長は、畑村洋太郎（東京大学名誉教授、工学院大学教授）、以下、委員は、尾池和夫（（財）国際高等研究所所長、前京都大学総長）、柿沼志津子（（独）放射線医学総合研究所放射線防護研究、センターチームリーダー）、高須幸雄（国際連合事務次長、委員任命後の平成24年5月に就任）、高野利雄（弁護士、元名古屋高等検察庁検事長）、田中康郎（明治大学法科大学院教授、元札幌高等裁判所長官）、林陽子（弁護士）、古川道郎（福島県川俣町長）、柳田邦男（作家、評論家）、吉岡斉（九州大学副学長）、技術顧問は、安部誠治（関西大学教授、前関西大学副学長）、淵上正朗（株式会社小松製作所顧問、工学博士）の12名である。

政府事故調査報告書は、政府に設けられているものの、従来の原子力行政とは独立した立場で調査・検証を行い、２０１１年12月26日に中間報告、さらに２０１２年７月23日に最終報告が野田佳彦首相に提出された。政府事故調査委員会は、今回の事故は、直接的には地震・津波という自然現象に起因するものであるが、極めて深刻かつ大規模な事故となった背景には、事前の事故防止策・防災対策、事故発生後の発電所における現場対処、発電所外における被害拡大防止策についてさまざまな問題点が複合的に存在したとしている。調査結果を踏まえ、大規模な複合災害の発生を視野に入れた安全対策を含んだ、７項目25の提言をまとめ、政府と関係機関に対して、提言の反映・実施および取組状況のフォローアップを求めている(4)。

以上４つの報告書から興味深い点を指摘すると、第一に、福島原発事故の直接的な原因について、政府報告書、民間報告書、東電報告書は、津波によって全交流電源と直流電源を喪失し、原子炉を安定的に冷却する機能が失われたことを、今回の大事故（炉心溶融、水素爆発、放射性物質の大量拡散）の直接的原因としている。一方、国会報告書は、事故の直接的原因を津波のみに限定することには疑念を呈し、「安全上重要な機器の地震による損傷はないとは確定的には言えない」としている。それゆえ、福島原発事故の真の原因は現在も不明な点が多く、原発事故の真相解明にはほど遠い内容という厳しい評価もある(5)。

第二に、津波、全電源喪失、シビアアクシデント（過酷事故）、複合災害などに対する事故前の対策において、政府および行政と東電の両者に大きな問題があったことは、政府報告書、民間報告書、国会報告書の３つの報告書に共通している。また、東電報告書さえも事故前の備えが結果として不十分であったことを認めている。

それゆえ、後日、2014年5月の『朝日新聞』の「吉田所長調書」の「誤報問題」を契機に政府が公表したその調書によれば、政府（菅直人内閣）と東電との事故当日の現場職員の「撤退問題」が象徴的であるように、津波、全電源喪失、シビアアクシデント（過酷事故）などに対していかに準備不足で、いかに非常時事故対応の訓練不足で、どれほど事故現場が混乱していたかが明らかとなった(6)。

(2) 2014年公表の新たな「調書」

さらに、政府は2014年11月12日、福島原発事故をめぐり政府の事故調査検証委員会が関係者から当時の状況を聞き取った聴取結果書（調書）のうち、新たに56人分を公開した。寺田学首相補佐官や旧原子力安全・保安院の広報担当だった西山英彦経済産業省審議官（肩書はいずれも当時）ら計45人の個人と1団体（11人）である。故吉田昌郎元福島第一原発所長ら19人に続き、2回目の公開である。そのうち5人は名前を開示していないが、今回公開されたなかに東電役員は含まれていない。

それら新たに公開された調書からは、西山英彦経済産業省審議官は、「記者会見の際にデータからはっきり分かることではないので、あえて炉心溶解や溶融等の言葉は使用しないようにした」と証言した。西山審議官は、事故翌日の記者会見で炉心溶融の可能性に言及した別の審議官と急きょ交代する形で広報担当に就任し、約1ヵ月後に初めて炉心溶融を認めた。また、旧経済産業省原子力安全・保安院の現地事務所副所長（匿名）の調書によると、事故翌日に福島第一原発から逃げ出した保安検査官4人は「放射線量が上昇し、身の危険を感じた」と逃げた理由を述べた。4人は福島第一原発に戻されたが、この際、その1人は「現地に行ってもどうにもならない。なぜ行かなければならないのか」と拒んだが、所長が説得し原発内に戻したという。だが、福島第一原発に戻っても、積極的に情報を集めようとしなかったと、政府事故調査の報告書でも批判されている。4人は戻った翌日、無断で再び撤退した。(7)

今回の調書の新たな公表より、原発を監視・監督する立場の4人の保安検査官が事故直後に真っ先に「撤退」していたことが明らかとなった。福島原発事故でのこの4人の保安検査官の「撤退」は、2014年4月16日に韓国済州島沖で高校生を中心に295人の犠牲者を出した大型フェリー、セウォル号沈没事故での船長や幹部の真っ先の「撤退」を思い起こさせる。韓国のフェリー沈没事故と福島原発事故当時の責任ある立場の人間の真っ先の「撤退」はまったく同じであり、他人事ではない。

しかし、これですべての原発事故の資料が公表されたわけではないという事実にも留意する必要がある。たとえば、いまだに事故当日の首相官邸と東電との間のやりとりを記録したVTRの音声を含めたすべての資料が公表されてはいない。また、政府の事故調査委員会が聴取した関係者は772人であり、現在まで公開されたのはその一部である。

2015年3月の時点で、政府の事故調査委員会が聴取した関係者のうち、勝俣恒久会長ら東電幹部や原子力安全委員会委員、経産省、文科省など関係省庁幹部の調書の多くは了解が得られず、現段階では公開されていない。また、国会の事故調査委員会の調書や関連資料は国立国会図書館が保管しているが、2012年7月に衆参両院の議院運営委員長らが公開に向けた関連法を整備する方針を確認したにもかかわらず、その後議論は進んでいない。現在も段ボール77箱分の資料が国立国会図書館

に眠ったままである。(8)

(3)「想定外」の災害か、「人災」か

福島原発事故は「想定外」の災害なのか、それとも「人災」なのか。この点に関しては、民間報告書と国会報告書は「人災」との見解を取っている。

東電は事故の最重要な当事者であるため最初から法的な責任回避を考慮しており、東電報告書は事故対応の準備不足を認める程度でそれ以上を期待することはできない。政府報告書でも、最初から関係者の聞き取り調査は原則非公開であり、現象的な分析に終始しており、東電の初動対応の不手際、政府の避難指示や情報発信の不備、シビアアクシデント（過酷事故）への備えの不足などを指摘する程度である。(9)

民間報告書では、今回の原発事故は、「人災」、備えなき原子力過酷事故と指摘している。事故は防げなかったのかという点では、発電所の管理部長もユニット所長も発電所長も、さらには本店の原子力担当部門も等しく事故現場の状況判断に誤認があったばかりか、事故の際の東電の手順書（事故時運転操作手順書）は全電源喪失を想定していなかった。東電はシビアアクシデント（過酷事故）に対する備えを用意していなかったし、その事故対応の教育と訓練もしていなかった。その「人災」の本質はシビアアクシデント（過酷事故）に対する東電の備えにおける組織的怠慢にある。(10)

国会報告書も今回の原発事故は明らかに「人災」であると指摘している。その結論においては、福島原発の根源的原因は歴代の規制当局と東電との関係において、「規制する立場とされる立場が『逆

転関係』になることによる原子力安全についての監視・監督機能の崩壊」が起きた点に求められると認識する。何度も事前に対策を立てるチャンスがあったことを鑑みれば、今回の事故は「自然災害」ではなく明らかに「人災」である。[11]

また、国会報告書は、①地震対策、②津波対策、③シビアアクシデント（過酷事故）対策の3つの点において、規制当局と東電がなすべき対策を講じていなかったとし、特に地震対策の不備を、他の報告書と比較して、もっとも厳しく指摘している。[12]

国会報告書におけるその①地震対策について具体的事例の1つを紹介すると、次のとおりである。1981年に原子力安全委員会によって決定された「発電用原子炉施設に関する耐震設計審査指針」は2006年に「新指針」として大きく改訂され、経済産業省原子力安全・保安院は直ちに全国の原子力事業者に対して、「新指針」に照らした既設原発の耐震安全性評価（耐震バックチェック）の実施を求めた。東電は2008年3月に福島第一原発5号機の耐震バックチェック中間報告を提出し、耐震安全性が確保されたとした。1～4号機と6号機についても2009年に中間報告を提出したが、耐震安全性を確認した設備は極めて限定的だった。しかし、東電はこれ以後、耐震バックチェックをほとんど進めず、最終報告の期限を2009年6月と届けていたにもかかわらず、社内では最終報告提出予定を2016年1月に延ばしていた。さらに、「新指針」に適合するためには多数の耐震補強工事が必要であることを把握していたにもかかわらず、東日本大震災発生時点でもまったく工事を実施していなかったことが、今回の（国会）調査によって明らかになった。一方、原子力安全・保安院も、耐震補強工事を含む耐震バックチェックを急ぐ必要性を認識していたが、東電の対応の遅れを黙認していた[13]。

国会報告書におけるその②津波対策については、次のように指摘している。津波が想定を超える可能性が高いことや、想定を超えた津波が容易に炉心損傷を引き起こすことを、東電は2002年以降何度も指摘され、事故の危険性を認識していた。しかし、東電はこの危険性を軽視し、安全裕度のない不十分な対策にとどめていた。東電の対応の遅れを原子力安全・保安院も認識していたが、原子力安全・保安院は具体的な指示をせず、バックチェックの進捗状況も適切に管理監督していなかった[14]。

その国会報告書のなかで、東電と電気事業連合会が事故の危険性を実際に認識していた事例として、2000年2月の電気事業連合会の津波影響評価の会議を指摘し、「津波に関するプラント概略影響評価」を示している（表1）。これでわかるように、福島第一原発は、水位上昇側のすべてで×の記号がついていることがわかる。

国会報告書においては、次のように説明している。電気事業連合会は当時最新の手法で津波想定を計算し、原発への影響を調べた。想定に誤差が生じることを考慮して、想定の1・2倍、1・5倍、2倍の水位で非常用機器が影響を受けるかどうか分析している。福島第一原発は想定の1・2倍（O.P.（福島県小名浜港の平均海面）+5・9メートル～6・2メートル）で海水ポンプモーターが止まり、冷却機能に影響が出ることがわかった。全国の原発のうち、上昇幅1・2倍で影響が出るのは福島第一原発以外には島根原発（中国電力）だけであり、津波に対して余裕の小さい原発であることが明らかであった[15]。

国会報告書におけるその③シビアアクシデント（過酷事故）対策については、次のように指摘して

表1　津波に関するプラント概略影響評価（2000年2月）

	水位上昇側			水位下降側		
	1.2倍	1.5倍	2.0倍	1.2倍	1.5倍	2.0倍
泊1、2号	○	○	○	×	×	×
東通1号	○	○	×	○	○	○
女川1〜3号	○	×	×	○	○	○
志賀1、2号	○	○	○	○	○	1：○ 2：×
福島第一1〜6号	×	×	×	1、2：× その他：○	×	×
福島第二1〜4号	○	○	○	○	1、3：× 2、4：○	×
柏崎刈羽1〜7号	○	○	1〜4：× 5〜7：○	○	1〜3：× 4〜7：○	×
浜岡1〜5号	○	×	×	○	○	○
美浜1〜4号	○	○	×	○	○	○
高浜1〜4号	○	○	○	○	1、2：× 3、4：○	1、2：× 3、4：○
大飯1〜4号	○	○	○	○	○	1、2：× 3、4：○
島根1、2号	×	×	×	×	×	×
伊方1〜3号	○	×	×	1、2：× 3：○	×	×
川内1、2号※1	○（○）	○（○）	○（×）	○（×）	○（×）	○（×）
玄海1〜4号※2	○	○	1：× その他：○	○	1：× その他：○	×
東海第二	○	×	×	×	×	×
敦賀1、2号	○	○	○	○	○	1：○ 2：×
大間	○	○	○	○	○	○
もんじゅ	○	○	○	○	×	×

○：影響なし　×：影響あり

※1：津波水位評価に用いる活断層は、設置許可申請書ベースと文献断層のものとした（かっこ内は文献断層）

※2：簡易評価結果

出所）東京電力福島原子力発電所事故調査委員会『国会事故調報告書』2012年、別添付資料CD-ROM「参考資料」41頁。

いる。日本は自然災害大国であるにもかかわらず、地震や津波といった外部事象を想定せず、運転上のミスあるいは設計上のトラブルといった内部事象のみを相対したシビアアクシデント対策を行ってきた。その具体的な1つの事例を紹介すると、事故時運転手順書は、電源があることを大前提としていたため、今回の事故のような全電源喪失過酷事故の事態では機能できない、実効性を欠いたものであり、東電においてはそれに対応する手順書もなく、同様にその対応の訓練や教育も行っていなかった。[16]

(4)「原子力ムラ」の分析

次に、福島原発事故の発生の背景にあった原発の「安全神話」を作り上げた「原子力ムラ」とその関係者の事故責任をどこまで解明したのかという問題を取り上げる。ここでの「原子力ムラ」とは、政府(官僚)、政治家、電力業界(労働組合も含む)、学者、マスコミの5つの集団(5者同盟、いわゆる原発産業のペンタゴン)である。なお、1973年のいわゆる「電源三法」(電源開発促進税法、電源開発促進対策特別会計法、発電用施設周辺地域整備法の総称)が成立した後は、原発を積極的に受け入れ、巨額の交付金を受け取った地方自治体を含めた6者同盟と考えてもよい。

日本科学技術ジャーナリスト会議の批評によれば、東電報告書については言い訳に終始している印象が強いとし、また、政府報告書については事故の背景にさまざまな問題点が複合的に存在したとしているが、なぜそのような問題が生じたかについては現象的な分析に終始し、「原子力ムラ」の本質的な分析を避けているようにみえると指摘している。[17]

また、政府報告書の調査・検証委員の一人であった吉岡斉（九州大学副学長、科学技術史）の指摘によれば、その報告書には2つの「重大な限界」があった。第一は、改善すべき事柄に関する9項目の提言が常識的かつ抽象的であり、過酷事故の再発防止に関する具体的な必要条件や十分条件を示すことに成功していないことであり、第二は、福島原発事故の発生時点において、なぜ日本の原子力発電所の多くが災害リスクに対して、ハードウェア（施設・設備面）とソフトウェア（組織・運営・人材面）の両面で、無防備状態（事故発生後の退所が困難な状況を含む）となっていたのかが、歴史的に検証されていないことであった[18]。

国会報告書においては、第5部「事故当事者の組織的問題」の「5・2 東電・電事連の『虜』となった規制当局」のなかで「原子力ムラ」の実態を次のように指摘している。

日本の原子力業界における電気事業者と規制当局との関係は、必要な独立性および透明性が確保されることなく、まさに「虜《とりこ》」の構造といえる状態であり、安全文化とは相いれない実態が明らかとなった[19]。

日本の原子力業界の病巣の根底には、原子力業界の存続が既設炉の稼働に依存しているという問題がある。（中略）日本の原子力業界は、規制する側も、規制される側も、客観的な知見を提示する役目の有識者でさえも、ほとんど全てのプレーヤーが既設炉に依存していたわけであり、独立性と専門能力を両立させることが極めて難しい「一蓮托生」の構造になっていた[20]。

言い換えるならば、「原子力業界の存続が既設炉の稼働に依存している」とは、日本の「原子力ムラ」においては既設炉を持つ電力業界の政治力と経済力が実質的に原発のペンタゴンを支配していたのが実態である。その結果、原発の規制当局が電気事業者（特に東電・電気事業連合会）の「虜」になっていたのであった。

民間報告書においては、第9章「安全神話」の社会的背景のところで2つの「原子力ムラ」の分析がある。それは中央の「原子力ムラ」と地方の「原子力ムラ」である。

中央の「原子力ムラ」とは、原子力行政・産業、加えてそれが強い影響力を持つ財界・政界・マスメディア・学術界を含めた強固な原子力維持の体制であるとしている。そのなかでも、日本経団連・電気事業連合会をはじめ、これまで産業界が一貫して原発を推進してきたことに象徴されるように、電力産業自体が日本の経済界において大きな影響力を持ちながら維持されてきた。地方の「原子力ムラ」とは、1973年に成立した「電源三法」による各種交付金を受け取る地方自治体およびそれに関係する地域の政治家、その交付金の分配を受けて各種事業を請け負う地方の企業や業者などである。[21]

以上のように、国会報告書と民間報告書には「原子力ムラ」の記述はあるが、その関係者の実名はごく一部にとどまり、具体的に「原子力ムラ」全体においてどのくらいの「原発マネー」が流れたのかはほとんど分析がなされていない。「電源三法」の交付金のごく一部が示されたに過ぎない。国会報告書と民間報告書では、特に「原子力ムラ」における「原発マネー」の実態はほとんど解明されていない。

（5）「原子力ムラ」と原発事故責任

前にみたように、国会報告書と民間報告書は、今回の福島原発事故が「想定外」の災害ではなく、「人災」であるとの見解を示したが、原発事故関係者の責任についてはほとんど具体的に解明されていない。特に、「原子力ムラ」の政治家、各種委員の学者、原発関連の官僚、マスコミと電力会社の関係においては、そこに流れた巨額の「原発マネー」などについてはほとんど検証していない。また、「原子力ムラ」の形成の歴史的構造的分析もまったく不十分である。

2011年3月の福島原発事故後、原発事故の被害者によって福島原発告訴団が結成され、2012年6月に東電の幹部や国の関係者ら33人の刑事責任を問う告訴・告発状が福島地方検察庁に提出された。原発事故で直接の被害を受けた「告訴人」として告訴・告発状に名を連ねた福島県民の数は県外に避難中の人も含め1324人であった。史上最大規模の刑事告訴となっている。さらに、第二告訴は全国に広がり、合計1万4716人が告訴・告発人となった。

表2は事故責任関係者リスト（2012年6月時点）である。東京電力が勝俣恒久取締役会長、清水正孝前取締役社長、南直哉元取締役社長を含め15人、原子力安全委員会が班目春樹委員長、久木田豊委員長代理、代谷誠治委員、鈴木篤之前委員長（現・日本原子力研究開発機構理事）を含め6人、原子力安全・保安院が寺坂信昭院長を含め3人、山下俊一（福島県立医科大学副学長）を含む福島県放射線健康リスク管理アドバイザー3人、その他に衣笠善博東京工業大学名誉教授（原発の地震関係の各種委員を歴任）、近藤駿介原子力委員会委員長などである。

福島原発告訴団は「福島原発事故の責任をただす！　告訴宣言」（2012年3月16日）において、次

表2　事故責任関係者リスト（2012年6月）

勝俣　恒久	東京電力株式会社　取締役会長
皷　紀男	東京電力株式会社　取締役副社長 福島原子力被災者支援対策本部兼原子力・立地本部副本部長
西澤　俊夫	東京電力株式会社　取締役社長
相澤　善吾	東京電力株式会社　取締役社長　原子力・立地本部副本部長
小森　明生	東京電力株式会社　常務取締役 原子力・立地本部長兼福島第一安定化センター所長
清水　正孝	東京電力株式会社　前・取締役社長
藤原　万喜夫	東京電力株式会社　常任監査役・監査役会会長
武藤　栄	東京電力株式会社　前・取締役副社長　原子力・立地本部長
武黒　一郎	東京電力株式会社　元・取締役副社長　原子力・立地本部長
田村　滋美	東京電力株式会社　元・取締役会長　倫理担当
服部　拓也	東京電力株式会社　元・取締役副社長
南　直哉	東京電力株式会社　元・取締役社長・電気事業連合会会長
荒木　浩	東京電力株式会社　元・取締役会長　倫理担当
榎本　聰明	東京電力株式会社　元・取締役副社長　原子力本部長
吉田　昌郎	東京電力株式会社　元・原子力設備管理部長　前・第一原発所長
班目　春樹	原子力安全委員会委員長
久木田　豊	同委員長代理
久住　静代	同委員
小山田　修	同委員
代谷　誠治	同委員
鈴木　篤之	前・同委員会委員長（現・日本原子力研究開発機構理事長）
寺坂　信昭	原子力安全・保安院長
松永　和夫	元・同院長（現・経済産業省事務次官）
広瀬　研吉	元・同院長（現・内閣参与）
衣笠　善博	東京工業大学名誉教授（総合資源エネルギー調査会原子力安全・保安部会耐震・構造設計小委員会地震・津波・地質・地盤合同WGサブグループ「グループA」主査。総合資源エネルギー調査会原子力安全・保安部会耐震・構造設計小委員会地震・津波、地質・地盤合同WG委員）
近藤　駿介	原子力委員会委員長
山下　俊一	福島県放射線健康リスク管理アドバイザー（福島県立医科大学副学長、日本甲状腺学会理事長）
神谷　研二	福島県放射線健康リスク管理アドバイザー（福島県立医科大学副学長、広島大学原爆放射線医科学研究所長）
高村　昇	福島県放射線健康リスク管理アドバイザー（長崎大学大学院医歯薬学総合研究科教授）

出所）福島原発告訴団のホームページより（2014年12月16日HP確認）。http://kokuso-fukusimagenpatu.blogspot.jp/p/blog-page_9.html

のように訴えている。

福島原発事故は、すでに日本の歴史上最大の企業犯罪となり、福島をはじめとする人々の生命・健康・財産に重大な被害を及ぼしました。原発に近い浜通りでは、原発事故のため救出活動ができないまま津波で亡くなった人、病院や福祉施設から避難する途中で亡くなった人、農業が壊滅し、悲観してみずから命を絶った農民がいます。

このような事態を招いた責任は、「政・官・財・学・報」によって構成された腐敗と無責任の構造の中にあります。とりわけ、原発の危険を訴える市民の声を黙殺し、安全対策を全くしないまま、未曾有の事故が起きてなお「想定外の津波」のせいにして責任を逃れようとする東京電力、形だけのおざなりな「安全」審査で電力会社の無責任体制に加担してきた政府、そして住民の苦悩にまともに向き合わずに健康被害を過小評価し、被害者の自己責任に転嫁しようと動いている学者たちの責任は重大です[22]。

その文中の「政・官・財・学・報」によって構成された腐敗と無責任の構造とは、「原子力ムラ」のことである。

こうして、2012年6月に福島原発告訴団は、事故の責任を問い東電幹部らを業務上過失致死容疑などで告訴・告発したが、東京地検は2013年9月、全員を不起訴処分にした。

この2013年9月の不起訴の背景について、福島原発事故の国会事故調査委員会で協力調査員として津波分野の調査を担当した添田孝史は、自身の著書『原発と大津波　警告を葬った人々』（2014年11月）のなかで、重要な事実の経過、特に「東電が地震学者らに広く現金を渡す習慣」について、次のように説明している。

東京地検の不起訴の理由の1つは、「地震本部の長期評価の策定に関与した専門家などには、予測を裏付けるデータや知見に乏しいと考える者もおり、評価の精度が高いものとは認めがたい」とのことであったが、その根拠は、事故後に関係する専門家の誰に聴取し、それがどんな内容であったかはまったく明らかにしていない。地震後の聴取では「後知恵」で専門家たちが当時の行動を正当化したり、東電からの圧力を受けたりする可能性がある。「後知恵」意見を偏らせてしまう要因は関係の専門家たちの「うしろめたさ」である。その「うしろめたさ」の1つが、東電が地震学者らに広く現金を渡す習慣が続いていたことである。東電は長年にわたって、地震の専門家たちに面談するたびに、帰り際に「技術指導料」（謝礼）を渡していた。大学教授クラスで1回5万円から8万円程度だったらしい。多い人は数十回も受け取っていた。政府事故調査委員会は、東電が謝礼を渡したリストを要求し、東電はさんざん渋ったあげく、提出したのだという。事故前の安全審査にも影響を与えた恐れがある専門家への金銭の授受は注目すべき事実だが、国会事故報告書にその記述はない。国会事故報告書においては東電からの専門家への金の流れも解明されないままである。[23]

さらに、添田は、同著においてもう1つの重要な事実も明らかにしている。それは「原子力ムラ」の重要な一部、特に原発の津波や地震の安全審査に関係する「土木学会」と電力業界の関係、および原発の津波や地震審査の重要な基準である「土木学会手法」について、次のように説明している。

「土木学会」は会員数3万8000人を超える工学系では最大規模の学会で、2011年に公益社団法人となった。原発の津波想定方法がまとめられた2002年は、ちょうど東電の元原子力本部副部長が会長職にあり、またその10年前にも東電元原子力建設部長が会長に就くなど、東電の原子力部門との結びつきがあった。約30の調査研究委員会があり、その1つとして津波や活断層、放射性廃棄物処分の調査を手がける原子力土木委員会がある。この下に津波評価部会が1999年度に設置され、原発の津波想定法を検討してきた[24]。

また、「土木学会手法」は「規制当局や他の電力事業者においても、原子力発電における津波評価に関する事実上の基準」(東京地検)として、事故発生まで使い続けられた。しかし、この「土木学会手法」の策定に必要な研究費全額(1億8378万円)、審議のため土木学会に委託した費用の全額(1350万円)は電力会社が負担しており、公正性に疑問がある。評価部会のメンバー構成についても、「土木学会手法」策定時の委員・幹事等30人のうち13人が電力会社、3人が研究費の9割を電力会社からの寄付金で賄う電力中央研究所、1人が東電子会社の所属と、電力業界に偏っていた[25]。

このように、「土木学会」と「土木学会手法」は、学会の専門家と電力業界がカネとヒトでつながっていた「原子力ムラ」の典型であった。添田は同著において、電力業界が原発推進のために、対策費用がかさまないよう津波や地震の安全率を切り下げるべく画策し、その権威付けに「土木学会」を利用していた実態を暴露し、批判している。

福島原発告訴団は、東京地検の不起訴の決定に対して、東京の検察審議会に審査を申し立てる一方で、2013年12月18日に告訴団の約6000人が福島第一原発から放射能汚染水を海に流失させたとして「人の健康に係る公害犯罪の処罰に関する法律」違反の疑いで、広瀬直己東電社長ら現・旧東電幹部32人と東電に対する2度目の告発状を福島県警に提出した[26]。

その後、2014年7月に、東京第5検察審査会は東京電力福島第一原発事故をめぐり業務上過失致死傷容疑で告訴・告発され、不起訴処分となった東電旧経営陣3人（勝俣元会長、武藤栄元副社長、武黒一郎元副社長）について、起訴すべきだとする起訴相当の議決（2014年7月23日付）をした。今後は、東京地検が再捜査し、改めて処分を決める。再び不起訴となっても、検察審査会が2回目の審査で起訴すべきだと議決すれば、検察官役の指定弁護士により強制起訴される。検察審議会は議決理由で、3人が福島第一原発に最大15メートル超の高さの津波が押し寄せる可能性があるとの報告を受けていたと指摘し、勝俣元会長について「津波の影響を知りうる立場・状況にあり、当時の最高責任者として、各部署に適切な対応策を取らせることができた」と述べた。元副社長の2人についても、当時の立場を踏まえた上で、「適切な措置を指示し、結果を回避することができた」と判断した[27]。

この東京第5検察審査会が示した不起訴処分の不当とした理由のうち3つについてもう少し詳しく説明する。

第一に、東電は、福島第一原発の敷地高（10メートル）を超える津波が襲来した場合、全電源喪失、炉心損壊に至る危険性を認識することができたし、2004年12月にインドネシアのスマトラ沖で発生したマグニチュード9・1の巨大地震の大津波に襲われたインド・マドラス原発で実際に起きた事故の教訓からも、津波対策が必要であることは認識できた[28]。

第二に、東電は、2006年に設置された溢水勉強会（非公開）での段階で、津波対策を準備しておくことができた。２００４年のマドラス原発事故後、２００６年に独立行政法人・原子力安全基盤機構（ＪＮＥＳ、２０１４年に原子力規制委員会と統合）と原子力安全・保安院は、合同で溢水勉強会を設置した。同年5月11日の第3回会合で、東電は福島第一原発に土木学会手法で想定した水位を超える津波が襲来したらどうなるか、現地調査を踏まえて検討した結果を報告している。すなわち、津波の高さが敷地高10メートルを超えると大物搬入口などから建屋に浸水して電源設備が機能を失い、非常用ディーゼル発電機、外部交流電源、直流電源すべてが使えなくなって全電源喪失に至る危険性が示された。今回の福島第一原発のような事故がどのように引き起こされるか、２００６年時点で正確に予想されていたのである。[29]

第三に、東電は、電源喪失を防ぐため建屋の水密化についても、15・7メートルの津波の高さを試算した時点で開始すれば、津波発生までに間に合い、事故は回避できた。費用も防潮堤建設より安く、現実的に可能な選択であった。[30]

さて、２０１４年12月12日に、福島原発告訴団は、東京地検に対し「旧経営陣を不起訴とした昨年（２０１３年）9月の判断に事実誤認がある。起訴するべきだ」などとした上申書（２０１４年12月9日付）を提出した。東京地検に提出したその上申書においては、１９９７年に旧建設省など7省庁がまとめた手引きで、福島県沖で大津波を発生させる地震（津波地震）が予測されていたことが新たにわかったと指摘し、「津波地震の可能性は、２００２年に国の調査機関が公表した以外に専門的な知見がなく、事前想定は困難だった」との２０１３年9月の東京地検の不起訴の判断は誤りだと主張している。なお、東京地検は、２０１４年7月に検察審査会が「起訴すべきだ」と議決したことを受けて再捜査している[31]。

2015年1月22日に東京地検は、福島原発の事故をめぐり業務上過失致死傷の疑いで告訴・告発されていた東電の勝俣恒久元会長、武藤栄元副社長、武黒一郎元副社長の3人について2度目の不起訴処分（嫌疑不十分）と発表した。3人については今後、検察審査会が再び審査するが、改めて「起訴すべきだ」と判断されれば、強制起訴され、裁判が始まる。また、同検察審査会が「不起訴不当」としていた小森明生元常務については東京地検は、同日2度目の不起訴（嫌疑不十分）とし、これで不起訴が確定した。前回の2014年7月23日の議決の理由の1つであった「東電が2008年に政府機関の予測に基づいて15・7メートルの津波を試算していたのに対策を取らなかった」ことに対する今回の東京地検の判断は、15・7メートルの東電の試算について当時としては不確定な方法で導かれたもので、信頼性は低かったとして、同規模の津波に襲われる確率は100万年から1千万年に1度であり、対策する義務があったとはいえないとした[32]。

しかし、2011年3月の東日本大震災地震と同じ規模の大津波は「100万年から1千万年に1度」ではなく、平安時代の869年「貞観地震」の時に同規模の大津波が発生していたことはすでに専門家たちにより発掘調査が行われ、福島原発事故後の報道を通じてそのことは多くの国民が知るところとなっている。その意味で、今回の東京地検の判断は専門家でなくとも一般国民にとってまったく説得性のないあきれた判断であるといえる。福島原発告訴団は「結論ありき」の判断と批判している（なお、2015年7月17日付で検察審議会において起訴すべきと2回目の議決がなされ、3人は強制的に起訴され、公判で正式に刑事責任の有無が判断されることとなった）。

2015年1月13日に、福島原発告訴団は、福島原発事故で大津波を予測していたのに必要な対策を怠ったとして、業務上過失致死傷容疑で、森山善範元原子力安全・保安院原子力災害対策監（現在、日本原子力研究開発機構執行役、同理事）や東電の津波対策担当者ら9人についての告訴・告発状を東京地検に提出し、同容疑での刑事告発は2012年に続き2度目となった。告訴団は、森山氏らが福島原発で重大事故が発生するのを防ぐ注意義務を怠り、東日本大震災に伴う津波で放射性物質を排出させ、多数の住民を被曝させたり、周辺病院から避難した患者を死亡させたりしたと主張している。[33]なお、告訴された当時保安院のその他の3人は、名倉繁樹・保安院原子力発電安全審査課審査官（現在、原子力規制庁安全審査官）、野口哲男・保安院原子力発電安全審査課長、原昭吾・保安院原子力安全広報課長である。[34]

また、福島原発事故の責任追及は、民事の面でも多数の訴訟が起きている。2014年1月の時点で、東電を相手取って被害救済を求める民事訴訟は全国13ヵ所で、約4500人の原告によって提起されている。たとえば、そのなかの事例を紹介すると、2014年1月14日に、福島地方裁判所で開廷した民事訴訟では、担当裁判長が東電による全電源喪失の予測可能性や過失の有無について「本件訴訟の重要な争点である」と初めて明言した。原子力損害賠償法（原賠法）の無過失責任原則に基づき国の基準で決まった金額を賠償すればそれでよし、としてきた東電の姿勢に、司法が疑問を投げかける形になった。福島地裁では2014年1月までに、政府の避難指示によって住む場所を追われた住民や放射能汚染などで生活が脅かされている住民など1985人が国と東電を相手取って被害救済を求める裁判を起こしている。2014年1月14日までに4度の口頭弁論期日が設けられ、農業従事

表3　福島原発事故の損害費用の試算（2011年10月25日時点）

福島第一原子力発電所の廃炉費用	
1号機〜4号機（追加費用分）	9,643億円
損害賠償額	
一過性の損害	2兆6,184億円
年度ごとに発生しうる損害分	
初年度分	1兆246億円
2年目以降単年度分	8,972億円
上記の合計	5兆5,045億円

出所）原子力発電・核燃料サイクル技術等検討小委員会（第3回）資料より作成。

者や商店主、元教員など計12人の原告が、被害の実態や生活面の窮状について明らかにしてきた。それとともに原告が強く求めてきたのが、加害者責任の追及であった[35]。

2　福島原発事故の経済的損失と負担

福島原発事故後、２０１１年10月25日に、内閣府・原子力委員会の「原発・核燃料サイクル技術等検討小委員会」は、今回の福島原発事故の損害費用見積は５兆５０４５億円とする資料を公表した（表3）。

これによれば、1号基から4号基の廃炉費用（追加費用分）が９６４３億円、損害賠償額の一過性損害が2兆６１８４億円、年度ごとの損害の初年度分が1兆２４６億円、2年目以降単年度分が８９７２億円、合計5兆５０４５億円となっている。しかし、この数字は同年10月3日の東京電力による損害賠償額を参照しているに過ぎず、汚染地域の除染費用、放射性廃棄物処理等の行政費用、自主避難および汚染地域に残っている人への賠償費用、晩発性障害への賠償費用などが含まれていない。それゆえ、この5兆

表4　政府の東京電力への新たな支援策（2013年12月）

		現　在	新たな支援策
賠償費用	5兆4,000億円	全額東電負担	全額東電負担
除染費	2兆5,000億円	全額東電負担	国の東電株の売却益を充てる
中間貯蔵	1兆1,000億円	全額東電負担	国の負担
事故対策費	2兆円	全額東電負担	国も一部負担

注）金額は政府などの見積もり。賠償費は東電を含めた電力業界で返済する仕組み。

出所）『東京新聞』2013年12月21日付より作成。http://www.tokyo-np.co.jp/article/feature/nucerror/list/CK2013122102100004.html

5045億円は現実的数字ではなく、さらに膨らむことは容易に予測できた。

2013年7月23日に、除染の在り方を研究している独立行政法人・産業技術総合研究所のグループによる除染費用についての試算が公表された。福島県内での放射性物質を取り除く作業や、作業で出た土などの運搬、それに仮置き場や、最長で30年間にわたる中間貯蔵施設での保管など、除染に関係する費用の総額である。内訳は、国直轄で除染する「除染特別地域」（避難区域）の除染費用が最大で2兆3000億円、それ以外の市町村が除染を進める「除染実施区域」が最大で3兆1000億円と、その総額はこれまでに計上された予算の4倍を超える5兆1300億円であった。なお、工程ごとでは、放射性物質を取り除く作業に2兆6800億円、運搬や中間貯蔵施設での保管に1兆2300億円、仮置き場での保管に8900億円などであった[36]。

その後、2013年12月20日に、政府は、除染・中間貯蔵費用3兆6000億円を全額、国の負担とするなど新たな東京電力への支援策を正式決定した（表4）。新たな支援策の柱は、賠償や除染の資金支援枠を現行の5兆円から9兆円に拡大した上で、2兆5000億円の除染費用に関しては全面的に国が負担する。しかし、除染費用の大部分に政府が保有する東電株の売却益を充て、国の負担分を最終的にゼロとする仕組みであるが、政府のもくろみ通りに東電株が値上がりしなければ、追加の国民負担につながる可能性がある。放射性物質で汚染された土壌を保管する「中間貯蔵施設」の建設費用は1兆1000億円を見込み、その費用は電気料金の一部が原資となっているエネルギー対策特別会計から30年かけて充てるものである。残りの2兆5000億円は、除染作業そのものにかかる政府の見積もりだが、財源は不透明である。政府は、原子力損害賠償支援機構が東電支援のために保有する東電株（1兆円分）の将来の売却益を充てる予定であるが、政府の想定通りに2兆5000億円という巨額の利益を得られなければ、不足分は税金か電気料金で埋められることになり、追加の国民負担となる。これまでの除染費用の負担をめぐっては、支払い義務があるにもかかわらず東電は財務状況の悪化を理由に拒否し続けてきたが、除染費用の全額国費負担決定は東電の「ごね得」の結果ともいえる。(37)

東京電力への政府の9兆円に上る支援策のその後だが、会計検査院は2015年3月23日に福島原発事故で国が税金で負担している除染や東電の被害者への損害賠償費の利息が最大で1200億円を超えるとの試算を公表した。その試算では、国が肩代わりしている除染や賠償の資金援助額が上限の9兆円となった場合、返済を終えるまでに最長30年間かかり、その間の金利負担が最大で1264億円に上る。会計検査院は東電の平均売却価格（1株750〜1350円）などの条件を変え、6通りを試算した。その結果、最短で18年後の2032年度末、最長で30年後の2044年度末と算出した。東電への支払いは国債で交付するため、借り入れに伴う利息は事実上、国民の負担になる。国は金融機関から資金を調達して東電に援助しているが、利息分は返済を求めず、国民の税負担となる。また、

表5　福島原発事故の費用と負担の状況

損害賠償・賠償対応	4兆9,865億円	主に電気料金で負担
除染	2兆4,800億円	国民（東電株の売却益）負担
中間貯蔵施設	1兆600億円	国民（電源開発促進税）負担
事故収束・事故炉廃止	2兆1,675億円	電気料金で負担
原子力災害関係経費	3,878億円	国民（国の予算）負担
合　計	11兆819億円	

注）大島堅一・除本理史の両教授の試算
出所）『朝日新聞』2014年6月27日付の記事より。

国が肩代わりした除染費用2兆5000億円を政府保有の東電株の売却益で回収するためには1株1050円で売却する必要があるが、2015年3月23日の終値は456円であった。2013年から2015年3月までのここ2~3年間の東電株価は500円前後で推移している。国は、東電が事業の利益から出す特別負担金や電力各社と政府が出資する原子力損害賠償・廃炉等支援機構が引き受けた東電株（1兆円相当）の売却益などで回収する予定である。再建計画では、東電株売却は2020年代半ば以降の実施予定だが、国の回収までの期間は示されていない。株価が伸び悩めば、国が東電に支払う総額9兆円の賠償・除染費用の回収もさらに長期化する可能性がある[38]。

福島原発事故から3年後の2014年になり、現実的な損害額の数字が明らかとなった。たとえば、2014年3月11日のNHKの報道によれば、福島原発事故による除染や賠償、廃炉などの損害額の最新の見通しを足し合わせると、11兆円を超えるという[39]。それは政府の委員会が2011年10月に発表した金額の2倍近くに上っており、事故から3年、原発事故の被害額は膨らみ続けたことになる。

また、2014年6月27日付の『朝日新聞』は、大島堅一立命館大学教授と除本理史《よけもとまさふみ》大阪市立大学教授の2人による、福島原発事故の費用と負担の分析と試算を紹介している（表5）。

その費用は、損害賠償・賠償対応が4兆9865億円、除染が2兆4800億円、中間貯蔵施設が1兆600億円、事故収束・事故炉廃止が2兆1675億円、原子力災害関係経費が3878億円、合計11兆819億円となっている。その経済的負担は、損害賠償・賠償対応が電気利用者（主に電気料金）、除染が国民（東電株の売却益）、中間貯蔵施設が国民（電源開発促進税）、事故収束・事故炉廃止が電気利用者（電気料金）、原子力災害関係経費が国民（国の予算）である。前のＮＨＫの報道の数字とほぼ同じ金額となっている。

大島教授の試算によれば、その11兆円を原発発電コストに加えると原発の発電コストは1キロワット当たり11・4円となり、石炭火力の10・3円、ＬＮＧ（液化天然ガス）火力の10・9円よりコスト高となる。しかもその原発の発電コストは、2014年の時点で停止中の原発が2015年に運転を再開し、「寿命」の40年で廃炉にするという条件での試算である。[40]

しかし、この11兆円の試算額には、除染で出た土の最終処分の費用は含まれておらず、40年続くとされる廃炉費用、またさらに増加すると見込まれる住民などに対する賠償も含まれていない。また、前に触れた2013年7月の独立行政法人・産業技術総合研究所のグループによる除染費用についての試算の5兆円よりも約3兆円も低い数字が示されており、それゆえ、実際には11兆円よりもっと大きな数字が現実的であることがわかる。福島原発事故の実際の損害額はこれからも膨らみ続けることは容易に予想できる。

また、国際環境ＮＧＯのＦｏＥ Ｊａｐａｎの試算と予想によれば、今回の福島原発事故による損害費用は48兆円となる。もし、損害費用が48兆円の場合は原発の発電コストは1キロワット当たり16円になる。この国際環境NGOによる福島原発事故の経済的損失と負担についての2011年10月の政府批判「声明：原子力発電コスト過小評価に異議　原発事故損害費用は桁違い！」は、その後の経過をみると的確であり、その批判的試算の方が現実的数字であることが確認できる。[41]

福島原発事故後、これまでの経済産業省のなかにあった原子力安全・保安院は解体され、環境省の新たな外局として2012年9月に原子力規制委員会が発足した。原子力規制委員会は原発の新規制基準を策定し、地震や津波から原発を守るために全国の原発の安全対策強化を求めた。その結果、電力各社が原子力発電所の安全対策に投じる追加費用は、原発を持たない沖縄電力を除く10社合計で総額2兆2000億円に達することが明らかになった。新規制基準の施行時の2013年7月時点での10社の安全対策費用は総額約1兆5000億円であったが、約1・5倍に膨らんだことになる。たとえば、九州電力は2014年4月、規制委員会が優先審査の対象とした鹿児島県の川内原発の1・2号機の海水ポンプを津波から守る防護壁の建設などのため、安全対策費用を1000億円上積みした。新潟県の柏崎刈羽原発6・7号機が審査中の東京電力も、事故時に放射性物質の流出を抑えるフィルター付き排気（ベント）設備の設置や火災対策の強化などを求められ、3200億円としてきた費用を4700億円に増額した。2014年2月に静岡県の浜岡原発4号機の審査を申請した中部電力も防護壁の建設や配管の補強工事などを進めた結果、安全費用は3000億円となり、2013年7月時点から倍増した。[42]

このように、福島原発事故後は、原子力規制委員会が発足し、原発の新規制基準を施行して原発施設の安全強化のため追加投資させているが、この追加投資はやがて各社の電力料金に反映され、国民負担となる。また、これで原発の安全が完全に保証されたわけでもない。

実際、原子力規制委員会のホームページの「新規制基準について」を参照すると、次のように公表されている。

今回の新規制基準は、東京電力福島第一原子力発電所の事故の反省や国内外からの指摘を踏まえて策定されました。以前の基準の主な問題点としては、

・地震や津波等の大規模な自然災害の対策が不十分であり、また重大事故対策が規制の対象となっていなかったため、十分な対策がなされてこなかったこと

・新しく基準を策定しても、既設の原子力施設にさかのぼって適用する法律上の仕組みがなく、最新の基準に適合することが要求されなかったこと

などが挙げられていましたが、今回の新規制基準は、これらの問題点を解消して策定されました。この新規制基準は原子力施設の設置や運転等の可否を判断するためのものです。しかし、これを満たすことによって絶対的な安全性が確保できるわけではありません。原子力の安全には終わりはなく、常により高いレベルのものを目指し続けていく必要があります。(43)

このように、その最後で「これを満たすことによって絶対的な安全性が確保できるわけではありません」とわざわざ強調している。

2014年7月16日、九州電力が提出した鹿児島県の川内原発1・2号機の設置変更許可申請に対して「新たな規制基準に適合している」との審査書(案)を発表した後の原子力規制委員会の記者会見において、田中俊一委員長は「新規制基準を満たしたから(原発は)安全とは言えない」と述べている。まさに、上記のホームページの「これを満たすことによって絶対的な安全性が確保できるわけではありません」という説明と同じ意味である。ところが、安倍首相をはじめとする政府関係者は「世界一の日本の安全基準」あるいは「世界最高水準の日本の安全基準」という決まり文句を何度も公言している。当日の記者会見で田中委員長は「世界一の安全基準という言葉は政治的な発言」であるとも述べたが、それは田中委員長自らが政府関係者の発言がプロパガンダであることを認めているのである(44)。

実際、原子力規制委員会の「新規制基準」に対する国民の疑問が司法の場においても裁かれ、その問題点が明らかにされた。2015年4月15日に関西電力高浜原発3・4号機の再稼働をめぐる住民からの訴えに対し、福井地方裁判所は即時差し止めを命じた仮処分決定の判決を出した。その判決では、原子力規制委員会の「新規制基準」は規制条件が緩やかに過ぎ、これに適合しても原発の安全性は確保されるものではなく、「新規制基準」は合理性を欠くものであると明言した。その決定の根拠の1つとしては、「新規制基準」の原発の耐震設計の基本になる基準地震動(想定される最大規模の地震の揺れ)の700ガルという数値(ガルは揺れの勢いを示す加速度の単位)の信頼性を検討したところ、2005年以降の地震のうち全国4原発で5回、想定の地震動を超えていることを重視し、基準地震動は算出しうる一番大きな揺れの値なのではないとする専門家の意見も挙げ、基準地震動は理論面でも信頼性を失っているとした。また、700ガル未満の地震でも、外部電源が断たれたり、給水ポンプが壊れたりして冷却機能が失われ、炉心損傷に至る切迫した危険があるとした[45]。

しかし、一方では、2015年4月22日に鹿児島地方裁判所は、もっとも早く再稼働の手続きが進んでいた鹿児島県の川内原発1・2号機について、新規制基準に不合理な点は認められないなどとして、再稼働に反対する住民が行った仮処分の申し立てを退ける決定を出した。その判決は九州電力側の主張をほぼそのまま認めたものであり、新規制基準について十分に科学的検討を行ったものではないとの訴えた住民側からの批判がある[46]。特に、今回の裁判の重要な争点の1つであった火山対策（巨大噴火の可能性）について、藤井敏嗣・火山噴火予知連絡会長（東京大学名誉教授）は、「可能性が十分に小さいとは言えないと考える火山学者も一定数存在するが、火山学会の多数を占めるものとまでは認められない」とする鹿児島地裁の決定に対して「今回の決定では、火山による影響について、『国の新しい規制基準の内容に不合理な点は認められない』としている。しかし、現在の知見では破局的な噴火の発生は事前に把握することが難しいのに、新しい規制基準ではモニタリングを行うことでカルデラの破局的な噴火を予知できることを暗示するなど、不合理な点があることは火山学会の委員会でもすでに指摘しているとおりだ。また、火山活動による原発への影響の評価について、火山の専門家が詳細な検証や評価に関わったという話は聞いたことがない」と否定的意見を表明している[47]。

このように、新規制基準は不十分な安全基準であり、もっぱら原発施設に関係するものであり、またそれには原発事故発生時の住民の避難計画は含まれておらず、それに関係する費用は計画外である。さらにまた、それには大規模な火山噴火による原発施設の被害もまったく想定されていない。国民や住民にとって、まさに新規制基準を満たしても原発は安全ではないのである。

さらに、この新規制基準とは別な問題も原子力規制委員会は抱えている。それは2014年6月に問題となった委員の交代であった。同年9月に2年間の任期切れとなる元地震予知連絡会会長の島崎邦彦委員長代理と元国連大使の大島賢三委員の2人を再任せず、後任に元日本原子力学会会長の田中知《さとる》・東京大学教授と元日本地質学会会長の石渡明・東北大学教授を充てる人事問題であった。特に田中教授は、原発メーカーや電力会社などでつくる原発推進の業界団体「日本原子力産業協会」の理事を2011～12年に務め、2011年度には東電の関連団体「東電記念財団」から50万円以上の報酬、原発メーカーの日立GEニュークリア・エナジーなどから研究費の奨学寄付として110万円を受け取るなど、「原発マネー」を受け取っていた「原子力ムラ」の代表的学者の一人であった。公平性と中立性を求められる原子力規制委員会委員の「欠格要件に抵触」する人物として多くの批判が集中したが、結局は自民党と公明党の与党側の多数により、野党側の反対があったにもかかわらず、この人事案は国会で通過した(48)。

さて、福島原発事故の被害は経済的損失だけではない。原発事故によって居住地域を追われて苦しい避難生活で健康を失い死亡した住民、あるいは自死に追い込まれた住民のことも忘れてはならない。福島県の発表によれば、2014年3月7日時点で、福島県内で津波と地震の直接の影響によって死亡した人は1603人、これに対して、避難の長期化に伴って体調を崩すなどして死亡し、「震災関連死」に認定された人は1671人であり、「直接死」を上回っていた。福島県の「震災関連死」の人数は宮城と岩手の合計よりも多く、このことは、震災の要因以外に、原発事故によって多くの人がふるさとを追われ、見知らぬ土地で先行きのみえない避難生活を送るという、福島県特有の状況も大きく影響しているとみられる[49]。

3 原発の経済性

最後に、原発の経済性について少し言及する。原発の経済性については、1つには原発の発電コスト、2つには原発の政策的社会的コストの2つの面からの分析が必要である[50]。

政府が公表した発電コストについての数字をみると、2004年に経済産業省総合資源エネルギー調査会がまとめたものがある。それによると、1キロワット時当たりの発電コストは、原子力が5・3円、水力が11・9円、石油火力が10・7円、LNG火力が6・2円、石炭火力が5・7円であり、この数字では確かに原子力の5・3円が一番安いものとなっている。

しかし、大島堅一（立命館大学教授）は、1970年度から2007年度までの電力会社の発電費用についての試算を公表している。その試算は「有価証券報告総覧」や国の1970年度から2007年度の予算を基にした実績値を計算したものである。大島試算によれば、発電の1キロワット時当たりのそれぞれの数字についてみると、原発の発電コストは10・68円、火力が9・90円、水力が7・26円、一般水力が3・98円、揚水が53・14円、原子力プラス揚水が12・23円であった。つまり、前の経済産業省の原発の計算値の5・3円の約2倍が実際の原発の経済コストであった。しかも事故の場合の被害額と損害補償額を含んでいない数字である[51]。

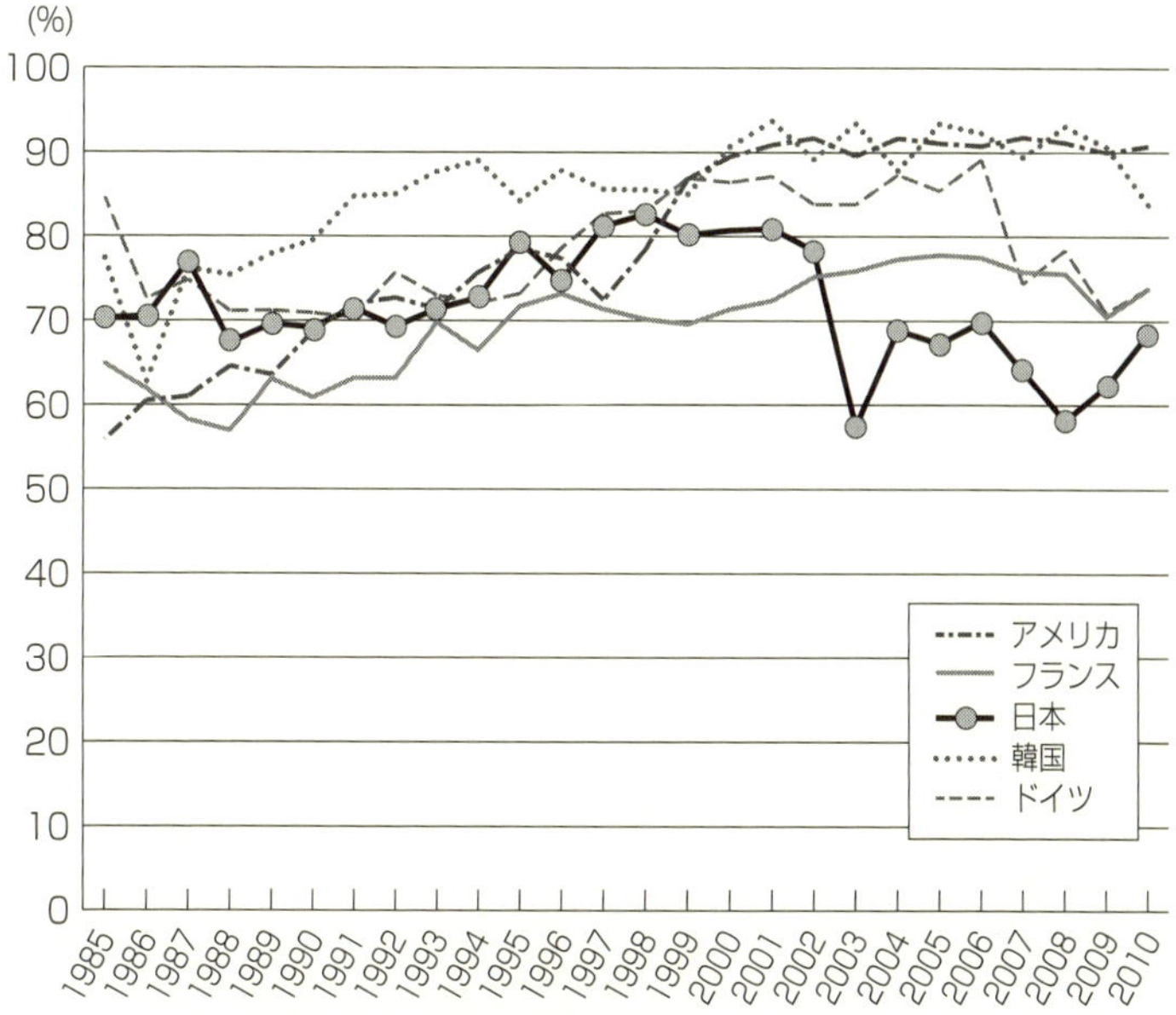

図１　先進国の原発設備稼働率の推移（1985～2010年）

出典）IAEA「Power Reactor Information System（PRIS）」を基に作成。
出所）経済産業省『エネルギー白書2014年版』第222-2-3図より。

２００４年の経済産業省が公表した計算にはいくつかの問題点が指摘されている。すなわち、第一に、原発の設備利用率を高く見積もっていること（80％の設備利用率、40年運転）、第二に、原発に対する各種の財政的負担を計算に入れていないこと、第三に、発電後の使用済燃料の処分費用（原発のバックエンド費用、いわゆる「後始末費用」）について甘く想定していることである。

第一の原発の設備利用率（稼働率）についてみると、日本は他の先進国と比較すると著しく低かった。図１は、１９８５年から２０１０年までの各国の原発の稼働率の推移を示したものである。日本の原発の稼働率は、1990年代後半が80％程度であるが、それ以外は、50％台後半から70％前後で推移し、他の先進国（アメリカ、ドイツ、韓国）と比較すると著しく低かったことが確認できる。

第二の各種の財政的負担（政策的コスト）のなかでも、原発推進政策のために地方自治体に流れた「原発マネー」は、1974年に制定された「電源三法」（電源開発促進税法、電源開発促進対策特別会計法、発電用施設周辺地域整備法の総称）によって莫大なものとなっていた。毎日新聞の調査（2011年8月19日付の記事）によれば、1966年以降の「原発マネー」は総額約2兆5000億円であった。また、2012年2月6日のNHKの報道（および2012年3月8日放映NHKスペシャル「調査報告　原発マネー3兆円は地域をどう変えたか？」）によれば、原発や関連施設のある13の県と北海道、それに30の市町村合わせて44の立地自治体を取材したところ、その総額は、原発の建設が始まった昭和40年代（1960年代半ば以降）から、これまでに少なくとも3兆1120億円に上っており、自治体への電力会社からの寄付金も1600億円を超えていた。[52]

第三の原発のバックエンド費用（原発の後始末費用）は一体どのくらい必要とされるのか。これは原発の政策的社会的コストの重要な1つである。政府の2004年の報告書（総合資源エネルギー調査会電気事業分科会コスト等検討小委員会）によれば18兆8000億円とする推計額が出されているが、その政府推計は非常に楽観的過ぎるものであるという批判がある。たとえば、別の試算では、40年間で推計74兆円である。しかし、最大の問題は、実際の原発の後始末は、40年間では済まないということである。実際には、原発の核廃棄物の最終処分には数百年単位、数千年単位、数万年単位の時間が必要である。その社会的費用はどのくらいになるか。それはあまりに巨額過ぎて計算不可能である。

さらに、原発の政策的社会的コストについてみると、まだまだ残されたものがある。その1つは、福島原発事故による損害賠償や除染作業を含む事故費用（事故コスト）であり、2つには原発の「新安全基準」を満たす「安全対策費用」であり、3つには50基の既存原発の今後の廃炉費用である。[53]

政府は東電に対して1兆円（2012年5月時点）の資本注入を行った。東電によれば、事故収束に10兆円（2013年3月時点）が必要とされている。しかし、福島原発事故の除染費用、廃炉費用は不透明で不確実であり、前にみたように、損害賠償を含む事故費用総額は少なくとも11兆円以上かかり、現実的には20兆円を超える可能性が高い。

また、原発の「新基準」を満たす「安全工事費用」は2012年7月の見込みでは最低1兆円が必要とされていたが、前にみたように、その後その費用はかさみ電力会社10社の安全対策工事の追加費用は約2兆2000億円に達する。さらに、日本の50基の既存原発の今後の廃炉費用については、現在のところまったく不確定である。

以上のように、「原発の経済性」を多面的に考察したところ、日本国民にとって、人類にとって、中長期の視点に立てば、原発はまったく割に合わない巨大科学技術産業であることが明確である。

注

（1）経済産業調査室・課「福島第一原発事故と4つの事故調査委員会」『調査と情報』国立国会図書館、第756号、2012年8月23日、2〜3頁。

一般財団法人・日本再建イニシアティブ『福島原発事故独立検証委員会　調査・検証報告書』ディスカヴァー、

２０１２年。

（２）経済産業調査室・課「福島第一原発事故と４つの事故調査委員会」、２〜３頁。http://www.tepco.co.jp/cc/press/betu12_j/images/120620j0303.pdf

（３）経済産業調査室・課「福島第一原発事故と４つの事故調査委員会」、２〜３頁。http://dl.ndl.go.jp/view/download/digidepo_3526040_po_0756.pdf?contentNo=1

東京電力福島原子力発電所事故調査委員会『国会事故調報告書』徳間書店、２０１２年。http://warp.da.ndl.go.jp/info:ndljp/pid/3856371/naiic.go.jp/index.html

（４）経済産業調査室・課「福島第一原発事故と４つの事故調査委員会」、２〜３頁。http://www.cas.go.jp/jp/seisaku/icanps/post-2.html

（５）経済産業調査室・課「福島第一原発事故と４つの事故調査委員会」、４頁。

日本科学技術ジャーナリスト会議『４つの「原発事故調」を比較・検証する　福島原発事故13のなぜ？』水曜社、２０１３年、28〜37頁。

塩谷善雄『「原発事故報告書」の真実とウソ』文春新書、２０１３年、第２章、第４章。

（６）「吉田昌郎所長調書」（内閣官房のホームページより入手可能）。http://www.cas.go.jp/jp/genpatsujiko/hearing_koukai/hearing_koukai.html

日本科学技術ジャーナリスト会議、前掲書、54〜67頁。

塩谷善雄、前掲書、第６章。

（７）『毎日新聞』２０１４年11月12日21時17分（最終更新11月12日21時23分）。http://mainichi.jp/feature/20110311/news/20141113k0000m040084000c.html

『東京新聞』２０１４年11月13日付朝刊。http://www.tokyo-np.co.jp/article/national/news/CK2014111302000128.html

（８）「東日本大震災４年：５　原発事故調書は語る」朝日新聞２０１５年３月10日５時00分。http://digital.asahi.com/

articles/DA3S11641399.html?iref=comkiji_txt_end_s_kjid_DA3S11641399
（9）日本科学技術ジャーナリスト会議、前掲書、75～83頁。
塩谷善雄、前掲書、第１章。
（10）一般財団法人・日本再建イニシアティブ『福島原発事故独立検証委員会　調査・検証報告書』、３８３頁。
（11）東京電力福島原子力発電所事故調査委員会『国会事故調報告書』、12頁。
（12）経済産業調査室・課「福島第一原発事故と４つの事故調査委員会」、６頁。
（13）東京電力福島原子力発電所事故調査委員会『国会事故調報告書』、59頁。
（14）同上書、81頁。
（15）同上書、83頁。
岡田広行（東洋経済編集局記者）「原発事故訴訟で追い詰められる国と東電　のらりくらりの答弁に裁判長も不快感」２０１４年06月24日付。http://toyokeizai.net/articles/-/40895
（16）東京電力福島原子力発電所事故調査委員会『国会事故調報告書』、93～１０５頁。
（17）日本科学技術ジャーナリスト会議、前掲書、68～74頁。
（18）黒田光太郎・井野博満・山口幸夫編『福島原発で何が起きたのか　安全神話の崩壊』岩波書店、２０１２年、63～64頁。
（19）東京電力福島原子力発電所事故調査委員会『国会事故調報告書』、４６４頁。
（20）同上書、４８０頁。
（21）一般財団法人・日本再建イニシアティブ『福島原発事故独立検証委員会　調査・検証報告書』、３２４～３３２頁。
（22）福島原発告訴団のホームページより。http://kokuso-fukusimagenpatu.blogspot.jp/p/blog-page_17.htm
（23）添田孝史『原発と大津波　警告を葬った人々』岩波新書、２０１４年、75～80頁。
（24）同上書、34～35頁。
（25）同上書、38～39頁。

(26)『日本経済新聞』２０１３年12月18日12時13分。http://www.nikkei.com/article/DGXNASDG1801H_Y3A21C1CR0000/
(27) 時事通信　２０１４年７月31日13時38分。http://www.jiji.com/jc/zc?k=201407/2014073100370
(28) 添田孝史、前掲書、１８５頁。
(29) 同上書、94〜95頁、１８５〜１８６頁。
(30) 同上書、１８６頁。
(31)『東京新聞』２０１４年12月13日付朝刊。http://www.tokyo-np.co.jp/article/national/news/CK2014121302000114.html
(32)「原発事故、再び不起訴　東京地検」『朝日新聞』２０１５年１月23日付。
(33)「福島原発事故、再び刑事告発　東電関係者ら９人」共同通信　２０１５年１月13日12時52分。http://www.47news.jp/CN/201501/CN2015011301001708.html
(34) 福島原発告訴団ホームページより（２０１５年１月13日、ＨＰ確認）。http://kokuso-fukusimagenpatu.blogspot.jp
(35) 岡田広行（東洋経済編集局記者）「原発事故訴訟で東電の過失の有無が争点に　東電の門前払い戦略は不発、加害責任問われる事態も」２０１４年１月15日付。http://toyokeizai.net/articles/-/28349
(36)『日本経済新聞』２０１３年７月23日18時15分。http://www.nikkei.com/article/DGXNZO57685460U3A720C1E8000/
ＮＨＫ　２０１３年７月24日１時54分。http://www3.nhk.or.jp/news/genpatsu-fukushima/20130723/index_josennhiyou.html
(37)『東京新聞』２０１３年12月21日付。http://www.tokyo-np.co.jp/article/feature/nucerror/list/CK2013122102100004.html
(38)「除染費と東電損賠費の利息　最大１２００億円超国民負担に」『東京新聞』２０１５年３月24日朝刊。http://

www.tokyo-np.co.jp/article/economics/news/CK2015032402000119.html

「除染費用：回収計画に暗雲…東電株、想定価格の半値の状況」『毎日新聞』２０１５年３月23日21時19分（最終更新３月23日23時23分）。http://mainichi.jp/select/news/20150324k0000m020112000c.html

「東電への支援金９兆円、回収まで30年超　会計検査院試算」『日本経済新聞』２０１５年３月23日18時54分。http://www.nikkei.com/article/DGXLASFS23H3H_T20C15A3PP8000/

(39) ＮＨＫ「震災３年　原発事故の損害額11兆円超に」２０１４年３月11日15時16分。http://www3.nhk.or.jp/news/genpatsu-fukushima/20140311/1516_songaigaku.html

(40)『朝日新聞』２０１４年６月27日付の記事「原発コスト、国民に転嫁　火力より割高、専門家試算　賠償金、料金原価に組み込み」より。

(41) ＦｏＥ Ｊａｐａｎ「声明：原子力発電コスト過小評価に異議　原発事故損害費用は桁違い！」（２０１１年10月26日）http://www.foejapan.org/energy/eshift/111026.html

(42) 時事通信　２０１４年７月７日21時18分。http://www.jiji.com/jc/zc?k=201407/2014070500133

(43) 原子力規制委員会のホームページより（２０１５年４月15日確認）。https://www.nsr.go.jp/activity/regulation/tekigousei/shin_kisei_kijyun.html

(44) 藤野光太郎（ジャーナリスト）「規制委トップ、再稼働審査事実上合格の川内原発「安全とは言えない」　甘い基準露呈」http://biz-journal.jp/2014/08/post_5652.html

『毎日新聞』２０１４年７月16日20時18分（最終更新７月16日21時13分）

川内原発：田中規制委員長「安全だとは私は言わない」。http://mainichi.jp/select/news/20140717k0000m040063000c.html

(45)「高浜原発再稼働差し止め、福井地裁が仮処分決定」『読売新聞』２０１５年４月14日23時20分。http://www.yomiuri.co.jp/national/20150414-OYT1T50067.html

「『新基準、合理性欠く』高浜原発差し止め仮処分決定要旨」『朝日新聞』２０１５年４月14日16時34分。http://

www.asahi.com/articles/ASH4G5DGYH4GPTIL02C.html
（46）「川内原発　再稼働差し止め認めない決定」ＮＨＫ　２０１５年４月22日10時５分。http://www3.nhk.or.jp/news/html/20150422/k10010056571000.html
（47）「川内原発差し止め却下：新規制基準を全面肯定　鹿児島地裁」『毎日新聞』２０１５年４月23日00時10分。http://mainichi.jp/select/news/20150423k0000m040118000c.html
「川内原発　再稼働差し止め認めない決定」ＮＨＫ２０１５年４月22日10時５分。http://www3.nhk.or.jp/news/html/20150422/k10010056571000.html
（48）「原子力規制委に田中氏、自公同意へ　人選規定抵触の恐れ」『朝日新聞』２０１４年６月５日20時04分。http://www.asahi.com/articles/ASG654JFCG65UTFK00Q.html?ref=reca
「『欠格』規制委人事案　元原子力学会会長の田中知氏　元業界役員・原発マネーも」『しんぶん赤旗』２０１４年６月１日付。http://www.jcp.or.jp/akahata/aik14/2014-06-01/2014060115_01_1.html
（49）ＮＨＫ　２０１４年３月11日15時16分。http://www3.nhk.or.jp/news/genpatsu-fukushima/20140311/1516_son-gaigaku.html
（50）大島堅一『原発のコスト　エネルギー転換への視点』岩波新書、２０１１年、98～１０１頁。同著『原発はやっぱり割に合わない　国民から見た本当のコスト』東洋経済新報社、２０１３年、１０４頁。
（51）大島堅一『原発のコスト　エネルギー転換への視点』、１１２頁。同著『原発はやっぱり割に合わない　国民から見た本当のコスト』、１０７頁。
（52）中野洋一『原発依存と地球温暖化論の策略　経済学からの批判的考察』法律文化社、２０１１年、85～86頁。
（53）同上書、22頁。

第5章

原発産業と「原発マネー」

1 「原発マネー」と政治家・官僚の天下り

原発産業は日本の産業のなかでも巨大ビジネスの1つである。原発産業全体をみると、年間約2兆5000億円の国内市場規模となっている。その内訳は、電力会社からメーカーやゼネコンなどへ流れる原子力産業が年間約2兆円、国から原発のある自治体や外郭団体へ流れる原子力関係予算が年間約4500億円である。(1) たとえば、2011年度の原子力関連予算概算要求額をみると、その合計額は4556億円であり、その主な内訳は、経済産業省が1898億円（約42％）、文部科学省が2571億円（約56％）、内閣府が17億円（約0・4％）である。経済産業省管轄下では原子力安全・保安院（2012年9月に廃止され、環境省の外局である原子力規制委員会が新設された）、資源エネルギー庁、原子力安全基盤機構（JNES）、総合資源エネルギー調査会など、文部科学省管轄下では大学の研究機関をはじめ日本原子力研究開発機構（原子力機構、JAEA）（日本原子力研究所（原研、JAERI）と核燃料サイクル開発機構が2005年統合された）など、内閣府では原子力委員会、原子力安全委員会などがそれぞれ属していた。(2)

また、日本の原発産業においては、他の主要産業と同様に、政治家（政）、電力業界（財）、官僚（官）、の「鉄の三角同盟」（鉄のトライアングル）が存在する。最初に、電力業界による政治家への政治献金から始まり、その見返りに政治家が官僚に働きかけて産業発展のための政策立案をする。さらに、官僚に対する見返りに産業界は天下りを受け入れる。こうして、三者の「利益共同体」が形成された。それに加えて、マスコミと学者の2つのグループがその「利益共同体」に参加し、こうして政・財・

官・報・学の強力な「原発共同体」(鉄のペンタゴン、5者同盟)が形成された。[3]

さて、電力産業と政治家の関係をみると、他の産業と同様に政治家に対する政治献金ですべてが始まる。それが後の政治家への「原発マネー」となる。

古賀純一郎の著作『政治献金　実態と論理』(2004年)によれば、1955年11月の自由党と日本民主党の「保守合同」(「55年体制」)から1993年まで、政治献金を媒介として長期政権政党であった自民党と財界の蜜月時代が続いた。最初は、銀行、鉄鋼、電力業界の基幹産業は財界主流派、政治献金のいわゆる「御三家」を形成し、自民党への政治献金の大きな部分を支えた。同時に、官僚と業界との間においては、省庁の「行政指導」や官僚の天下りの受け入れによって強いパイプがつくられ、こうして「日本株式会社」を支える政・財・官の「鉄の三角同盟」が完成した。1960年代後半からは、財界は、鉄鋼、銀行、電力業界の「御三家」に電機業界と自動車業界を加え、5業界による集団指導体制に入った。しかし、1974年に田中角栄総理の金脈問題への国民の批判が高まり、電力とガス業界が政治献金を中止し、表面上は脱落し、政治献金中止という歴史的な決断によって東京電力会長の木川田一隆(第4代社長)のクリーンなイメージが高まった。だが、それによって財界での電力業界の影響力はほとんど衰えることはなく、むしろ求心力を増していく。当時、経済界の実力者で構成する「産業問題研究会」(産研)が組織されたが、木川田東電会長はそのトップに座り、それを基盤に財界で絶大な権勢を誇った。表面上は政治献金を中止したが、実際には、電気事業連合会は「広告費」の名目で自民党の機関紙『自由新報』に毎年10億円も提供していた。[4]「広告費」であれば、届けも必要でなく、政治資金規正法にも抵触しない。その後、最近では、電力業界の政治献金は、役員の個人献金として組織的に継続されている。たとえば、2002年は、沖縄電力を除く9電力会社の役員のうち8割以上に当たる200人以上が財団法人国民政治協会に個人献金していた。金額は、概ね横並びで、会長・社長が30万円、副社長が24万円程度となっていた[5]。表1は、原発産業と関係する政治家を整理したものである。

これが示すように、原発産業との関係で歴史的に最重要人物は元首相中曽根康弘である[6]。彼は、正力松太郎元読売新聞社主とともに、日本の初期の原発推進において最大の貢献者であった。その貢献は、第一に1954年3月の衆議院にて原子力開発に関する最初の予算（原子力平和利用調査費予算2億3500万円）を通過・成立させたこと、第二に田中角栄内閣の通商産業大臣として1974年に「電源三法」（電源開発促進税法、電源開発促進対策特別会計法、発電用施設周辺地域整備法の総称）を制定したこと、第三に1986年のチェルノブイリ原発事故当時の総理大臣として日本の原発政策を推し進めたことである。また、2011年3月の福島原発事故当時、自民党は野党となっていたが、それまでは党内に3つあった原発族のグループを、2011年4月5日にエネルギー政策合同会議を発足させ、1つにまとめた。委員長に元中曽根派の甘利明、委員長代理に細田博之、副委員長に西村康稔、元東電副社長の加納時男などの顔ぶれとなっている。一方、当時の政権党であった民主党では、元東電労組委員長・元連合会長の笹森清、元関西電力労組委員長の藤原正司、元中曽根派の与謝野馨などの顔ぶれである。

東京電力の場合には、政治家との関係を深めるために、毎年20億円の交際費を使い、飲食だけでなく、政治家のパーティー券を購入し、それによって政治家との特別な関係を維持した[7]。実際、『朝日

表１　原発産業と政治家

中曽根康弘	元首相	原発産業の最大功労者の一人	
自民党エネルギー政策合同会議（2011年4月5日発足）			
甘利明	委員長	元経済産業大臣	（元中曽根派）
細田博之	委員長代理	旧通産省（現経産省）官僚	元官房長官
西村康稔	副委員長	旧通産省（現経産省）官僚	
加納時男	参与	元東電副社長、東電顧問	元参議院議員
高市早苗	事務局長		
佐藤ゆかり	事務局次長		
野田毅	顧問	元経済企画庁長官	（元中曽根派）
森英介	顧問	元川崎重工業	元法務大臣
民主党			
小林正夫	厚生労働政務官	元東電労組中央委員会書記	
笹森清	内閣特別顧問	元東電労組委員長、元連合会長（2011年6月4日死亡）	
藤原正司	経済産業委員長	元関西電力労組委員長	
松岡広隆		元関西電力	
川端達夫	元文部科学大臣	党原子力政策・立地政策プロジェクトチーム座長	
近藤洋介	党原子力政策・立地政策プロジェクトチーム事務局代理		
空本誠喜		元東芝	
直島正之	元経済産業大臣	党原子力政策・立地政策プロジェクトチーム顧問	
大畠章宏	前経済産業大臣	元日立	
無所属			
与謝野馨	経済財政担当大臣	元日本原子力発電	（元中曽根派）

出所）『週刊ダイヤモンド』2011年5月21日号、その他の報道より作成。

表2　東京電力が「優遇」した10人の政治家

自民党	麻生太郎 甘利明 大島理森 石破茂 石原伸晃
無所属	与謝野馨（元自民党、中曽根派）
たちあがれ日本	平沼赳夫（元自民党）
民主党	仙谷由人 枝野幸男 小沢一郎（元自民党）

出所）『朝日新聞』2012年1月8日付の記事「東電、10議員を『厚遇』　パーティー券多額購入」より作成。

新聞』は2012年1月8日付の記事「東電、10議員を『厚遇』パーティー券多額購入」において、東京電力が「厚遇」した10人の政治家の名前を明らかにしている（表2）。

その記事によれば、東京電力は電力会社を所管する経済産業省の大臣経験者や党実力者を重視し、議員秘書らのパーティー券の購入依頼に応じていた。1回当たりの購入額を、政治資金収支報告書に記載義務がない20万円以下に抑えて表面化しないようにするとともに、東電の関連企業数十社が、東電の紹介などにより、多数の議員のパーティー券を購入していたことも判明した。複数の東電幹部によると、東電は、電力業界からみた議員の重要度や貢献度を査定し、購入額を決める際の目安としていた。2010年までの数年間の上位ランクは、いずれも衆院議員で、自民では麻生太郎、甘利明、大島理森、石破茂、石原伸晃の5氏、元自民では与謝野馨（無所属）、平沼赳夫（たちあがれ日本）の2氏、民主では仙谷由人、枝野幸男、小沢一郎の3氏だった(8)。

また、『しんぶん赤旗』2011年9月18日付の記事「原発マネー　09年『原産協会』会員企業献金　自民7億　民主2300万」によれば、電力会社や原子力関連の企業、研究機関や大学、原発立地地域の自治体などでつくる社団法人「日本原子力産業協会」（原産協会、服部拓也理事長、元東京電力福島第一原子力発電所長・取締役、副社長）の会員企業が、自民、民主両党に、2009年の1年間に合わせて7億円を超す巨額献金を行っていたことも明らかになった。原産協会の前身は、初代原子力委員会委員長で「原子力の父」といわれる正力松太郎氏が呼びかけ、1956年3月に発足した日本原子力産業会議（原産）であり、戦後の財界・産業界に「大なる収穫」をもたらすものと原子力を位置づけ、電力会社や重電機メーカーを中心に、日本の基幹産業を網羅する350社以上が参加した。そして、2005年6月に改組・改革し、2006年4月に「日本原子力産業協会」が発足した。会員数は約480であり、2012年4月時点で、日本経団連の今井敬名誉会長が会長、東芝の西田厚聰会長が副会長である。

その記事によれば、2009年の政治資金収入報告書を調査したところ、原産協会の会員企業から自民党の政治資金団体である「国民政治協会」への献金は、原子炉メーカーの東芝、日立が各3850万円、原発建設に使われる鉄鋼を供給する新日鉄が2000万円、原発を建設するゼネコンの大成建設が1226万円など、総額7億815万4000円に上っており、一方、民主党の政治資金団体「国民改革協議会」には、原子炉メーカーの三菱重工業が500万円、核燃料の調達をする住友商事が200万円など計2350万円であった。原産協会は、会員企業へのアンケート調査「原子力発電に係る産業動向調査」を毎年実施しているが、2009年の調査によると、東電など電力各社から、加盟企業への原発関係支出は約2兆1353億円に上っており、支出先の内訳は、原子炉メーカーの東芝など「精密機械、電気機械、機械」が約6300億円、原発建設に使われる鉄鋼やコンクリートを供給する業界が約3200億円、原発を建設するゼネコン業界が約3080億円などであったと説明している(9)。

また、『毎日新聞』も2012年1月22日付の記事「この国と原発：第4部・抜け出せない構図　政官業学結ぶ原子力マネー」において「原発マネー」の特集を掲載した。

その『毎日新聞』の特集記事によれば、政治献金については、経営陣は自民党へ、労働組合側は民主党へと、電力業界は労使双方が2大政党に資金を提供し続けてきた。原発を持つ電力9社やその子会社の経営陣らは2009〜2010年に、個人献金の形で自民党側へ約8000万円を提供したとみられる。また電力各社の労組と労組を母体とする政治団体計21団体が、2009〜2010年に民主党の総支部や党所属国会議員へ提供した資金も少なくとも6876万円に上る。電力会社の名簿と氏名が一致する個人献金を国民政治協会の政治資金収支報告書から拾うと、2009年分約4500万円、2010年分約3500万円に達する。2010年についてみると、東京電力の場合、勝俣恒久会長と清水正孝社長（当時）は30万円だった。役員は社外取締役・社外監査役を除く21人全員の氏名が収支報告書にあり、執行役員は5万円、本社の部長や子会社役員は3万円、本社の部長代理クラスや支社長の一部も1万円を献金していたとみられる。東電とその子会社で、名簿と氏名が一致する献金者は300人を超え、総額は約1000万円だった。同じく、2010年においては、中部電力関係者が約500万円、四国電力関係者も約400万円の献金をしていたとみられる。電力各社の労組とその上部団体である電力総連、労組を母体とする政治団体は、民主党国会議員や党総支部に献金したり、パーティー券を購入するなどした。総額は少なくとも2009年に3591万円、2010

年に3285万円であり、資金提供を受けた民主党国会議員は2年間で少なくとも30人に上る。同じく、2010年においては、電力総連の政治団体「電力総連政治活動委員会」が、東電労組出身の組織内議員、小林正夫参院議員（比例）の同年の選挙支援に計2650万円を拠出し、また同政治活動委員会など電力総連関連の13政治団体が、民主党原子力政策・立地政策プロジェクトチーム座長だった川端達夫総務相関連の政治団体のパーティー券を166万円分購入した。「中部電力労組政治連盟」は、岡田克也副総理のパーティー券を2009年、2010年ともに26万円分購入した。[10]

さらに同特集は、2009年度の原子力関係団体への官僚の天下りと補助金の現状も明らかにした（表3）。これによれば、2009年度の39の原子力関連団体の補助金の合計は3669億円であり、その官僚の天下りは20団体、合計60人であり、経済産業省原子力安全・保安院や旧科学技術庁の出身者が、役員報酬のある団体の会長や理事に就いているケースが多かった。また、後で詳しくみるが、原子力安全委員会の元委員が役員に迎えられているケースもあり、それは原発関連の公的機関委員の中立性と公平性が疑われる重要な問題である。

都道府県が所管する外郭団体の多くは、原子力発電の安全性を地元にアピールする広報事業を実施している。福島第一原発事故で警戒区域に指定されている福島県大熊町にある「福島県原子力広報協会」には、県と原発周辺の6市町から委託料として年間約1億円が支払われていたが、事故後は休眠状態となり、2012年2月16日の理事会において全会一致で解散が決定した。[11]

表3のその他の5つの関連団体を含めると、官僚の天下りの合計は67人となる。その関連団体の代表者をみると、官僚の天下りに加えて、東京電力や関西電力などの電力会社と日立や東芝などの原発

表３　原子力関係団体への天下りと補助金（2009 年度）

団体名	天下り	補助金等の額	代表者
日本原子力研究開発機構	5	2,004 億 9,645 万円	鈴木篤之（元東京大学教授・原子力安全委員会委員長）
科学技術振興機構	1	1,114 億 200 万円	中村道治（元日立製作所代表執行役）
原子力安全基盤機構	3	221 億 9,039 万円	曽我部提洋（元通産省産業検査所長・西部ガス常務）
放射線医学総合研究所	2	162 億 9,881 万円	米倉義晴（元福井大学教授）
環境科学技術研究所	0	30 億 2,157 万円	嶋昭紘（東京大学名誉教授）
核物質管理センター	2	29 億 2,172 万円	松浦祥次郎（元原子力安全委員長）
原子力環境整備促進・資金管理センター	2	20 億 9,616 万円	並木育朗（元東京電力執行役員）
原子力安全技術センター	4	16 億 4,249 万円	石田寛人（元科学技術庁事務次官）
エネルギー総合工学研究所	10	15 億 9,812 万円	白土良一（元東京電力副社長）
日本分析センター	2	11 億 3,822 万円	佐竹宏文（元科学技術庁原子力安全局長）
海洋生物環境研究所	3	8 億 2,893 万円	弓削志郎（水産庁次長）
大阪科学技術センター	0	5 億 5,070 万円	生駒昌夫（関西電力副社長）
原子力安全研究協会	0	5 億 4,724 万円	矢川元基（東京大学名誉教授）
日本立地センター	5	5 億 458 万円	岡村正（元東芝会長）
日本原子力文化振興財団	3	3 億 2,271 万円	秋元勇巳（元三菱マテリアル会長）
若狭湾エネルギー研究センター	2	3 億 152 万円	旭信昭（元福井県副知事）
放射線影響協会	1	2 億 8,831 万円	樋口公啓（元東京海上火災保険会長）
放射線利用振興協会	0	2 億 1,935 万円	田中治（元日本原子力研究所副理事長）
日本電気工業会	0	7,800 万円	下村節宏（三菱電機会長）
発電設備技術検査協会	2	7,371 万円	佐々木宣彦（元原子力安全・保安院長）
原子力研究バックエンド推進センター	2	5,345 万円	菊池三郎（元核燃料サイクル開発機構理事）
高度情報科学技術研究機構	0	2,998 万円	田中俊一（原子力委員会委員長代理）
原子燃料政策研究会	0	0 円	西澤潤一（首都大学東京名誉教授）

火力原子力発電技術協会	1	0円	相澤善吾（東京電力副社長）
電力土木技術協会	7	0円	藤野浩一（開発設計コンサルタント相談役）
日本アイソトープ協会	2	0円	有馬朗人（元東京大学総長・文部大臣）
日本原子力産業協会	1	0円	今井敬（元新日鐵会長・日本経済団体連合会名誉会長）
原子力弘済会	0	0円	飯塚幸治（元日本原子力開発機構労務部次長）
（以下、地方自治体関係）			
むつ小川原地域・産業振興財団	0	0円	
むつ小川原産業活性化センター	0	0円	
下北北通り地域振興財団	0	0円	
福島県原子力広報協会	0	1億603万円	
茨城原子力協議会	0	7,286万円	
げんでんふれあい茨城財団	0	0円	
柏崎原子力広報センター	0	4,226万円	
福井原子力センター	0	1,050万円	
げんでんふれあい福井財団	0	0円	
能登原子力センター	0	3,733万円	
伊方原子力広報センター	0	3,299万円	
合計	60	3,669億638万円	
（その他）			
電源地域振興センター	2	21億8,300万円	八木誠（関西電力社長）
電力中央研究所	---	13億900万円	各務正博（元中部電力副社長）
日本エネルギー経済研究所	2	5億3,400万円	豊田正和（元経産省経済産業審議官）
放射線計測協会	1	1億9,800万円	今井榮一（元日本原子力研究所理事）
海外電力調査会	2	1億3,800万円	佐竹誠（元東京電力常務）

注）ただし、環境科学技術研究所の30億2157万円は自治体からの資金である。その他の関係団体は事業委託と補助金の合計である。

出所）『毎日新聞』2012年1月22日付の記事「この国と原発：第4部」と『別冊宝島1821号日本を破滅させる！　原発の深い闇2』2011年、85〜86頁より作成。

表 4　電力会社への官僚の「天下り」

北海道電力	
山田範保	環境省大臣官房審議官
松藤哲夫	工業技術院総務部長
村田文男	資源エネルギー庁石炭部長
千頭清之	特許庁総務部長
岡松成太郎	商工次官
東北電力	
西村雅夫	中小企業庁次長
佐々木恭之助	東北通商産業局長
松田康	資源エネルギー庁長官官房審議官
黒田四郎	名古屋通商産業局長
中川理一郎	鉱山石炭局長
宮脇参三	東北地方商工局長
奥田新三	商工次官
東京電力	
石田徹	資源エネルギー庁長官
白川進	基礎産業局長
川崎弘	経済企画審議官
増田寛	通商産業審議官
石原武夫	通商産業事務次官
北陸電力	
荒井行雄	国土庁長官官房審議官
上村雅一	中国通商産業局長
高橋宏	四国通商産業局長
和田文夫	公益事業局技術長
江上龍彦	科学技術庁振興局長
三ツ井新次郎	商工技監
中部電力	
小川秀樹	防衛省防衛参事官
水谷四郎	生活産業局長
新井市彦	国際科学技術博覧会協会事務次長
長橋尚	公益事業局長
関西電力	
中川哲郎	経済審議庁審議官
迎陽一	大臣官房商務流通審議官
岩田満泰	中小企業庁長官
長田英機	中小企業庁長官
岩本令吉	大阪工業技術試験所長
柴田益男	資源エネルギー庁長官
井上保	公益事業局長
上野幸七	通商産業事務次官
鶴野泰久	公益事業局公益事業課長
中国電力	
末廣恵雄	資源エネルギー庁長官官房審議官
松尾泰之	広島通商産業局長
進淳	科学技術庁長官官房長
四国電力	
中村進	原子力安全・保安院首席統括安全審査官
落田実	工業技術院総務部技術審議官
有岡恭助	国土庁長官官房審議官
田中好雄	科学技術庁振興局長
九州電力	
掛林誠	通商政策局通商交渉官
横江信義	大臣官房審議官
井上宣時	大臣官房審議官
川原能雄	特許庁長官
香田昭	公益事業部ガス保安課長
安達次郎	公益事業局長
小出栄一	経済企画事務次官
沖縄電力	
遠藤正利	中小企業事業団機械保険部長
小野英三郎	中部通商産業局公益事業北陸支局長
仲井眞弘多	工業技術院総務部技術審議官
久慈偉夫	資源エネルギー庁長原子力産業立地企画官

注）経産省公表データから作成。表は主要 10 社分。名前の右欄は最終官職。通産省、商工省 OB も含む。

出所）『週刊現代』2011 年 5 月 21 号より作成。

企業の経営者、後で詳しくみる東京大学教授などの「原発御用学者」の名前が連なっている。

福島原発事故の発生の後、国民の批判の高まりを受けて、経済産業省は2011年5月2日に経済産業省から電力会社への天下りが過去50年間で68人であったとの調査結果を発表した（表4）。

この調査では経済産業省（前身の通商産業省、商工省を含む）の元職員で、再就職先で常勤の役員か顧問だった人物を対象とし、電源開発については、2003年（平成15年）10月に民営化されてからの在籍者を集計した。天下りの人数は北海道電力5人、東北電力7人、東京電力5人、北陸電力6人、中部電力4人、関西電力9人、中国電力3人、四国電力4人、九州電力7人、沖縄電力4人、日本原子力発電8人、電源開発6人であり、このうち13人が2011年5月時点で、顧問や役員などの肩書で勤務している[12]。

2 「原発マネー」と地方自治体

『毎日新聞』（2011年8月19日付）の調査によれば、1966年以降の地方自治体への「原発マネー」の合計は、判明分だけで、2兆5000億円に上ることが明らかにされた（表5）[13]。

その『毎日新聞』の記事によれば、「原発マネー」の中心は1974年に成立した「電源三法」（電源開発促進税法、電源開発促進対策特別会計法、発電用施設周辺地域整備法の総称）に基づく交付金と原発などの施設に市町村が課税する固定資産税でそれぞれ約9000億円であり、原発を抱える全13道県が電力会社から徴収する核燃料税も6700億円に上った。電力会社からの寄付も把握分だけで530億

表５　地方自治体へ流れた「原発マネー」（『毎日新聞』調査 1966 年以降の判明分）

電源三法交付金総額	9,152 億 8,300 万円
道県の核燃料税	6,749 億 6,820 万円
原発に伴う市町村税	8,920 億 1,299 万円
電力会社からの寄付	530 億 3,814 万円
合　計	2 兆 5,353 億 233 万円

核燃料税を導入している道県の累計税収額（2010 年度までの累計額）

	税収額	導入年度
北海道	139 億　900 万円	1989
青森県	1,362 億　円	1993
宮城県	158 億 5,115 万円	1983
福島県	1,238 億 3,581 万円	1978
新潟県	522 億 7,900 万円	1985
茨城県	258 億 7,000 万円	1978
静岡県	370 億 2,500 万円	1980
石川県	93 億 2,900 万円	1993
福井県	1,568 億　円	1976
島根県	166 億 3,324 万円	1980
愛媛県	264 億 9,400 万円	1979
佐賀県	350 億 6,000 万円	1979
鹿児島県	256 億 8,200 万円	1983
合計	6,749 億 6,820 万円	

市町村が受け取った「原発マネー」（判明分）

	金　額	年　度	人　口	財政力指数
北海道泊村	642 億　円	1980～2010	1,960	1.17
青森県東通村	407 億 6,644 万円	1990～2009	7,403	1.144
宮城県女川町	204 億　400 万円	1980～2009	10,232	1.41
宮城県石巻市	2,413 億 1,070 万円	1980～2010	163,594	0.51
福島県双葉町	161 億 1,308 万円	1974～2010	7,178	0.78
福島県大熊町	1,012 億 5,655 万円	1966～2010	11,405	1.5
福島県富岡町	241 億 4,286 万円	1974～2010	15,868	0.92
福島県楢葉町	882 億 1,398 万円	1974～2010	8,061	1.12
新潟県柏崎市	2,398 億 2,401 万円	1978～2009	91,577	0.789
新潟県刈羽村	957 億　297 万円	1978～2010	4,892	1.49
茨城県東海村	205 億 3,122 万円	1975～2009	37,405	1.687
静岡県御前崎市	423 億 2,677 万円	1975～2010	34,762	1.265
石川県志賀町	724 億 7,844 万円	1980～2010	23,645	0.96
福井県敦賀市	512 億 4,319 万円	1974～2010	67,909	1.064
福井県美浜町	704 億　円	1966～2010	10,793	0.732
福井県おおい町	322 億 2,336 万円	1974～2009	8,809	1.04
福井県高浜町	1,135 億　413 万円	1969～2010	11,212	0.94
島根県松江市	600 億 5,400 万円	1976～2010	192,049	0.584
愛媛県伊方町	819 億 3,738 万円	1970～2009	11,710	0.54
佐賀県玄海町	265 億 4,102 万円	1975～2010	6,550	1.494
鹿児島県薩摩川内市	325 億　379 万円	1978～2010	100,674	0.47

出所）『毎日新聞』2011 年 8 月 19 日付の記事より作成。

円もあった。標準的な行政に必要な財源のうち独自の収入で賄える割合を示す「財政力指数」の全国平均は0・55（2009年度決算）で、町村では0・1台の所も多いが、原発立地21市町村では、過半数の11の自治体が1を超え、他も1に近い所が大半と、立地自治体の豊かさが目立っている。「原発マネー」はインフラや公共施設の整備に使われてきたほか、近年は福祉や教育など住民生活に密着した分野にも活用が進んでおり、北海道泊村が財源の5割を依存するなど、どの立地自治体も「原発マネー」へ強く依存していた。(14)

表5から、九州地域をみると、核燃料税は、佐賀県が350億6000万円（1979年以降の累積額）、鹿児島県が256億8200万円（1983年以降の累積額）であった。また、市町村が受け取った「原発マネー」は、佐賀県玄海町（人口6550人）が265億4102万円、鹿児島県薩摩川内市（人口10万674人）が325億379万円であった。

しかし、『朝日新聞』2012年2月16日付の記事「（玄海）町長弟の会社、11億円受注『原発マネー』9割　玄海町工事、2年間」によれば、玄海原発がある玄海町の岸本英雄町長の実弟が社長を務める建設会社「岸本組」（本社・同県唐津市）が、2010～11年度に町発注工事計約11億4000万円を受注していたことが明らかになった。岸本組の町工事受注額は、2010年度が13件、約4億7000万円、2011年度は12年1月までに7件、約6億7000万円であった。電源立地地域対策交付金や佐賀県核燃料サイクル補助金などを財源とする事業の受注額は約10億6000万円で、全体の約93％を占めた。玄海町が町づくりの柱と位置づける「次世代エネルギーパーク」（約6億2000万円）、「薬用植物栽培研究所」関連工事（約1億8000万円）なども含まれていた。岸本組は、町内の土木工事で唯一、6000万円以上の工事を受注できる「特A」ランクであり、町内の12指名業者のうち町工事受注額は1位であった。岸本組は1994~2009年度の16年間で、九電発注工事を少なくとも約54億円分、町発注工事も約23億7000万円分受注していたことがわかっている。岸本町長は2006年8月に就任し、2011年度の資産報告書によると、岸本組の7270株を保有している。⑮

さらに、『朝日新聞』2012年1月4日付と3月13日付の記事によれば、岸本英雄玄海町長は2006年8月の就任以来、2011年9月までに資源エネルギー庁職員ら27人と東京都内の洋食店などで11回会食し、町長交際費から計44万290円を支出した。「官官接待」の相手は資源エネルギー庁職員25人と内閣府原子力委員会関係者2人であり、2009年8月には玄海町を訪れた原子力委員会の近藤駿介委員長らを町内のすし店で昼食の接待をした。その問題で国家公務員倫理法に触れる恐れもあるとして経産省が調査に乗り出しているとの報道である。⑯また、同紙2012年3月21日付の記事においても、岸本英雄町長が2011年の4~5月に古川康佐賀県知事に町特産のイチゴや牛肉など約1万5000円相当を、また九電幹部にも牛肉約2万5000円相当を贈っていたことも明らかになったとの報道もあった。⑰

さて、前の『毎日新聞』では、1966年以降の判明分の「原発マネー」の合計は少なくとも2兆5000億円に上るとされたが、翌2012年になって実態はさらに大きな額、3兆円規模であることが判明した。

それは、NHKの2012年2月6日の報道と2012年3月8日放映の特集番組（NHKスペシャル「調査報告：原発マネー ～3兆円は地域をどう変えたのか～」）であった。[18] それによれば、原発や関連施設のある13の県と北海道、それに30の市町村合わせて44の立地自治体を取材したところ、その「原発マネー」の総額は、原発の建設が始まった昭和40年代から、これまでに少なくとも3兆1120億円に上っており、地方自治体への電力会社からの寄付金も1600億円を超えていたということであった。

3 「原発マネー」とマスコミ

日本のマスコミにおいては、2011年3月の福島原発事故発生までは、長い間、原発批判は大きなタブーであった。この原発批判のタブーはどのように形成されたのか。この点については、電力業界が政界（当時の政権党自民党）に影響力を持つために行われた巨額の政治献金、特に、1974年以降、田中角栄首相への金権政治批判が高まった後に実行された事実上の政治献金である巨額の毎年の「広告費」（当時で約10億円）という方法とまったく同じ方法で、電力業界は、毎年巨額の各種の「広告費」をマスコミに流したのである。そうして原発の「安全神話」を作り上げ、マスコミを使って国民を欺いてきた。

1970年代には、日本各地で原発立地反対運動が盛り上がっていたが、電力業界のマスコミ対策も多額の「広告費」を利用して強力に進められた。1974年の夏に『朝日新聞』に打った10段の広告が全国紙初の原子力広告であった。これを機に他の全国紙と地方紙にも掲載され、『朝日新聞』と『読売新聞』には月1回、原子力広告が掲載され、続いて『毎日新聞』にも掲載された。それ以降、

表6　電力会社の広告宣伝費費と販売促進費（2009年度）

（単位：100万円）

会社名	広告宣伝費	販売促進費
東京電力	24,357	23,892
関西電力	19,871	5,903
東北電力	8,607	5,176
九州電力	7,986	11,232
中部電力	6,826	6,586
北陸電力	5,715	1,494
中国電力	5,187	2,395
北海道電力	4,732	－
四国電力	3,131	5,038
沖縄電力	515	591
電源開発	1,527	－
合　計	88,454	62,307

出所）日経広告研究所『有力企業の広告宣伝費2010年版』より作成。

大手新聞では反原発あるいは原発批判の記事はほとんど掲載されることはなくなった[19]。

表6は、2009年度の電力会社の広告宣伝費と販売促進費を示したものである。東京電力の広告宣伝費は約244億円、年間販売促進費が約239億円、合計約483億円であった。なかでも広告宣伝費は2009年度の日本の全企業上位500社リストの第15位である。過去5年をみても、2005年度が第16位、2006年度が第18位、2007年度が第16位であり、2008年世界金融危機の年度だけを除くと、ほとんど毎年上位20社リストに入っていた。また、東電にはこれとは別項目の「普及啓発費」も存在する。しかしその予算の詳細を公表してないが、200億円近い金額が計上され、その多くがマスメディアに流れているといわれている。2009年度の第1位のパナソニックの広告宣伝費が771億円、第2位の花王が547億円、第3位のトヨタ自動車が50

7億円、第4位の本田技研工業が433億円、第5位のKDDIが354億円であるので、これらの原発産業および電力業界の広告宣伝費の総額がいかに大きいかということがよくわかる。[20]

表7は、1970年度から2011年度までの電力9社の広告宣伝費を示したものである。1970年度から2011年度までの42年間の電力9社の広告宣伝費の総計は2兆4179億円に達する。1979年のアメリカのスリーマイル島の原発事故が起きた1970年代後半より電力9社の広告宣伝費は急増した。電力業界はメディアに巨費を投じて原発の推進や安全性を宣伝してきた。会社別では、最多は東京電力の6445億円、次いで関西電力の4830億円、東北電力、中部電力、九州電力の3社も2000億円台半ばだった。地域の独占企業である電力会社には競争相手が事実上いないのに、1990年代以降、普及開発関係費（広告宣伝費）は年間800億円から1000億円にも上っていた。

また、電力業界、原子力業界には多数の外郭団体、関連法人があり、それぞれ独自の広報予算を持っている。なかでも電力業界の司令塔といわれる業界団体・電気事業連合会は「啓発費」として年間300億円以上の広報予算を使っているとみられるが、詳細については公開されていない。さらには、経済産業省資源エネルギー庁や文部科学省にも原子力関連の広報予算があり、これらすべてを合計すると、原発産業が各種メディアに流してい

表7　電力9社の広告宣伝費（1970～2011年度）

（単位：億円）

北海道電力	1,266
東北電力	2,616
北陸電力	1,186
東京電力	6,445
中部電力	2,554
関西電力	4,830
中国電力	1,736
四国電力	922
九州電力	2,624
合計	24,179

出所）『朝日新聞』2012年12月28日付より。

表8　「愛華訪中団」の主な参加者リスト（2001年第1回〜2011年第10回）

		参加回数
（国会議員）		
江田五月	民主党参院議員	3回
坂井隆憲	自民党衆院議員	1回
日野市朗	民主党参院議員（故人）	1回
（連合関係）		
笹森清	元連合会長、内閣特別顧問（故人）	3回
（マスコミ関係）		
元木昌彦	週刊現代元編集長	7回
花田紀凱	週刊文春元編集長	6回
大林主一	東京新聞・中日新聞相談役	5回
赤塚一	週刊新潮元編集次長	3回
田中豊蔵	元朝日新聞論説主幹	3回
加藤順一	毎日新聞元本社編集局長	2回
恒川昌久	信州毎日新聞東京支社長	2回
淡川邦良	北海道テレビ常務	1回
平野裕	毎日新聞元専務	1回
鈴木隆一	ワック・マガジン社長	1回
藤井弘	情報化社会を考える会・事務局長	5回

出所）小松公生『原発にしがみつく人びとの群れ』新日本出版社、2012年、112頁、資料21と『別冊宝島1796号　日本を脅かす！　原発の深い闇』2011年、71頁より作成。

る金額は、年間2000億円に迫るものとなる。これらの状況がつくられていくのは、1970年代半ば以降、伊方原発建設反対運動などが盛り上がる時期以降のことである。当時、自民党、通産省（現在の経済産業省）、科学技術庁、電力業界、読売新聞、日本テレビ、フジサンケイグループなどが連携して、原子力のテレビCM解禁とマスコミへの広告拡大を強化してきたのである[21]。

電力業界とマスコミの構造的癒着を示す実例がある。実際、2011年3月11日の東京電力の福島第一原子力発電

表9　原子力・電力関連団体と大手メディアOB

（財）電力中央研究所	名誉研究顧問*	中村政雄	元読売新聞論説委員
	研究顧問	志村嘉一郎	元朝日新聞経済部記者
	同上	小邦宏治	元毎日新聞論説委員
	同上	小西攻	元NHK解説委員
（財）日本原子力文化振興財団	監事*	岸田純之助	元朝日新聞論説主幹
	『原子力文化』編集部	鶴岡光廣	元毎日新聞経済部記者
（社）日本原子力産業協会	理事*	鳥井弘之	元日本経済新聞論説委員
（社）海外電力調査会	特別研究員	新井光雄	元読売新聞編集委員
（財）日本エネルギー経済研究所	客員研究員*	同上	同上
NPO法人ネットジャーナリスト協会	事務局*	佐々木宏人	元毎日新聞編集局次長

注）＊は現職。
出所）『別冊宝島1821号　日本を破滅させる！原発の深い闇2』2011年、63頁より作成。

所が大地震と大津波で破壊された当日、東電会長の勝俣恒久は北京をマスコミ関係者と一緒に旅行中だった。2001年以降、毎年「愛華訪中団」（2001年第1回～2011年第10回）と称して電力会社はマスコミ関係者をもてなしていたのである。表8は、その「愛華訪中団」の主な参加者を示したものである。笹森清（前内閣特別顧問・前連合会長・元東電労組委員長）の名前を筆頭に、以下、元木昌彦（週刊現代元編集長）、花田紀凱（週刊文春元編集長・月刊ウィル編集長）、大林主一（東京新聞・中日新聞相談役）、赤塚一（週刊新潮元編集次長）、田中豊蔵（元朝日新聞論説主幹）、加藤順一（毎日新聞元本社編集局長）、恒川昌久（信州毎日新聞東京支社長）、淡川邦良（北海道テレビ常務）、平野裕（毎日新聞元専務）などのマスコミ関係者が続く。

たとえば、2009年10月10日から16日まで北京・天津・上海・蘇州を訪問した「第9回愛華訪中団」の名簿によれば、団長勝俣恒久東電会長、副団

表10　黎明期における原子力とメディア人の関係

原子力委員会		
委員長	正力松太郎	読売新聞社主、衆議員議員
参与	田中慎次郎	朝日新聞監査役、1960年代も参与
日本原子力産業会議		
顧問	村山長挙	朝日新聞会長、1964年以降も原産会議顧問
参与・企画委員	田中慎次郎	朝日新聞監査役、後も法制委員・国際協力委員
経済専門委員	渡邉誠毅	朝日新聞論説委員、後に朝日新聞社長（1977〜84年）
法制専門委員	同上	同上
経済委員	土屋清	朝日新聞論説委員、1970年代は原産会議理事
参与・経済委員	柴田秀利	日本テレビ放送網、正力の懐刀
法制委員	角田明	毎日新聞パリ支局長
法制専門委員	河合武	毎日新聞社会部記者、後も科学部で原子力担当
経済委員	園城寺次郎	日本経済新聞論説委員、後に日経新聞社長・会長（1968〜80年）、原産会議第4代会長（1980〜90年）
経済委員	鹿内信隆	ニッポン放送専務理事、後にフジテレビ社長、産経新聞社長、フジサンケイ・グループ会議議長
中部原子力懇談会	与良ヱ	中日新聞社長
中部原子力懇談会	佐々部晩穂	中部日本放送社長、後に名古屋商工会議所会頭

資料）日本原子力産業会議『原子力年鑑』1957年版より。
出所）『別冊宝島1821号　日本を破滅させる！　原発の深い闇2』2011年、67頁より作成。

長皷紀男東電副社長・原子力・立地本部副部長、副団長（笹森清、東電ＯＢ）労働者福祉中央協議会会長・前連合会長、副団長参議院議長第一秘書、団員関西電力立地室長、中部電力常務執行委員、元毎日新聞専務理事、東京・中日新聞相談役、月刊誌編集長、毎日新聞中部本社編集局長、元出版社広告部長、東電秘書部、ほかであった[22]。

　また、表9は、原子力・電力関連団体と大手メディアＯＢのリストである。電力中央研究所、日本原子力文化振興財団、日本原子力産業協会などの原子力・電力関連団体と読売新聞、朝日新聞、毎日新聞、ＮＨＫ、日本経済新聞などの大手メディアの深い人脈関係の存在が明らかである。

しかし、原発産業とマスコミの深い「特別な関係」は、最近において開始されたものではない。先に述べたように、日本の初期の原発推進政策は、中曽根康弘元首相と正力松太郎元読売新聞社主の2人によって開始された。日本の原発推進において最初の出発点からマスコミが重要な役割を果たし、「原発共同体」の強力な構成員の一部であった[23]。

黎明期における原子力とメディア人の関係を示したリスト（表10）が示すように、1956年1月に総理府に原子力委員会が発足すると、正力松太郎読売新聞社主は初代委員長に就任した。田中慎次郎朝日新聞監査役も参与に就任した。さらに、現在の「日本原子力産業協会」の前身である1956年3月に発足した「日本原子力産業会議」においても、大手メディアの多数の有力者が重要な役職に就任している。たとえば、表10のリストには、村山長拳（朝日新聞会長）、渡邉誠毅（朝日新聞社長）、柴田秀利（日本テレビ放送）、園城寺次郎（日本経済新聞社長・会長）、鹿内信隆（フジテレビ社長、産経新聞社長、フジサンケイ・グループ会議議長）、与良ヱ（中日新聞社長）など、実にマスコミの大物たちの名前が続く。

4 「原発マネー」と学者

（1）安全規制ガバナンスの欠如

日本の原発の歴史的な展開をみると、最初から学者は非常に重要な役割を果たしている。原子力エネルギー分野においては、高度な専門知識と専門技術が必要とされたため、日本政府の原子力関係機関および原発産業において学者や技術者を中心とした排他的な専門家集団の「原子力ムラ」が形成されていった。

この「原子力ムラ」においてもカネとヒトの結合は重要であった。「原子力ムラ」の学者は原発を推進する側（政府関係機関や原発産業）から巨額の研究費をさまざまな形で受け取りながら、ある場合には原発を規制する公的機関にも所属し、「原子力ムラ」の構造的癒着のなかで存在した。

2012年3月に公表された、民間の福島原発事故独立検証委員会（北澤宏一委員長）『調査・検証報告書』はその「最終章」において日本原発の「安全規制ガバナンスの欠如」について、次のように指摘し、批判している（少し長いが、重要なので、以下引用する）。

日本の原子力安全規制体制は、当時の通商産業省（現在の経済産業省）と科学技術庁（その後、文部科学省に併合）の二元的原子力行政、規制官庁である経産省・資源エネルギー庁傘下の原子力安全・保安院と、その保安院を「規制調査」する内閣府所掌の原子力安全委員会との「ダブル・チェック」制度という、推進、規制両面の縦割り体制を特徴としている。

この構造の問題点は、つとに国際的にも指摘されてきた。例えば、2007年6月、IAEA（国際原子力機関）は、総合規制評価サービス（IRRS）による『日本政府への報告書』を発表し、その中で、「規制機関である原子力安全・保安院の役割と原子力安全委員会の役割、とくに安全審査指針策定における役割を明確にすべきである」と勧告した。

しかし、これに対して、原子力安全委員会は2008年3月、「総じて、日本の規制は、国際的基準に照らしても非常に優れており、原子力安全の確保に有効に機能しているとの高い評価を、幸いにも得ている」との声明を委員長名で出し、勧告を一蹴した。このような声明がいかに的はずれであったかは今回、明白である。（中略）

ここで示されたのは、日本の原子力安全規制に関する「一国安全主義」的な傾向と心理である。日本の原子力安全規制体制や安全規制文化は、世界の水準より上という思い込みと優越感を伴った「安全規制のガラパゴス化」が進んだ。過酷事故対策の義務化や対原発テロ対策の国際協調の観点が日本に根付かなかったのも、その表れである。

原子力安全・保安院は、規制官庁としての理念も能力も人材も乏しかったといわざるを得ない。ここは、結局のところ、安全規制のプロフェッショナル（専門職）を育てることができなかった。事故の際、原子力安全・保安院のトップは、官邸の政務中枢の質問にまともに答えられず、事故収束の対応に向けて専門的な企画も起案も行えなかったし、東京電力に対しては、事故の進展を後追いする形で報告を上げさせる、いわば「御用聞き」以上の役割を果たすことができなかった。

原子力安全規制に関わる官庁は、「東電を規制しているようで、道具にされている」と経産省出身の官邸中枢スタッフがいみじくも告白したように、原発安全規制をめぐる規制官庁側と東電の関係は、実際は技術力、情報力、政治力に優る東電が優位に立っていた。危機にあたって、保安院は、東電の資源と能力と情報に頼って対応せざるを得なかった。しかし、危機は、東電の能力の限界をはるかに超えていた。今回の原発危機は何よりも、安全規制ガバナンス危機として立ち現れた。こうした原子力の縦割り行政と安全規制の重複を克服し、そして何よりも原子力推進

行政から独立した原子力安全規制機関をつくらなければならない。（中略）

ただ、最大の挑戦は、組織より人である。「役職」と「肩書」の人間では、危機を乗り切れない。今回、そのことをイヤと言うほど思い知らされた。なぜ、プロが原子力安全・保安院トップにいなかったのか。それは、保安院のトップ人事が、本省（経済産業省・資源エネルギー庁）の定期人事の一環として2、3年で交代する日本の官僚人事と組織文化のせいである。規制官庁のトップは、その分野の専門職が長期にわたって担当するのでなければ、規制はホンモノにならない。規制される側が規制当局に真剣に向かい合わないからである。安全規制とは、政治家にとっても行政官にとっても、「得点」になりにくい分野である。何も起こらなくて当たり前、何か起こったら責任を国会で追及される。霞が関の官僚社会では〝うまみのない〟仕事である。しかし、原子力安全規制は、「国民を守る」という政府のもっとも大切な仕事にほかならない。安全規制をライフワークとする使命感の強いプロフェッショナルたち、いわば安全規制の「士官」たちを育成し、しかるべき待遇を与えなければならない。[24]

この福島原発事故独立検証委員会『調査・検証報告書』は、日本原発の「安全規制体制」の現状といくつかの重要な問題点を実によく説明している。たとえば、「安全規制体制」の制度的特徴である経済産業省と文部科学省の「二元的原子力行政」、経済産業省の原子力安全・保安院と内閣府の原子力安全委員会の「推進、規制両面の縦割り体制」を指摘し、その制度的問題点についても分析している。[25]

さらに、原子力安全・保安院は、規制官庁としての理念も能力も人材も乏しかったし、結局のところ、安全規制のプロフェッショナル（専門職）を育てることができなかったばかりか、原発安全規制をめぐる規制官庁側と東電の関係は、実際は技術力、情報力、政治力に優る東電が優位に立っていたという「原発共同体」の実態が指摘されている。そして、「なぜ、（安全規制の）プロが原子力安全・保安院トップにいなかったのか。それは、保安院のトップ人事が、本省（経済産業省・資源エネルギー庁）の定期人事の一環として2、3年で交代する日本の官僚人事と組織文化のせいである」と結論づけている。

しかし、この『調査・検証報告書』の大きな問題点の1つは、なぜ原子力安全委員会や原子力安全・保安院に所属する原発の「安全規制」のプロフェッショナル（専門家、学者）が機能しなかったのかという重要な点について完全に解明されていないということである。

なぜならば、それは原発産業あるいは原発関連団体から専門家・学者へ流れる巨額の「原発マネー」の問題を軽視・無視しているからである。巨額の「原発マネー」の恩恵を受けている専門家・学者に、どうして公正性や中立性を求めることができるのであろうか。そのような専門家・学者に、どうして科学者としての良心・良識を求めることができるのであろうか。彼らにどうして原発の危険性を正面から科学的に議論できる能力と資格があるのだろうか。

（2）推進側と規制側の癒着構造

「原子力ムラ」における推進側と規制側の癒着構造は何も学者ばかりの話ではない。原子力安全・

表11　原子力安全・保安院に採用された職員の出身法人別リスト

東芝	22名	原子力発電安全審査課（4名） 敦賀事務所（3名） 柏崎刈羽事務所、福島第一事務所、原子力発電検査課、原子力防災課、核燃料サイクル規制課（各2名） 六ヶ所事務所、女川事務所、福島第二事務所、熊取事務所、新型炉規制課
IHI	6名	原子力発電検査課（3名）、柏崎刈羽事務所、福島第一事務所、六ヶ所事務所
関西電力	6名	柏崎刈羽事務所、玄海事務所、東海・大洗事務所、島根事務所、福島第一事務所、原子力発電検査課
三菱電機	4名	柏崎刈羽事務所、高浜事務所、福島第一事務所、原子力発電検査課
JR東日本	4名	電力安全課
日立製作所	3名	柏崎刈羽事務所、福島第一事務所、原子力発電検査課
東芝プラントシステム	3名	大飯事務所、浜岡事務所、原子力発電検査課
GNF-J	3名	核燃料サイクル規制課（2名）、東海・大洗事務所
バブコック日立	2名	志賀事務所、敦賀事務所
富士電機システムズ	2名	泊事務所、原子力発電検査課
検査開発	2名	六ヶ所事務所、核燃料サイクル規制課

以下、1名の企業名は
日立エンジニアリング、清水建設、三菱マテリアル、鹿島建設、トランスニュークリア、竹中工務店、茨城日立情報サービス、東芝ソリューション、東洋エンジニアリング、高速炉技術サービス、原子燃料工業、東北電気保安協会、東京電力、その他。

注）データは、2001年1月15日～2011年4月1日までの採用実績。
資料）吉井英勝衆議員議員の「原発に関わる官民癒着リスト」より。
出所）堤未果『政府は必ず嘘をつく』角川SSC新書、2012年、39頁、図表2より作成。

保安院に採用された職員においても同じような癒着構造が存在した。表11は、2001年1月15日から2011年4月1日までの期間に原発関連企業から原子力安全・保安院に採用された職員の出身法人別リストである。東芝が22名、IHIが6名、関西電力が6名、三菱電機が4名、日立が3名、東芝プラントシステムが3名など、その他日立エンジニアリングなどの各1名を含めると多数の職員採用となっている。このような推進側と規制側（原子力安全・保安院）との癒着構造は重要な問題である。

また、このような「原子力ムラ」の癒着構造は、経済産業省原子力安全・保安院ばかりか、内閣府原子力委員会にも存在する。原発批判派の国会議員、河野太郎衆議院議員が「疑惑の原子力委員会事務局」として自身のホームページ（2012年5月25日）でその癒着構造の実態を次のように暴露している。

2007年（平成19年）4月1日から2012年（平成24年）4月1日までに民間企業から原子力委員会事務局に「採用」された人物の出身法人をみると、東京電力、関西電力、中部電力と日立、東芝、三菱重工業で原子力委員会の事務局ポストをしっかり分け合っており、さらに電力中央研究所と日本原子力発電も加わっている。2012年5月での在籍中は、日本原子力発電、東京電力、関西電力、中部電力、東芝、三菱重工業、日立ニュークリア・エナジー、電力中央研究所の出身者である。このほかに、文科省から政策統括官、参事官（政策統括官付）、参事官補佐（政策統括官付参事官付）、参事官補佐（政策統括官付参事官付）、主査（政策統括官付参事官付）が原子力委員会事務局に出向し、経産省からは、大臣官房審議官、参事官補佐（政策統括官付参事官付）、主査（政策統括官付参事官付）、企画官（政策統括官付参事官付）、併任主査付（政策統括官付参事官付）が出向している。河野太郎議員は、「関係筋が原子力委員会の事務局に人を出して、情報のやりとりから意思決定まで、すべて出身法人と一体で運営していると言っても良いだろう。（中略）官も民も原子力ムラの住民が引っ越してきているだけだ」と厳しく批判している。[26]

実際、２０１２年5月には、このような癒着構造を持つ原子力委員会の、原子力発電所から出る使用済燃料の処理方法を検討していた小委員会において、経済産業省や電力事業者ら原発推進側の関係者だけを集めた秘密の「勉強会」を２０１１年10月以降、計20回以上開き、２０１２年4月の「勉強会」では処理方法別の評価をまとめた報告書原案を事前配布していたことが明らかとなった。『毎日新聞』２０１２年5月24日付の記事によれば、その「勉強会」においては表紙には「取扱注意」と記載された報告案の原案が配られ、再処理に有利になるよう求める事業者側の意向に添って、結論部分に当たる「総合評価」が書き換えられ、原子力委員会の小委員会に提出された。そして、小委員会は修正後の総合評価を踏襲して取りまとめ、「新大綱策定会議」（議長・近藤駿介原子力委員長）に報告して事実上解散した。[27] さらに、『毎日新聞』のその後の記事（２０１２年6月2日付）によれば、内閣府原子力委員会が原発推進側だけを集め「勉強会」と称する秘密会議を開いていた問題で、原子力委員会の「新大綱策定会議」で使用する議案の原案が2月16日の秘密会議で事前に配布され、その後内容が追加されていたことが明らかとなった。核燃サイクル政策を論議する小委員会への「勉強会」の関与はすでに発覚していたが、原子力政策全般を対象にした「新大綱策定会議」への秘密会議の「勉強会」の影響が判明したのは初めてであり、問題が小委員会にとどまるとの原子力委員会のこれまでの説明は虚偽であったと同紙は批判している。[28]

内閣府原子力委員会は、原子力利用を推進する組織として１９５６年に発足し、２００５年10月には今後10年程度に進めるべき原子力政策の基本的考え方として「原子力政策大綱」を策定した。２０１１年９月には同年３月11日の福島原発事故を受けてその「原子力政策大綱」の見直し作業を再開したが、その大綱の策定会議メンバー27人は事故前とほぼ同じ、これまでの原発推進派がそのほとんどを占めている。内閣府原子力委員会はまさに「原子力ムラ」体質が温存されたままとなっていた。[29]

推進側と規制側との癒着構造の現実はさらに深刻な実態がある。『しんぶん赤旗』2012年5月19日付の報道記事「三菱重工大飯原発、自社原子炉自ら耐性試験、〝お手盛り〟安全評価」によれば、政府が再稼働を急ぐ関西電力大飯原発3・4号機の安全性を評価したストレステスト（耐性試験）の作業を、同原発の原子炉を製造した三菱重工業が行っており、また同社はその他の原発のストレステストにもかかわっていたことが明らかとなった。三菱重工業は、加圧水型原子力発電（PWR）のメーカーとして、関西電力の美浜原発1・2・3号機、高浜原発1・2・3・4号機、大飯原発1・2・3・4号機、四国電力の伊方原発1・2・3号機、九州電力の玄海原発1・2・3・4号機、川内原発1・2号機、日本原子力発電の敦賀原発2号機、北海道電力の泊原発1・2・3号機の製造にかかわっている。客観的に行われるべき安全評価が、第三者機関ではなく原子炉製造メーカーによって行われている実態は、審査体制の欠陥と「お手盛り」ぶりを示している。[30]

このような原発の推進側と規制側の癒着構造が「安全規制ガバナンス」における実態であり、まさに致命的な日本の原発の「安全規制ガバナンスの欠如」である。

(3) 大学へ流れた「原発マネー」

本来ならば、学者には学問の自由があるが、「原発共同体」あるいは「原子力ムラ」においては、実際、原発の危険性について公然と議論することはほとんどなかった。国民生活の安全よりも、学者

表12 「原発御用学者」のリスト

東京大学		
班目春樹	原子力安全委員会委員長	
鈴木篤之	前原子力安全委員会委員長	日本原子力研究開発機構理事長
近藤駿介	元東京大学大学院工学系研究科教授	原子力委員会委員長
大橋弘忠	東京大学大学院工学系研究科教授	
関村直人	東京大学大学院工学系研究科教授	原子力安全委員会
宮健三	元東京大学工学部附属原子力工学研究施設教授	
岩田修一	東京大学大学院新領域創世科学研究科教授	
小佐古敏荘	東京大学大学院工学系研究科教授	前内閣官房参与
岡本孝司	東京大学大学院新領域創世科学研究科教授	原子力安全委員会
飯塚悦功	東京大学大学院工学系研究科教授	
寺井隆幸	東京大学大学院工学系研究科教授	原子力安全委員会
尾本彰	東京大学大学院特任教授	東京電力顧問
小宮山宏	元東京大学大学院工学系研究科長	東京大学元総長・東京電力社外監査役
田中知	東京大学大学院工学系研究科教授	原子力安全委員会・日本原子力学会会長
前川宏一	東京大学大学院工学系研究科教授	
東京工業大学		
衣笠善博	東京工業大学名誉教授	原子力安全委員会専門委員
有冨正憲	東京工業大学原子炉工業研究所長	
吉澤善男	元東京工業大学原子炉工学研究所教授	
関本博	東京工業大学原子炉工学研究所教授	
東北大学		
北村正晴	東北大学名誉教授	
埼玉大学		
松本史朗	元埼玉大学工学部教授	原子力安全基盤機構顧問
名古屋大学		
久木田豊	元名古屋大学大学院工学研究科教授 旧日本原子力研究所（現日本原子力研究開発機構）東海研究所安全性試験研究センター長	
京都大学		
山名元	京都大学原子炉実験所教授	原子力安全委員会
藤川陽子	京都大学原子炉実験所准教授	文部科学省放射線審議会
中島健	京都大学原子炉実験所教授	
大阪大学		
山中伸介	大阪大学大学院工学研究科教授	原子力安全委員会
山口彰	大阪大学大学院工学研究科教授	資源エネルギー調査会原子力安全・保安部

出所）『週刊金曜日』2011年4月29日・5月6日合併号より作成。

が所属する「利益共同体」と学者の私的利益を優先してきたのである。さらに、原発産業では原発推進と「安全神話」の宣伝のために有名な学者の活躍が必要であった。そこで登場するのが「原発御用学者」である。「原発御用学者」は原発の「安全神話」の形成にも積極的に関与し、最後には福島原発事故の発生を招いたのである。その意味で、学者の責任は特別に大きいものがある。

『週刊金曜日』２０１１年４月29日号の記事「原発を推進した『御用学者』たち　政府・電力会社との癒着の構造を斬る」は、原子力行政に入り込んだ「御用学者」リスト（27人）を示した（表12）。[31]同誌の特集記事の筆頭には、班目春樹・原子力安全委員会委員長・日本原子力研究開発機構理事長、衣笠善博・東京工業大学名誉教授の３人が示されている。最初の２人は、原発の最高チェック機関である原子力安全委員会委員長として福島原発事故の発生を防止する立場にいた人物であった。衣笠善博は、１９９８年には通産省原子力発電技術顧問であり、２００６年には原子力安全委員会地震専門部会専門委員を担当していたが、特に地震による原発の耐震性に関する重要な専門家であった。

また東京大学の学者が多く、27人中の15人と中心的な存在であった。実際、東京大学の学者たちは原発推進派の中心であり、急先鋒であった。

それゆえ、東京大学、特に東大大学院工学系研究科には政府関係機関や原発産業からのさまざまな巨額の研究費、「原発マネー」が集中した。その１つの具体事例は、原発関連企業からの「寄付講座」や学者個人への「寄付金」である。表13は、２００７年度以降の東京大学大学院工学系研究科に対する電力会社からの「寄付講座」の一覧である。２００７年度以降の東京電力単独の「寄付講座」だけ

表13　東京大学大学院工学系研究科に対する電力会社からの寄付講座

寄付講座	期間	億円
（東京電力単独の寄付）		
建築環境エネルギー計画	2007年10月〜2011年10月	1.4
燃料サイクル社会工学	2008年10月〜2013年9月	1.5
低炭素社会実現のためのエネルギー工学	2010年4月〜2011年3月	1.05
小　計		3.95
（東京電力や関西電力を含む共同寄付）		
都市持続再生	2007年10月〜2012年9月	1.56
ユビキタスパワーネットワーク	2008年6月〜2011年5月	1.5
パワーフロンティア	2008年6月〜2013年5月	2.0
小　計		5.06
電力会社がかかわる寄付講座　合計	2007年10月〜2013年9月	9.01

資料）東京大学ホームページより。

出所）小松公生『原発にしがみつく人びとの群れ』新日本出版社、2012年、89頁、資料14より作成。

で３件、３億９５００万円である。さらに、東京電力や関西電力を含む「共同寄付」も３件、５億６００万円である。その合計額は９億１００万円にも上る。なるほど、６年で９億円もの「寄付」があれば、福島原発事故直後の報道番組に出演した東大教授たちが「安心」と「安全」を何度も繰り返し説明していた理由が理解できる。

また、表14は、福島原発事故直後に報道番組に解説者として出演した主な学者の政府関連機関および原発関連企業から受けていた「原発マネー」を示したものである。

さらに、表15は、２００６年度から２０１０年度までの東京大学、京都大学、大阪大学の学者への「原発マネー」の一覧である。

原発関連企業および原発関連団体から実に多くの学者が「寄付金」や「受託研究」などの名目で巨額の「原発マネー」を受け取っていることがわかる。

表14　原発事故解説者（学者）への「原発マネー」

関村直人（NHK 解説）（東京大学大学院工学系研究科教授）	60 万円	日本核燃料開発	奨学寄付金
	167 万円	三菱重工業	奨学寄付金
	67 万円	原子燃料工業	奨学寄付金
	574 万円	神戸製鋼所	受託研究費
	787 万円	関西電力	受託研究費
	787 万円	三菱総合研究所	受託研究費
	787 万円	三菱重工業	受託研究費
	1 億 4,315 万円	日本原子力研究開発機構	受託研究費
	1,989 万円	原子力安全基盤機構	受託研究費
山名元（TBS 解説）（京都大学原子炉実験所教授）	20 万円	ゼネラルエージェンシー	寄付金
	日本原子力産業協会		
	400 万円	（関西原子力懇談会）	寄付金
	35 万円	（東北原子力懇談会）	寄付金
	180 万円	日立 GE ニュークリア・エナジー	寄付金
	242 万円	日本原子力研究開発機構	受託研究費
	211 万円	電力中央研究所	共同研究
	800 万円	日本原子力研究開発機構	共同研究
山口彰（NHK 解説）（大阪大学大学院工学研究科教授）	250 万円	原子力エンジニアリング	奨学寄付金
	250 万円	日本原子力発電	奨学寄付金
	日本原子力産業協会		
	124 万円	（関西原子力懇談会）	奨学寄付金
	200 万円	三菱重工業	奨学寄付金
	9,929 万円	ニュークリア・デベロップメント	受託研究費
	13 万円	三菱重工業	受託研究費
	4,391 万円	日本原子力研究開発機構	受託研究費
	1,155 万円	原子力安全基盤機構	受託研究費
	2,360 万円	日本原子力研究開発機構	共同研究
	206 万円	東芝電力システム	共同研究
斎藤正樹（テレビ朝日解説）（東京工業大学原子炉工学研究所教授）	30 万円	日本原子力産業協会	奨学寄付金
	1,000 万円	不明	共同研究
	1 億 4,974 万円	文部科学省研究開発局開発企画課	受託研究費

出所）『SAPIO』2011 年 7 月 20 日号より作成。http://www.news-postseven.com/archives/20110630_24442.html

小佐古敏荘（前内閣官房参与）		
寄付金	伊藤忠テクノソリューションズ	200万円
上坂充（原子力安全委員会緊急事態応急対策調査委員及び専門委員）		
寄付金	タレスレーザー	50万円
	HU（株）	450万円
	石川島播磨重工業	50万円
	特定非営利活動法人　日本保全学会	217万8,000円
	エーイーティー	566万円
	トライボテックス	160万円
長崎晋也（原子力安全委員会「放射性廃棄物の処理・処分」専門委員）		
寄付金	日揮	230万円
	日本エヌ・ユー・エス	50万円
	鹿島建設	50万円
田中知（青森県「県原子力安全対策検証委員会」委員長、原子力安全委員会放射性廃棄物・廃止措置専門部会長）		
寄付金	電源開発	100万円
	日立製作所	120万円
	日立GEニュークリア・エナジー	180万円
班目春樹（原子力安全委員会委員長）		
寄付金	三菱重工業	400万円
福井勝則（土木学会岩盤力学委員会活性化に関する特別小委員会委員）		
寄付金	大成建設	50万円
京都大学（原子炉実験所教員　奨学寄付金・受託共同研究費/2006～10年度）		
宇根崎博信（愛媛県「伊方原子力発電所環境安全管理委員会」委員）		
寄付金	原子力エンジニアリング	100万円
	日本原子力産業協会関西原子力懇談会	80万円
受託研究	原子燃料工業	89万7,148円
	日本原子力研究開発機構	110万255円
	福井大学	68万4,944円
釜江克宏（原子力安全委員会原子炉安全専門審査会専門委員）		
寄付金	地震予知総合研究振興会	30万円
	東京ソイルリサーチ	120万円
	奥村組	60万円
	日本工営	100万円
	大崎総合研究所（株）	150万円
受託研究	宇治地区（防災研究所）	300万円
	本州四国連絡高速道路（株）	99万6,450円
三島嘉一郎（原子力安全委員会原子力安全研究専門部会部会長代理）		
寄付金	日本原子力産業協会　関西原子力懇談会	300万円

表15　東京大学、京都大学、大阪大学の学者への「原発マネー」（2006〜2010年度）

東京大学（大学院工学系研究科システム量子工学・原子力専攻・原子力国際等教員奨学金／2006〜2010年度）		
阿部弘亨（原子力安全委員会原子力安全基準・指針専門部会燃料関連指針類検討小委員会専門委員）		
寄付金	グローバル・ニュークリア・フュエル・ジャパン	180万円
栗飯原周二（日本機械学会　原子力専門委員会委員）		
寄付金	新日本製鐵	740万円
	日本海事協会	1,780万円
	日本鉄鋼協会	400万円
	レーザック	116万円
越塚誠一（福島第一原発「事故調査・検証委員会」「事故原因等調査チーム」チーム長）		
寄付金	ユニバーサル造船	210万円
	日立東日本ソリューションズ	50万円
	鹿島建設	50万円
	日立製作所	90万円
沖田泰良（日本保全学会編集委員）		
寄付金	原子燃料工業	250万円
	日本核燃料開発	20万円
笠原直人（原子力安全基盤機構構造物安全解析評価検討会委員）		
寄付金	アライドエンジニアリング	20万円
関村直人（原子力安全委員会原子炉安全専門審査会審査委員）		
寄付金	日本核燃料開発	60万円
	三菱重工業	167万円
	原子燃料工業	67万円
吉村忍（日本原子力技術協会　中越沖地震後の原子炉機器の健全性評価委員会委員）		
寄付金	伊藤忠テクノソリューションズ	400万円
	原子燃料工業	50万円
	テプコシステムズ	50万円
	アドバンストアルゴリズム&システムズ	80万円
古田一雄（経度省原子力安全基盤小委員会安全基盤研究ワーキンググループ主査）		
寄付金	原子燃料工業	50万円
高橋浩之（原子力安全委員会放射線防護専門部会）		
寄付金	特定非営利活動法人　日本保全学会	10万円
	日本科学技術振興財団	150万円
	古河機械金属素材総合研究所	120万円
	富士電機システムズ	40万円
勝村庸介（日本原子力産業協会「量子放射線利用普及連絡協議会」座長）		
寄付金	産業創造研究所	100万円
	レイテック	50万円
	日立製作所	40万円

福永俊晴（原子力安全委員会原子力試験研究検討会研究評価ワーキンググループ構成員）		
寄付金	日本板硝子材料工学助成会	150 万円
	神戸製鋼所	200 万円
受託研究	科学技術振興機構	62 万 4,000 円
	高エネルギー加速器研究機構	957 万 1,000 円
共同研究	原子力安全システム研究所（株）	157 万 5,000 円
	松下電工	196 万円
	神戸製鋼所	90 万円
大阪大学（工学研究科教員　電力会社・公益法人関連の寄付金・受託共同研究費用 /2006～10 年度）		
山口彰（経産省総合資源エネルギー調査会原子力安全・保安部会リスク情報活用検討会主査）		
奨学寄付金	日本原子力産業協会　関西原子力懇談会	124 万円
受託研究	原子力安全基盤機構	1,155 万円
	日本原子力研究開発機構	4,393 万 4,774 円
共同研究	日本原子力研究開発機構	2,360 万円
山中伸介（原子力安全委員会原子力事故・故障分析評価専門部会専門委員）		
奨学寄付金	日本原子力産業協会　関西原子力懇談会	750 万円
共同研究	関西電力	221 万 5,000 円
	日本原子力研究開発機構	1,271 万 4,670 円
西本和俊（日本原子力技術協会炉内構造物等点検評価ガイドライン検討会委員）		
奨学寄付金	日本原子力産業協会　関西原子力懇談会	360 万円
共同研究	関西電力	1,155 万円
	東京電力	不明
	日本原子力研究開発機構	1,260 万円
竹田敏一（原子力安全委員会原子力安全基準・指針専門部会構成員）		
奨学寄付金	日本原子力産業協会　関西原子力懇談会	400 万円
受託研究	電力中央研究所	57 万 4,000 円
	日本原子力研究開発機構	1,792 万 7,780 円
共同研究	日本原子力研究開発機構	300 万円
片岡勲（日本原子力研究開発機構もんじゅの「シビアアクシデント（過酷事故）対応等検討委員会」委員長）		
奨学寄付金	日本原子力産業協会　関西原子力懇談会	350 万円
共同研究	関西電力	462 万円
望月正人（日本原子力技術協会中越沖地震後の原子炉機器の健全性評価委員会委員）		
共同研究	東京電力	不明
	関西電力	105 万円
堀池寛（経産省　総合資源エネルギー調査会　原子力安全・保安部会原子炉安全小委員会委員）		
共同研究	関西電力	210 万円
	日本原子力研究開発機構	3,350 万円

出所）佐々木奎一「東大・京大・阪大への情報公開請求で発覚　御用学者が受け取った原子力産業の巨額寄付金！」『別冊宝島 1796 号　日本を脅かす！原発の深い闇』2011 年、102-104 頁より作成。

表15　東京大学、京都大学、大阪大学の学者への「原発マネー」（2006〜2010年度）（続き）

受託研究	テプコシステムズ	215万7,754円
	文部科学省	1,495万1,297円
	日本原子力研究開発機構	72万735円
共同研究	神戸製鋼所	577万3,674円
三澤毅（文科省国際原子力事象評価尺度（INES）評価WG委員）		
寄付金	日本原子力産業協会　関西原子力懇談会	10万円
受託研究	資源エネルギー庁	1,121万6,089円
共同研究	日本原子力研究開発機構	50万円
山名元（原子力安全委員会核燃料安全専門審査会委員など）		
寄付金	ゼネラルエージェンシー	20万円
	日立ＧＥニュークリア・エナジー	180万円
	日本原子力産業協会　関西原子力懇談会	400万円
	日本原子力産業協会　東北原子力懇談会	35万円
受託研究	日本原子力研究開発機構	242万9,680円
	東京工業大学	1,610万7,421円
共同研究	電力中央研究所	529万円
	日本原子力研究開発機構	800万円
上林宏敏（原子力安全委員会試験研究炉耐震安全性検討委員会説明者）		
寄付金	日本原子力産業協会　関西原子力懇談会	100万円
森山裕丈（原子力安全委員会核燃料安全専門審査会専門委員）		
寄付金	日立ＧＥニュークリア・エナジー	120万円
代谷誠治（原子力安全委員会委員）		
寄付金	読売新聞大阪本社	100万円
	ポニー工業	10万円
	原子燃料工業	10万円
	住友電工ファインポリマー	10万円
	日本原子力産業協会　関西原子力懇談会	310万円
	石原産業	10万円
受託研究	資源エネルギー庁	2,231万7,265円
中込良廣（原子力安全基盤機構理事（理事長代理））		
寄付金	日本原子力産業協会　関西原子力懇談会	100万円
渡邉正己（原子力安全委員会放射線防護専門部会専門委員）		
受託研究	内閣府原子力安全委員会事務局	3,797万743円
	電力中央研究所	1,100万円
藤川陽子（文科省放射線審議会基本部会委員）		
寄付金	日新電機	50万円
受託研究	科学技術振興機構	130万円
共同研究	電源開発（株）	460万5,000円

前の『毎日新聞』（2012年1月22日付）の調査によれば、「原発推進」の国策の下、毎年巨額が計上される原子力研究開発予算が大学の研究を支えている構図であり、大学の原子力関連研究は国や原子力関連企業から受け取る巨額の研究資金に強く依存していると指摘している。11の国立大学の関連研究に対し、2006〜2010年度の5年間に、少なくとも104億8764万円の資金が提供された。ほとんどを占める「受託研究」で目立つのは、文部科学省からの高額の資金提供であり、高速増殖原型炉「もんじゅ」開発をはじめ、「軽水冷却スーパー高速炉に関する研究開発」（2億1781万円、東京大、2009年度）、「原子力システム高効率化に向けた高耐食性スーパーODS鋼の開発」（2億1244万円、京都大、2009年度）など億単位が目立ち、期間が数年にわたるケースもある。一方、企業からの「受託研究」は、「放射性廃棄物地層処分等のための基盤技術の研究開発」（西松建設→東大、105万円、2010年度）など、数十万円から数百万円規模がほとんどであり、「共同研究」の相手は日本原子力研究開発機構や、電力業界が設立した電力中央研究所などの研究機関が目立っている。原発関連企業からの「奨学寄付金」の多くは1件当たり数十万円から100万円前後であるが、受け取った「寄付金」は大学が管理するが、ほとんどは研究者個人宛てで、使途にも制限がないことが多い。もっとも多く「奨学寄付金」を支出したのは、原子力関連企業を中心とした任意団体「関西原子力懇談会」（5155万円）であり、京大など関西の大学を中心に寄付しており、第2位は三菱重工業の2957万円であった。しかし、国や企業から資金を提供してもらえるのは、原発推進の側に身を置いている研究者だけである。さらに、この『毎日新聞』の調査の際に、情報公開について大学のバラツキが目立ったと説明している。特に、九州大学は「受託研究」がすべて非公開で、「共同研究」

も受け取った金額を明らかにせず、寄付を受けた研究者名も示さず不透明さが際立った。大阪大学は契約の相手や研究テーマが黒塗りで、判別不能の「共同研究」と「受託研究」が計2億8134万円に上った。東北大学は2011年10月に行った情報公開請求に対し、いまだに公開していない。(32)

(4) 各種委員(学者)へ流れた「原発マネー」

表16は、内閣府原子力安全委員会委員および専門委員でありながら、原発関連企業から「原発マネー」を受け取っていた学者、「原発御用学者」のリストである。

『朝日新聞』2012年1月1日付の記事によれば、東京電力福島第一原子力発電所の事故時、内閣府原子力安全委員会の安全委員と非常勤の審査委員だった89人のうち、班目春樹委員長、代谷誠治委員を含む3割近くの24人が2010年度までの5年間に、原子力関連の企業・業界団体から計約8500万円の寄付を受けていたことが、同紙の調査によって明らかとなった。表16からわかるように、内閣府原子力安全委員会の委員長である班目春樹元東大教授(400万)を筆頭にして、代谷誠治元京大教授(6件、450万円)、関村直人東大教授(2件、234万円)、岡本孝司東大教授(200万円)、寺井隆幸東大教授(180万円)、日本原子力学会会長の田中知東大教授(3件、400万円)、酒井信介東大教授(30万円)、森山裕丈京大教授(120万円)、山名元京大教授(180万円)など、原子力安全委員会の多くの主要メンバーが、原発関連企業より「原発マネー」を受け取っていた。(33)

さらに、『朝日新聞』2012年2月6日付の記事「原子力業界、1800万円寄付 新大綱策定3委員に」によれば、東京電力福島第一原発事故後の原子力政策の基本方針(原子力政策大綱)を決め

表16　内閣府原子力安全委員会の委員（学者）への「原発マネー」
（2010年度までの過去5年間）

班目春樹	安全委員会委員長 元東大教授（2006～2009年度）	400万円	三菱重工業
関村直人	東大教授	67万円	原子燃料工業
		167万円	三菱重工業
岡本孝司	東大教授	200万円	三菱重工業
寺井隆幸	東大教授	180万円	GNF-J
田中知	東大教授 日本原子力学会会長	120万円	日立製作所
		180万円	日立GEニュークリア・エナジー
		100万円	電源開発（株）
酒井信介	東大教授	30万円	日立GEニュークリア・エナジー
代谷誠治	元京大教授	100万円	読売新聞大阪本社
		10万円	ポニー工業
		10万円	原子燃料工業
		10万円	住友電工ファインポリマー
		310万円	関西原子力懇談会
		10万円	石原産業
森山裕丈	京大教授	120万円	日立GEニュークリア・エナジー
山名元	京大教授	180万円	日立GEニュークリア・エナジー
山根義宏	名大名誉教授	240万円	GNF-J
阿部豊	筑波大教授	500万円	三菱重工業
岸徳光	室蘭工大教授	800万円	北海道電力

注）GNF-J（グローバル・ニュークリア・フュエル・ジャパン）は、東芝、日立、アメリカのジェネラル・エレクトリック社（GE）が出資する核燃料製造会社である。原子燃料工業は、古河電工と住友電工の部門を統合した核燃料製造会社である。

出所）『朝日新聞』2012年1月1日付の記事「原発審査、曇る中立性　委員は『寄付の影響ない』安全委24人に8500万円」より作成。班目、田中委員の数字は『別冊宝島1976号日本を脅かす！　原発の深い闇』2011年、102～103頁。代谷委員の数字は表15からのもの。

るために内閣府原子力委員会に設けられている会議の専門委員23人のうち、原子力が専門の大学教授3人全員が、2010年度までの5年間に原発関連の企業・団体から計1839万円の寄付を受けていたことが明らかとなった。田中知東京大教授が400万円（電源開発100万円、日立120万円、日立GEニュークリア・エナジー〈日立GE〉180万円）、山口彰大阪大教授が824万円（日本原子力発電250万円、三菱重工業200万円、関西原子力懇談会124万円、原子力エンジニアリング250万円）、山名元京都大教授が615万円（日立GE180万円、関西原子力懇談会400万円、東北原子力懇談会35万円）であった。なお、その記事によれば、寄付は「研究助成」が名目で「奨学寄付」とも呼ばれ、企業・団体が研究者を指定して大学の口座に振り込み、教授側は使い道を大学に申告するが、企業・団体への報告義務はなく、企業・団体からの「受託研究費」などと比べ、研究者が扱いやすい資金であり、また原子力委員会は業界からの金銭支援について委員らから申告させていない[34]。

このような公的な委員でありながら、専門家の学者が「原発マネー」を受け取る事例は、原子力安全委員会のほかにもある。表17は、原子力土木委員会の委員（学者）へ流れた「原発マネー」である。これを掲載した『ＳＡＰＩＯ』2012年4月4日号の記事では、ジャーナリスト・佐々木奎一氏と同誌取材班は、情報公開請求と直撃取材によって、「新たな原発マネー」の存在をとらえ、原発・電力会社、ゼネコン関連などの資金提供元から、1億2647万6693円ものカネが、津波や活断層を研究・評価する学会（社団法人土木学会の「原子力土木委員会」委員の大学教授たち）に流れていたと告発している[35]。

また、このような事例は、原子力開発の自然科学者だけではなく、社会科学者である法学者にも

表17　原子力土木委員（学者）への「原発マネー」

前川宏一（東京大学大学院工学系研究科教授）	1,519万円 （奨学寄付金）	東電設計12件849万円、前田建設工業2件320万円、その他
堀井秀之（東京大学大学院工学系研究科教授）	1,000万円 （受託研究）	原子力環境整備促進・資金管理センター2件1,000万円
	150万円 （共同研究）	日立製作所1件150万円
田中和広（山口大学大学院理工学研究科教授）	200万円 （奨学寄付金）	西日本技術開発1件200万円
谷和夫（横浜国立大学理工学部教授）	530万円 （奨学寄付金）	応用地質1件150万円、五洋建設5件250万円、その他
	不明 （共同研究）	電力中央研究所3件金額記載なし、五洋建設1件記載なし、応用地質1件金額記載なし
丸山久一（長岡技術科学大学工学部教授）	100万円 （奨学寄付金）	鹿島建設1件100万円
山崎晴雄（首都大学東京都市環境学部教授）	330万円 （奨学寄付金）	非公開4件330万円
	1,297万4,843円 （受託研究）	非公開3件1,297万4,843円
大西有三（京都大学副学長、元工学部教授）	3,150万円 （共同研究）	関西電力3件3,150万円
	1,212万4,350円 （受託研究）	原子力環境整備促進・資金管理センター1件210万円 原子力安全基盤機構1件939万4,350円、その他
米山望（京都大学防災研究所准教授）	540万円 （奨学寄付金）	ニュージェック2件240万円、四電技術コンサルタント3件400万円、その他
	1,225万7,500円 共同研究	関西電力4件706万円、四電技術コンサルタント3件519万7,500円
	63万円 受託研究	関西電力1件63万円、四国総合研究所4件非公開
宮川豊章（京都大学大学院工学研究科教授）	700万円 奨学寄付金	鹿島建設6件300万円、東洋建設6件300万円、ピーエス三菱1件50万円、大成建設1件50万円
	630万円 （共同研究）	四国総合研究所3件630万円
合　計	1億2,647万6,693円	

出所）『SAPIO』2012年4月4日号、88頁より作成。

あった。『朝日新聞』２０１１年9月23日付の記事によれば、東京電力の原発事故に伴う損害賠償の目安をつくる政府の「原子力損害賠償紛争審査会」の９人のうち２人の法学者（野村豊弘学習院大学教授、大塚直早稲田大学大学院教授）が電力業界とつながりの深い研究機関（日本エネルギー法研究所）から毎月20万円ほどの報酬を得ていることがわかった。日本エネルギー法研究所は、１９８１年に行政法学者が中心となり設立され、そこには電力業界が設置した電力中央研究所より毎年１億数千万円の「研究委託」という名目で資金が流れていた。日本エネルギー法研究所の毎年の運営費のほとんどは電力中央研究所からの資金で賄われていた[36]。

公的な委員会である「原子力安全委員会」にしても「原子力損害賠償紛争審査会」にしても、委員の仕事は、その使命からして何よりもまず中立性と公平性を求められるものである。原発関連企業などから「原発マネー」をさまざまな研究費の名目で受け取っておきながら、どうして委員の中立性と公平性が担保されるのであろうか。

さらに、このような事例はほかにもある。２０１２年5月5日の北海道泊原発3号機の定期点検によって泊原発も稼働停止となったが、これにより日本のすべての原発が稼働停止となった。そこで、次にどの原発が最初に再稼働するのか注目されているが、もっとも関心を集めている原発が関西電力の大飯原発である。表18は、その大飯原発の「耐震性試験検査委員」（学者）への「原発マネー」のリストである。

このリストを掲載した『しんぶん赤旗』２０１２年4月2日付の記事によれば、関西電力大飯原発3・4号機（福井県おおい町）のストレステスト（耐性試験）１次評価を経済産業省原子力安全・保安院

表18　関西電力大飯原発耐性試験審査委員（学者）への「原発マネー」

奈良林直 （北海道大学大学院教授）	150万円	原子燃料工業 日本原子力発電	奨学寄付金
阿部豊 （筑波大学大学院教授）	500万円	三菱重工業	奨学寄付金
山口彰 （大阪大学大学院教授）	824万円	三菱重工業 原子力エンジニアリング 日本原子力発電 日本原子力産業協会	奨学寄付金
岡本孝司 （東京大学大学院教授）	200万円	三菱重工業	奨学寄付金

出所）『しんぶん赤旗』2012年4月2日付の記事「原発マネー1674万円　大飯耐性試験審査　4委員に」より作成。http://www.jcp.or.jp/akahata/aik12/2012-04-02/2012040201_02_1.html

の審査結果を基に、原子力安全・保安院は2012年2月13日に関西電力の大飯原発3・4号機について、3月26日には四国電力の伊方原発3号機について「妥当」とする審査書を内閣府の原子力安全委員会に提出したが、この「意見聴取会」の委員を務める大学教授4人が原子炉メーカーの三菱重工や原発利益共同体の中核、日本原子力産業協会（原産）などから5年間で判明分だけでも1674万円の寄付を受けていた。「奨学寄付」は、企業や団体が「研究助成のため」などとして、寄付先の教授を指定して大学経由で行っているものであり、使途についての報告義務はないという問題があると記事は指摘している[37]。

また表19は、福井県原子力委員会委員（学者）への「原発マネー」のリストである。

これを掲載した『朝日新聞』2012年3月25日付の記事によれば、全国最多の原発14基を抱える福井県から依頼され、原発の安全性を審議する福井県原子力安全専門委員会の原子力工学や耐震工学などの専門家で構成される委員12人のうち、4人が2006～2010年度に関西電力の

表19　福井県原子力委員（学者）への「原発マネー」

三島嘉一郎（元京大教授）	2006～2007 年度		
	300 万円	関西原子力懇談会	奨学寄付金
	2009 年度	関西電力関連の研究所長に就任	
	2010 年度以降	福井県原子力委員	
泉佳伸（福井大教授）	2010 年度		
	30 万円	関西原子力懇談会	奨学寄付金
西本和俊（大阪大教授）	2006～2008 年度		
	360 万円	関西原子力懇談会	奨学寄付金
飯井俊行（福井大教授）	2006～2010 年度		
	500 万円	三菱重工業	奨学寄付金
	200 万円	日本原電	奨学寄付金
山本章夫（名古屋大教授）	2009～2010 年度		
	100 万円	関西原子力懇談会	奨学寄付金

注）なお、泉、飯井、山本委員は、委員就任後に奨学寄付金を受けた。

出所）『朝日新聞』2012 年 3 月 25 日付の記事「福井県原子力委員に 1,490 万円　06-10 年度、5 人に電力側寄付」より作成。

関連団体から計７９０万円、１人が電力会社と原発メーカーから計７００万円の寄付を受けていた。関電関連の業界団体「関西原子力懇談会」（関原懇、会長西原英晃・京都大名誉教授）から寄付を受けたのは４人の大学教授と元教授であり、４人ともその組織が関電に近い団体と認識しており、大飯原発を建てた三菱重工業と、福井県内に敦賀原発を持つ日本原子力発電から受けた教授も１人いた。３人は全額が委員の就任後だった。なお、福井県は、委員を頼む際、業界からの金銭支援について報告を求めていないと説明している[38]。

「関原懇」は１９５６年、同じ年に発足した原子力の業界団体「日本原子力産業協会」（原産協会、東京）の地方支部として、関電が中心となって設立され、現在の会員は電力会社、原発メーカー、商社など63法人と研究者ら74個人である。「関原懇」の会長は２０１

2年1月まで長年関電から選ばれ、原子力担当の副社長らが就いてきた。今は常務が副会長であり、原子力研究や放射線利用の理解促進を活動目的としている。関係者によると、事業費の多くは関電が負担している。近畿や福井県内で原子力のイベントを開き、研究者を講師に招いており、小中学校の教職員や大学生向けの講習会も開催するが、会員名や事業規模、寄付金額などは「任意団体」なのですべて「非公開」である。『朝日新聞』の調査によれば、各地の大学に所属する原子力関連の研究者に寄せられた寄付について情報公開請求や取材の結果、福井県原子力委に委員を出している京都、大阪、名古屋、福井の各大学で、少なくとも37人の教授らが2006〜2010年度の5年間で計5895万円の寄付を「関原懇」から受けていた[39]。

さらに、福井県の原発については、独立行政法人・日本原子力研究開発機構の高速増殖原型炉「もんじゅ」(福井県敦賀市)の安全性を調べるために設置された専門委員会の委員の7人のうち3人の学者が原発関連企業・団体から寄付を受け取っていたことがまたもや明るみに出てきた。『朝日新聞』2012年6月3日付の記事によれば、委員(学者)の所属大学に情報公開請求し、過去5年分(2006〜2010年度)について調査した結果、寄付を受け取っていた委員は、①宇根崎博信京都大学教授が、原子力エンジニアリング100万円、関西原子力懇談会80万円など、計180万円、②片岡勲大阪大学教授が、三菱電機150万円、関西原子力懇談会300万円など、計450万円、③竹田敏一福井大学付属国際原子力工学研究所長が、三菱重工業200万円、原子力エンジニアリング200万円、関西原子力懇談会400万円、グローバル・ニュークリア・フュエル・ジャパン180万円など、計980万円であった。寄付をしていたのは、「もんじゅ」の原子炉を建設し、ストレステストを1億6000万円で同機構から受注した三菱重工業、ストレステスト関連業務を受注した関西電力グループ会社の原子力エンジニアリング、関電関連団体の関西原子力懇談会、核燃料会社のグローバル・ニュークリア・フュエル・ジャパン、2011年度に同機構の業務を計15億円分受注した三菱電機の5つの企業・団体であった。寄付は「研究助成」が名目の「奨学寄付」であったため、寄付者側に使途を報告する義務はない。専門委員会は、これまで会合を2回開き、福島原発事故を受けて同機構が進めるシビアアクシデント(過酷事故)対策やストレステストの途中経過について報告を受け、意見を述べていた。なお、日本原子力研究開発機構が運営する「もんじゅ」は使用済燃料から取り出したプルトニウムを燃料の一部に再利用する「核燃料サイクル政策」の中核施設であるが、1995年には冷却剤のナトリウム漏れ事故が発生するなどして現在はまた停止中であり、2011年度までの「もんじゅ」の事業費は約1兆円となっている。現在は文部科学省において廃炉を含めた議論が進行中である。[40]

5 「原発マネー」と「原発事故責任」

2011年3月11日の福島原発事故の発生は、東京電力と政府関係者、政治家、天下り官僚、マスコミ、専門家・学者の「原子力ムラ」の人々にとっては「想定外」であったとするが、原発事故後に次々と明るみに出てきた事実を検証すれば、それは根拠のない彼らの責任逃れの「言い訳」であったことは明白である。[41] 実際、2006年6月の経済産業省総合資源エネルギー調査会、地震・津波、地質・地盤合同ワーキンググループにおいて、貞観地震大津波（869年）について議論がなされたが、東電と政府はその対策を放置したままであった[42]。さらには、2012年5月15日、枝野経済産業相は閣議後の記者会見で、経産省原子力安全・保安院が2006年に福島第一原子力発電所が津波によって全電源喪失に陥るリスクがあることを東京電力と共有していたことを明らかにした。2004年のインド洋大津波で、インドの原発に被害が発生したことを受け、原子力安全・保安院が、独立行政法人「原子力安全基盤機構（JNES）」、東電などとの合同会議を開催し、そこで福島第一原発に高さ14メートルの津波が襲来すると、タービン建屋が浸水し、全電源喪失に陥る可能性が指摘され、また、東電は2008年にも国の見解に基づき、15・7メートルの高さの津波を試算していたが、実際には有効な対策を取ることなく放置した[43]。

少なくとも、今回の原発事故は「想定外」のものではなく、国会を含むいくつかの審議会などの公的会議ではすでに議論され、「予想可能」であったことは明白である[44]。また、原発事故によって、多くの住民が拡散した放射性物質の影響で避難生活を余儀なくされている。多くの住民が生活と生産の場を失い、今も苦しんでいる。原発事故直後に政府が避難指示を適切に実行しなかったために、飯舘村のような20キロメートル圏外で子どもたちを含む多くの住民が放射性物質によって被曝したことは確実である。今後、多くの住民に健康被害が実際に発生することが予想できる。福島原発事故の影響はあまりに大きく、実際に、1986年のチェルノブイリ原発事故と同様の人類史に残る取り返しのできない深刻な事故であった。

今回の福島原発事故の責任はどこにあるのか、その責任は誰にあるのか。原発事故を起こした東京電力と政府の責任は重大である。それればかりか、これまで原発の「安全神話」を作り出し、国民を欺いてきた電力会社幹部、政治家、官僚、マスコミ、専門家・学者の責任も大きい。特に、「原子力ムラ」の専門家・学者の責任は非常に大きいものがある。しかし、現在まで、今回の原発事故の責任を東京電力の会長・社長をはじめ、政府関係者、政治家、マスコミ、専門家・学者は誰一人もとってはいないのが現実である。特に、原発の安全規制の担当官庁であった原子力安全委員会の幹部と関係者、経産省原子力安全・保安院の幹部と関係者の役割と責任は大きかったはずであるが、誰も責任を取ってはいない。

これまで、原発に批判的な市民や専門家・学者は、さまざまな抑圧を受け、実際に社会から排除されてきた経緯がある。特に、「原子力ムラ」においては、批判的な専門家・学者を徹底的に排除しながら、原発の「安全神話」を捏造し、マスコミを動員し、国民を欺き続けてきた。その意味で、専門家・学者の責任は特に大きいものがある。

今後は、今回の原発事故の経緯と原因を究明するとともに、これからの日本のエネルギー政策を根本から見直し、新しいエネルギー政策を作り出す必要がある。しかし、それと同時に、今回の「原発事故責任」を明確にすることも重要である。電力会社はこれまで「地域独占」と「総括原価方式」の仕組みを基礎にして巨額の「原発マネー」を生み出してきた。その「原発マネー」を政界、官界、地方自治体、マスコミ、学者などに配分しながら、「安全神話」を作り出し、原発推進政策を実行してきた。だが、その「原発マネー」を配分することによってもたらされたさまざまな恩恵によって、今回の原発事故の責任がすべて相殺されるわけではない。

実際、今回の福島原発事故を「犯罪」としてとらえ、責任を問う動きも存在する。たとえば、広瀬隆・保田行雄・明石昇二郎の著書『福島原発事故の「犯罪」を裁く』（２０１１年12月）においては、「過失責任」を法廷で問うために27人の実名を挙げ、その責任を追及している。そのリストには、前に出てきた、東京電力の勝俣恒久会長、清水正孝社長、武藤栄副社長、原子力安全委員会の班目春樹委員長、原子力安全・保安院の寺坂信昭院長、原子力委員会の近藤駿介委員長、鈴木篤之前委員長、原子力安全委員会の代谷誠治委員、東京工業大学の衣笠善博教授、東京電力の小宮山宏監査役などの名前が続いている[45]。

さらに、『毎日新聞』２０１２年5月12日付の報道記事「福島原発告訴団、避難者に説明会　新潟で20人参加」[46]や『中日新聞』２０１２年5月15日付の報道記事「東電会長らを集団告訴へ　原発事故県内避難者も参加」[47]などもその「刑事責任」を問う動きを伝えている。

なぜ「原発事故責任」を明確にすることが重要なのか。第4章において示したように、それは今回の「原発事故責任」が、あらゆる意味で、過去の日本の「戦争責任」と同じ性質のものであるからだ。政界、産業界、官界、地方自治体、マスコミ、学者などの「原発共同体」すなわち「原発大政翼賛会」が、原発の「安全神話」を作り出し、国民を欺き続けた結果、最後には、福島原発事故によって悲惨な国民生活の破壊がもたらされたからである。過去のように、日本の「戦争責任」を歴史のなかで曖昧にし、それがまるでなかったかのように歴史のなかで消し去ることは、2度とあってはならないからである。「歴史に学ぶ」とは何か。それは過去の同じ過ちを2度と繰り返さないように、その大きな過ちをしっかりと受け止め、「歴史の教訓」とすることである。そのためには、失敗の責任を明らかにすると同時に、同じ過ちを繰り返さないためにも新たな制度と政策をつくり直すことである。特に全体主義に通ずる「大政翼賛会」となっていた「原子力ムラ」を解体し、学者は自分の良心と良識にしたがって研究し、公の場で発表し、議論することが必要である。また、「原子力ムラ」と「原発マネー」に換わりそれを保証できる新たな機構と制度の構築も必要である。

最後に結論を示すと、「原発マネー」の1つの重要な源泉は毎年約4500億円の国の原子力関連予算であり、それが各種原発関連団体や地方自治体などへ配分されてきた。それと同時に、日本の電力会社はこれまで「地域独占」と「総括原価方式」の仕組みを基礎にして巨額の「原発マネー」を生み出してきた。こうした「原発マネー」を政界、官界、地方自治体、マスコミ、学者などに配分しながら、「安全神話」を作り出し、日本の原発推進政策が実行されてきたのである。したがって、特にその巨額な「原発マネー」の基礎にある電力会社の「地域独占」と「総括原価方式」は廃止すべきであり、それに換わる日本の「脱原発」後の新たなエネルギー供給と電力供給の仕組みが必要である。

注

（1）『週刊ダイヤモンド　特集原発』2011年5月21日号、29頁。
（2）『週刊東洋経済　特集東京電力』2011年4月23日号、38～39頁。
（3）中野洋一『原発依存と地球温暖化論の策略　経済学からの批判的考察』法律文化社、2011年、26～31頁。
（4）古賀純一郎『政治献金　実態と論理』岩波新書、2004年、95～97頁、102～106頁。
（5）同上書、22頁。

（6）吉岡斉『新版　原子力の社会史　その日本的展開』朝日新聞出版、２０１１年、69～73頁。
（7）志村嘉一郎『東電帝国　その失敗の本質』文春新書、２０１１年、１５９～１６１頁。
（8）「東電、10議員を『厚遇』　パーティー券多額購入」『朝日新聞』２０１２年1月8日。
（9）「原発マネー　09年『原産協会』会員企業献金　自民7億　民主２３００万」『しんぶん赤旗』２０１１年9月18日。http://www.jcp.or.jp/akahata/aik11/2011-09-18/2011091801_01_1.html
（10）「この国と原発：第4部・抜け出せない構図　政官業学結ぶ原子力マネー」『毎日新聞』２０１２年1月22日。http://mainichi.jp/feature/20110311/news/20120122ddm010040060000c.html
（11）同上記事。
（12）『週刊現代』２０１１年5月21号の記事を参照。中野洋一、前掲書、37頁。
（13）「原発マネー：66年以降、２・５兆円　立地自治体縛る」『毎日新聞』２０１１年8月19日。http://mainichi.jp/select/wadai/news/20110819ddm001040040000c.html
（14）同上記事。
（15）「町長弟の会社、11億円受注　『原発マネー』9割　玄海町工事、2年間」『朝日新聞』２０１２年2月16日。
（16）「町長会食、27人と計44万円　官僚接待問題、玄海町が明かす」『朝日新聞』２０１２年1月4日。「玄海町長『支出基準定め公開』　交際費で経産省職員接待」『朝日新聞』２０１２年3月13日。
（17）「交際費で佐賀牛、玄海町長が贈る　古川知事や九電幹部に」『朝日新聞』２０１２年3月21日。
（18）http://www.nhk.or.jp/special/detail/2012/0308/
（19）『週刊東洋経済　特集原子力』２０１１年6月11日号、57頁。志村嘉一郎、前掲書、66～75頁。
（20）中野洋一、前掲書、46～49頁。
（21）川端幹人「金と権力で隠される東電の闇　マスコミ支配の実態と御用メディア&文化人の大罪」『別冊宝島１７５2号　誰にも書けなかった日本のタブー』宝島社、２０１１年。
（22）志村嘉一郎、前掲書、83～84頁。

(23) 中野洋一、前掲書、12～14頁。
(24) 福島原発事故独立検証委員会（北澤宏一委員長）『調査・検証報告書』ディスカヴァー、2012年、387～389頁。
(25) 吉岡斉（九州大学教授）は、「日本の原子力開発利用体制の、国内体制としての構造的特徴は、『二元体制的国策共同体』というキーワードで表現することができる」と指摘している。（同著『新版　原子力の社会史　その日本的展開』朝日新聞出版、2011年、19頁。）
(26) 河野太郎衆議院議員ホームページ（2012年5月25日8時24分）の記事「疑惑の原子力委員会事務局」。http://www.taro.org/2012/05/post-1208.php
(27) 「核燃サイクル原案：秘密会議で評価書き換え　再処理を有利」『毎日新聞』2012年5月24日2時30分（最終更新5月24日2時57分）。http://mainichi.jp/select/news/20120524k0000m040125000c.html
「使用済み核燃料処理原案、原発推進側に事前配布」『読売新聞』2012年5月24日19時33分。http://www.yomiuri.co.jp/science/news/20120524-OYT1T00965.htm
(28) 「秘密会議：『新大綱』議案も配布　原子力委は虚偽説明」『毎日新聞』2012年6月2日2時33分（最終更新6月2日2時34分）。http://mainichi.jp/select/news/20120602k0000m010123000c.html
(29) 「原子力委　ムラ体質温存」『朝日新聞』2012年5月26日。
(30) 「三菱重工大飯原発、自社原子炉自ら耐性試験、〝お手盛り〟安全評価」『しんぶん赤旗』2012年5月19日。http://www.jcp.or.jp/akahata/aik12/2012-05-19/2012051901_01_1.html
(31) 『週刊金曜日』2011年4月29日・5月6日合併号、38～39頁。
(32) 注10と同じ特集記事。
(33) 「安全委24人に8500万円　06～10年度寄付、原子力業界から」、「原発審査、曇る中立性　委員は「寄付の影響ない」　安全委24人に8500万円」『朝日新聞』2012年1月1日。
(34) 「原子力業界、1800万円寄付　新大綱策定3委員に」『朝日新聞』2012年2月6日付。

(35)『ＳＡＰＩＯ』２０１２年４月４日号、87～89頁。http://www.news-postseven.com/archives/20120403_95943.html
(36)「原子力賠償紛争審の２委員、電力系研究所から報酬」『朝日新聞』２０１１年９月23日。
(37)「原発マネー１６７４万円　大飯耐性試験審査４委員に」『しんぶん赤旗』２０１２年４月２日。http://www.jcp.or.jp/akahata/aik12/2012-04-02/2012040201_02_1.html
(38)「福井県原子力委員に１４９０万円　06～10年度、５人に電力側寄付」『朝日新聞』２０１２年３月25日。
(39)「『将来性ある先生に寄付を』関電系、37人へ　原子力村、またカネ（大阪版）」『朝日新聞』２０１２年３月25日。
(40)「もんじゅ３委員に寄付　耐性評価受注社など　５年で１６１０万円」『朝日新聞』２０１２年６月３日。
(41) 日隅一雄・木野龍逸『検証福島原発事故記者会見　東電・政府は何を隠したのか』岩波書店、２０１２年、48～68頁。
(42) 福島原発事故独立検証委員会（北澤宏一委員長）『調査・検証報告書』、２７２～２７４頁。
(43)「福島第一の電源喪失リスク、東電に06年指摘」『読売新聞』２０１２年５月15日13時47分。http://www.yomiuri.co.jp/science/news/20120515-OYT1T00457.htm
「『津波で電源喪失』認識　海外の実例知りつつ放置　06年に保安院と東電」『共同通信』２０１２年５月15日13時８分。http://www.47news.jp/47topics/e/229297.php
(44) ２０１２年７月５日、国会福島原子力発電所事故調査委員会（黒川清委員長）は東京電力福島第一原発事故を検証する最終報告書を決定し、衆参両院議長に提出した（『朝日新聞』２０１２年７月６日付の記事「『原発事故は人災』　国会事故調が最終報告　東電・国の責任を強調」）。なお、最終事故報告書は国会福島原子力発電所事故調査委員会のホームページ（http://www.naiic.jp）より入手可能である。
(45) 広瀬隆・保田行雄・明石昇二郎編著『福島原発事故の「犯罪」を裁く』宝島社、２０１１年。
(46)「福島原発告訴団、避難者に説明会　新潟で20人参加／新潟」『毎日新聞』２０１２年５月12日。http://mainichi.jp/area/niigata/news/20120512ddlk15040007000c.html

(47)「東電会長らを集団告訴へ　原発事故　県内避難者も参加」『中日新聞』２０１２年5月15日。http://www.chunichi.co.jp/hokuriku/article/news/CK2012051502000211.html

終　章

原発産業をめぐっては多くの問題があるが、最後にここでは、いくつか主張したいことをまとめて書き記す。

1　戦後70年と日本の国際貢献

2015年は戦後70年という年であるが、日本の平和と国際貢献を考える時期としてはある意味で実に相応しい年である。第二次世界大戦におけるアジアの2000万人を超える犠牲、日本の300万人を超える犠牲の上に、今日の「平和国家」としての日本がある。戦後日本は、平和主義を基礎とする日本国憲法の下で、70年間に一度も戦争に直接参加することなく、平和と経済的繁栄を享受した。

2014年12月の総選挙の結果、第3次安倍政権が発足したが、これから4年間は日本の将来にとって重要な時期となることは容易に予想できる。戦後70年間にわたって、日本は先進国のなかでも一度も戦争に直接参加したことのない「平和国家」であったが、そのことは世界に対して日本の誇りであると断言できる。

第二次世界大戦での最終局面において広島と長崎の核爆弾の投下によって日本の敗北が決定したということは重要な歴史的事実である。1945年の人類史初の広島の原爆（核）投下による被害、その直後の長崎の原爆（核）投下による被害、1986年の旧ソ連のチェルノブイリ原発事故の発生、2011年の福島原発事故の発生によって、人類は深刻な核の被害を4回も経験した。そのうち、日本は、広島、長崎、福島と3回を経験した。そのことを考えると、「平和国家」の日本がどのように国際貢献をすべきか、おのずとその答えが導き出される。少なくとも、日本の国際貢献は「集団的自衛権」を口実とした軍事的な国際貢献ではなく、原発事故の可能性がゼロとはいえない原発輸出ではないであろう。日本の国際貢献は非軍事・非核を基本とすべきである。

日本国民は世界のなかでも核の問題（核の軍事利用および核の平和利用）を真剣に受け止め、考え続ける必要がある。また、「平和国家」日本の国際貢献として何をすべきかを考え続けることも重要である。特に、原発産業と原発輸出の現状と問題点を考えることにより、世界平和と人々の幸福の実現のために日本はどのような国際貢献を選択すべきか、それが日本の重要な現代的課題の1つである。

2　福島原発事故と日本の敗戦との共通性

福島原発事故と第二次世界大戦での日本の敗北は重要な類似点がある。2011年3月の福島原発事故の前までは、1979年のアメリカのスリーマイル島原発事故、1986年の旧ソ連でのチェルノブイリ原発事故があったにもかかわらず、日本には深刻な原発事故の発生はありえないという原発の「安全神話」が形成されていた。日本の原発に限っては、スリーマイル島原発事故、チェルノブイリ原発事故のような原発のシビアアクシデント（深刻な事故）の発生は最初からまったくありえないものであり、それはまったく「想定外」であった。この日本の原発の「安全神話」は、電力産業、政治家、官僚、マスメディア、学者（科学者）のいわゆる「原発のペンタゴン」（原発産業の5者同盟）によって意図的に戦略的に形成されてきたものであった。

それは過去の日本の無謀なアジア太平洋戦争へと突入した社会状況との共通性が指摘できる。その戦争では、日本国民だけで300万以上の人々が犠牲となり、アジア太平洋諸国においては2000万以上の人々が犠牲となった。第二次世界大戦の時期にも、日本は、当時の政府、官僚、軍部、財界、マスコミ、学者・文化人を含めて「大政翼賛会」が創立され、「神風」による戦争の最後の勝利が大宣伝され、無謀な戦争に突入していった。その結果、最終局面では、広島と長崎の核爆弾による大きな被害がもたらされ、日本は破滅的な無残な敗戦に至った。しかし、その後、戦争による多数の犠牲者を生み出したにもかかわらず、東京裁判で一部の少数の政治家と軍人が裁かれたが、日本の「戦争責任」の大部分は曖昧にされ、今日に至っている。このことが、中国および韓国と日本との間における「歴史認識」問題の根底に横たわっている。

福島原発事故を招いた大きな要因の1つは科学的な根拠のない捏造された原発の「安全神話」であった。それを形成するために巨額の「原発マネー」が政治家、官僚、マスメディア、学者（科学者）、文化人、地方自治体などに分配された。そして、原発を批判する良心的な学者やジャーナリストなどを徹底的に抑圧排除して、40年以上にわたって原発の「安全神話」を捏造し、プロパガンダを展開し、国民を騙し続けてきた。その結果、原発の安全性に対する過信・慢心が生まれ、原発のシビアアクシデント対策にまともに取り組むことなく後回しとし、チェルノブイリ原発事故と同様の「レベル7」の人類史に残る2011年3月11日の福島原発事故がもたらされたのである。しかし、その後、日本の敗戦と同様に、「原発事故責任」は曖昧にされたまま、今日まで誰もその事故責任は問われていない。その原発事故原因さえ完全には解明されないまま、福島第一原発施設から毎日大量の放射能汚染水が漏れ続けているなかで、安倍政権によって国内では原発の再稼働が着々と準備され、海外への原発輸出の動きが活発となっている。さらには、現在でも福島原発事故による避難を余儀なくされている12万以上の人々がいる。福島原発事故の事故責任の問題は曖昧にされたまま、忘れ去られてはならない。日本の敗戦の「歴史の誤り」を繰り返してはならない。

3　今日の原発産業と原発輸出

世界の原発産業の歴史的な動向を振り返ると、1973年の第一次石油危機と1979年の第二次石油危機を契機に世界の原油価格は高騰し、先進国は石油危機の直後に、2度の深刻な世界不況に突入した。先進国は2つの石油危機と世界不況を乗り切るためにエネルギー政策の転換（中東原油へのエネルギー依存率を低下さるために原発を導入）を実行し、その結果、原発の新増設が1970年代と1980年代に激増した。しかし、1979年のアメリカのスリーマイル島の原発事故の発生、1986年の旧ソ連のチェルノブイリ原発事故の発生によって、1990年代に入ると原発の新増設はアメリカとヨーロッパにおいては停滞した。2000年代に入るとジョージ・ブッシュ政権は原発を推進するエネルギー政策を実施し、「原子力ルネサンス」と呼ばれる盛り上がりの時期を迎えた。2005年にブッシュ政権は「エネルギー政策法」（通称「包括エネルギー法」）を発表し、原発推進と原発輸出を強力に後押しした。原発推進の口実は、2005年に発効した「京都議定書」にある地球温暖化論（温室効果ガス、特に二酸化炭素の増加）の影響を受けた、原発が「クリーン・エネルギー」の1つであるというプロパガンダであった。地球温暖化論に対してはいろいろな自然科学者の見解があり、科学的証明が完全にできた理論ではない。地球の気候変動や地球の長期の温度変化については多くの要因と複雑で多様なメカニズムがあるが、温室効果ガスはその1つに過ぎない。

しかしながら、その「原子力ルネサンス」の盛り上がりの時期に2011年の福島原発事故が発生した。ただし、それにもかかわらず、日本、アメリカ、フランス、中国、ロシア、韓国、カナダは、現在、世界に原発輸出の売り込みを展開している。特に、日本と中国は途上国のみならず、ヨーロッパにも原発輸出を展開している。原発輸出を推進する政府は、日本、アメリカ、フランス、中国、ロシアであれ、二酸化炭素の排出の少ない「クリーン・エネルギー」として原発を正当化する。しかし、二酸化炭素の排出と何万年単位の管理・保管を必要とする放射性廃棄物の排出とは同レベルで議論することはできない。放射性廃棄物は決して「クリーン」ではないことは明白である。実験段階でしかない原子力エネルギーを目先の利益のために商業化して大規模に導入したのが、最初の大きな間違いである。さらにいえば、原子力エネルギーを軍事目的に開発したことが根本的な間違いであった。

世界平和と世界経済にとって、原発産業の動向は重要である。そのなかでも、原発輸出は大きな問題を抱えている。特に、政治経済が不安定な途上国などに多数の原発が新設された場合、自然災害や人災を含めたどのような形で深刻な原発事故が発生するか、あるいはテロや戦争・内戦などによって原発事故が発生するかはまったく予想もできない。人々に取り返しのつかない大きな被害をもたらすチェルノブイリ原発事故や福島原発事故が世界で繰り返されてはならない。

4　科学をめぐるカネと政治

2014年の科学者の大事件として日本の理化学研究所研究員小保方晴子の「STAP細胞捏造事件」があった。それは、2002年のアメリカのベル研究所の若手科学者ヘンドリック・シェーンの「論文捏造事件」、2004年の韓国でのソウル大学校獣医科大学教授の黄禹錫の「ヒト胚性幹細胞捏造事件」と並んで、科学者世界の「三大不正論文」事件とも呼ばれている。この3つの科学者による不正論文事件は、どれも当初はノーベル賞ものの研究成果として世界の注目を集めたが、実際にはデータ捏造事件であった。その不正研究事件を生み出した背景として、最先端の科学研究が国家レベルの巨額な研究費の対象であり、その研究成果がやがて特許となり莫大な利益をもたらすという世界産業の現代的な仕組みが存在することがある。

それと類似した科学者の事件として、地球温暖化論に関係する2009年11月の「クライメートゲート事件」があった。当時の日本では、この事件について一部で小さな報道があったものの大部分のマスメディアはまともに取り上げることなく、ほとんど無視した。なぜならば、同年9月22日に日本の民主党政権の鳩山首相が国連気候変動首脳会議で2020年までに温室効果ガス排出量を1990年比で「25%削減」するという構想を打ち出し、さらに同年12月7日から18日までコペンハーゲンで第15回会議（COP15）が開催され、当時の日本のマスメディアはこれらに熱中し、連日大きく報道していたからである。これは日本のマスメディアがいかに政府の政策に有益な報道には乗り、一方的なプロパガンダを積極的に展開し、原発推進に無批判に加担したかという典型例の1つであった。

2009年11月の地球温暖化論に関係する「クライメートゲート事件」は、国連組織であるIPCC（気候変動に関する政府間パネル）の主要メンバーが所属するイギリスのイーストアングリア大学にある気候変動研究所のサーバーが何者かによってハッキングされ、大量のメールが暴露されたことから始まった。その事件によって、IPCC第3次報告書のなかにある気候変動を示す有名な「ホッケースティック・グラフ」の作成者である同研究所のジョーンズ所長のアメリカの科学者マイケル・マンに宛てた次のメールが明らかにされた。「私（ジョーンズ所長）は、マイク（マイケル・マンの愛称）が『ネイチャー』（権威ある世界的な科学雑誌）に載せた論文のときに使った『トリック』を使って、1981年以来の20年間の地球の平均気温変化と、キース・ブリファ（副所長）が算出した1991年以来の平均気温変化の両方の気温低下傾向を隠した」と、そのメールには書かれていた。その事件によって気候変動の研究者たちが地球温暖化論の正当化のために科学者のモラルとはかけ離れた動きを展開していたのである。その事件を契機にして、その後、IPCC報告書の怪しい部分が次々と明らかにされ、IPCCの在り方や報告書の科学的信頼性に対して大きな問題を投げかけた。すなわち、IPCCの地球温暖化論の形成には、原発推進の政治的動き、京都議定書にある排出権取引をめぐる世界のマネーゲームなど、先進国政府の政治的思惑や産業界・金融界の巨額な投資資金の動きなどが深く関係していたのである。その政治的な目的達成のために地球温暖化論を正当化する気候変動の科学者に研究費として大きな資金が流れていたのである。現代の最先端の科学研究がいかにカネと政治にまみれているかを示す実例の1つである。

5　福島原発事故と科学者

2011年の福島原発事故の発生によって、日本の原発の「安全神話」は完全に崩壊し、国民世論は大きく変化した。その後、原発の「安全神話」の形成のために巨額な「原発マネー」が、政治家、官僚（天下り）、マスメディア、科学者・学者、地方自治体などに流れていたことが、次々と明らかになった。特に、「原子力ムラ」の中心にいた科学者・学者に大きな批判が集まった。第5章で詳しく示したように、原発産業においても、科学者・学者はカネと政治に深く関係しており、その例外ではなかった。

福島原発事故の責任はどこにあるのか、その責任は誰にあるのか。特に、「原子力ムラ」の科学者・学者の責任は非常に大きいものがある。本来ならば、科学者・学者には「学問の自由」があったが、「原子力ムラ」において彼らは原発の危険性や問題点について公然と議論することはなかった。国民生活の安全よりも、科学者・学者が所属する「利益共同体」を優先し、科学者・学者の研究費の確保という自己利益のために、彼らの自らの出世や名誉のために行動し研究したのである。なかには、原発の「安全神話」形成のために積極的に関与した「原発御用学者」も多数存在した。そして、最後には、福島原発事故の発生を招いたのである。「原発御用学者」には、かつて日本の無謀な戦争に中心になって突き進んだ軍部のエリート参謀と同様の重大な責任がある。「原発文化人」や「原発芸能人」以上に、専門知識を持つゆえに「原発御用学者」の責任は非常に大きい。

確かに、今日の大学や研究所にとって、政府の科学研究費や企業との共同研究・「寄付講座」による研究費の役割は非常に大きく、一概に否定できない面がある。特に、理系の研究者は、実験や設備のための巨額な研究費が必要不可欠であり、それはプロジェクトによっては何十億・何百億円単位となる。また、大学の文系の研究者においては、理系の研究者と比較すれば研究費の額ははるかに小さく億円単位未満の場合が多いが、やはり文科省の科研費の役割は大きい。

しかしながら、たとえ政府や企業から研究費が支給されても、それと科学者・学者としての良心と良識に基づいた「学問の自由」を放棄することとは別問題である。最後まで科学者の良心を貫き「市民科学者」として生きた故高木仁三郎（東京大学助手）、あるいは藤田祐幸（慶應義塾大学助手）、小出裕章（京都大学助手）などの少数の尊敬に値する自然科学者も実際には存在した。自然科学も社会科学も最終的には人々の生活を豊かにするために存在するはずである。社会科学者は、研究費があるないにかかわらず、また大都市の有名大学か地方の無名私立大学かにかかわらず、批判的精神に基づく研究が重要である。

6 原発は「バベルの塔」

フランシスコ・ローマ法王は、2015年3月20日にバチカン（ローマ法王庁）を公式訪問した日本の司教団と会見した際に、原発を旧約聖書の「バベルの塔」になぞらえ「天に届く塔を造ろうとして、自らの破滅を招こうとしている」と表現し、「人間が主人公になって自然を破壊した結果の1つ」と述べたという報道があった。さらに、法王は「人間が思い上がり、恣意的な動機で自分に都合のいい社会をつくってしまう。自分のためになると思ってしたことが自分を破壊する結果になっている」と指摘し、文明を破壊する最たるものとして兵器の製造・輸出を挙げ、「そこが莫大な富を得ているのが問題だ」と述べたとも報道された。つまり、人間のおごりと現代文明のひずみの一例として原発の開発に警鐘を鳴らしている（『毎日新聞』2015年3月22日付、『朝日新聞』2015年3月24日付）。

先進国の原発の本格的な導入の歴史的要因は、1970年代の2つの石油危機を契機とした、当時の主要なエネルギー源としての世界原油価格の高騰であった。また、政治的目的としては、OPECの世界原油支配に対抗することでもあった。

現代の科学技術の水準では、原子力エネルギーは実験段階であり、商業運転の段階のものではない。たとえば、「核のゴミ」の最終処理の技術すら確立していない。技術的にも経済的にも問題の多い実験段階の科学技術であったものを「安い」「安全」と大規模なプロパガンダを展開し、人々を騙しながら導入した。先進国政府と産業界は「見切り発車」で政治的目的と目先の利益のために核エネルギーの商業運転を開始し、原発推進に突き進んでいった。原発推進で利益を得る産業界、政治家、官僚、マスメディア（御用報道機関）、科学者（御用学者）などが大規模なプロパガンダを展開し、世界の人々を欺き、世界に多数の原発を建設する姿は、人間の思い上がりによってまるで「バベルの塔」の建設に突き進んでいる姿である、というローマ法王の批評は現代社会の真理を実によく示している。

原発を推進する政府（日本、アメリカ、フランス、中国、ロシア、韓国、カナダなど）は1979年のスリーマイル島原発事故、1986年のチェルノブイリ原発事故にもかかわらず、IPCCの地球温暖化論を政治的に利用し、原発が「クリーン・エネルギー」であるとのプロパガンダを大規模に展開している。原発推進派の主張は、原子力エネルギーの利用が地球温暖化対策の有効な手段であり、それが「クリーン・エネルギー」であるというものである。しかし、化石燃料の消費から排出される二酸化炭素と原発の運転によって排出される各種の放射性廃棄物は人類社会にとって同じレベルのものではない。「核のゴミ」は人類社会にとって無害でクリーンではない。

地球温暖化防止のための温室効果ガス（特に二酸化炭素）の削減政策は、環境論あるいは環境経済学の「予防原則」を適応したものであり、それは政治的政策である。それは地球温暖化の科学的真実とはまったく別の問題である。

現代の人類社会にとって、原子力エネルギーの利用は実験段階のものであり、原発の商業運転によって長期的な経済的利益は何もない。その利益は目先の利益であり、原発に関連する一部の企業、政治家、官僚、マスメディア、科学者（御用学者）のものである。原発は人類社会全体のためには有害であり、人類社会を破滅に導くものである。その意味で、まさに原発は旧約聖書にある「バベルの塔」である。

7 現代世界の優先課題

現代世界の最大の課題は、地球温暖化論を政治的に利用し、原発を「クリーン・エネルギー」として推進する地球温暖化対策などではない。それを口実にして世界においては、毎年、原発建設と原発開発のために巨額の投資と研究費が費やされているが、その資金は途上国を中心としたテロの温床ともなっている人々の貧困削減や保健・衛生や教育のために最優先で振り向けるべきである。

２０００年に国連ミレニアム・サミットが開催され、世界的課題である「貧困撲滅」のために、１４７の国家元首を含む１８９の国連加盟国代表が参加し、21世紀の国際社会の目標として２０１５年までを期限に「ミレニアム開発目標」（ＭＤＧｓ）を採択した。しかし、その目標は完全には達成されなかった。この間いくつかの大きな成果があったとはいえ、現在も依然として約12億人の人々が貧困状況にある。また、ＵＮＩＣＥＦ（国連児童基金）の『世界子供白書２０１５年』によれば、途上国を中心に5歳未満幼児の年間死亡数は、２０１３年には６３０万人に上り、途上国では貧しさのなかで栄養失調や病気などにより毎日約1万７０００人もの幼児の命が失われている世界の現状がある。

そこで、国連では引き続き「貧困撲滅」のために２０１５年以降の開発目標として「持続可能な開発目標」（ＳＤＧｓ）を２０１５年9月に開催される国連総会首脳級サミットで採択する準備を進めている。それは２０１６年から２０３０年までの次の15年間のグローバルな目標となる。

しかし、その一方では、世界のマネーゲームや軍事には巨額の資金が投入されている。

たとえば、外国為替市場には毎日約3兆ドルの資金が流れ、為替取引がなされている。また、スウェーデンのストックホルム国際平和研究所が２０１５年4月13日に発表した報告書によれば、２０１４年の世界の軍事費が1兆７７６０億ドルに達しているが、その世界の軍事費を大幅に削減し、その資金を途上国の貧困削減に使うべきであるし、先進国の軍事費も削減し、国内の貧困層の社会保障、医療費、教育費などに振り向けるべきである。

さらに、イギリスのＮＧＯタックス・ジャスティス・ネットワークによれば、世界の資産家が租税回避地（タックスヘイブン）に隠した金融資産の総額は2010年末の時点で推定21兆〜32兆ドル（約1650兆〜2500兆円）に達しているが、タックスヘイブンに対する世界的な課税制度を設立するべきである。

「カジノ資本主義」と呼ばれる現代世界のマネーゲーム、世界の金融取引や外国為替取引などに対して「トービン税」や金融取引税などを創立し、同時にそのための国際的機関を設立し、それを財源にして、世界の貧困削減対策などに使うべきである。世界の新自由主義の流れに対抗して、世界的な富の再分配システムを構築すべきである。それによって、世界平和と貧困削減を実現すべきである。

最後に、その「持続可能な開発目標」の達成のためにも、人類の生存と平和を脅かす核兵器の全面廃絶を実現させること、「核の平和利用」および地球温暖化防止策としての「クリーン・エネルギー」を口実にした原発新増設と原発輸出に対して世界的な批判を高めて、その動きを阻止することもまた現代世界の優先課題である。

あとがき

本書は、2011年に出版した『原発依存と地球温暖化論の策略　経済学からの批判的考察』(法律文化社）の続編である。

ここで各章の初出の論文を示すと、次のとおりである。

○中野洋一「世界の原発産業と日本の原発輸出」『九州国際大学国際関係学論集』第10巻第1・2合併号、2015年3月。(第1章の1、4、5、8、第3章の1、2、3、6、7、8、9、10、11、12)

○中野洋一「中国の原発産業」『アジア・アフリカ研究』(アジア・アフリカ研究所）第55巻第2号、2015年4月。(第2章)

○中野洋一「福島原発事故と経済的損失」『九州国際大学社会文化研究所紀要』第75号、2015年3月。(第4章)

○中野洋一「原発産業のカネとヒト」『九州国際大学社会文化研究所紀要』第70号、2012年8月。
○中野洋一「原発産業のカネとヒト」木村朗編著『九州原発ゼロへ、48の視点』南方新社、2013年（右記の紀要論文の短縮版として所収）。（第5章）

なお、第5章への所収については、南方新社の梅北氏より快諾いただき深く感謝している。
また第1章の2、3、6、7、9、第3章の4、5、終章は書き下ろしである。

さて、2012年後半から約2年間、研究はほとんど中断してしまった。それには2つの事情があった。1つには同年10月3日に最愛の一人娘の泉が亡くなったこと、2つには大学の役職の仕事のためであった。
研究活動には、体力、気力、時間、情熱などが必要であるが、しばらくの間は、気力と情熱が消え失せ、失意と悲しみに沈んでいた。

空《くう》の空《くう》　恵まれ過ぎてわからない　娘逝く　吹き抜ける風
（空の空：旧約聖書　伝道の書一 ─ 二より）

晩秋に愛別離苦の無常知る　涙をこらえ渚さまよう

思い出が突如溢れて苦しさに　どうか正夢また会えたなら

初盆の夜空に見える流れ星　天の娘に願い届くか

道端の小さな命見つめてる　「タンポポきれい」ささやく娘

薄紅の桜の花の幻か　生きてるような娘の笑顔

しかし、大学での認証評価担当の副学長の仕事も目の前にあり、それは7年に1回の大仕事であった。何が幸いとなるかわからないものである。2年間も何もすることなく日々を過ごしていたならば、心の状況はもっと悪くなったかもしれない。とにかく、目の前の大仕事に集中し没頭するしか選択肢はなかった。高野利昭理事長、堀田泰司学長をはじめ、いろいろな教職員の協力で2014年12月にはやっと仕事の成功に目処がついた。実際、2015年3月には日本高等教育評価機構より当大学の認証評価については「適合」であるとの正式な通知を受けることができた。

残った体力、気力、情熱を振り絞り、今度は自分の研究に集中し、2015年4月までの5ヵ月間、原発産業に関する資料を再び集め、整理・分析し、なんとか本書としてまとめることができた。
還暦を過ぎ、定年退職するまでに単著の研究書を出版することを研究者として当面の目標としてきたが、40代・50代とは異なり、特に体力と視力の衰えは自分の力ではどうにもならないものがあると感じるこの頃である。

驚きの十一年の大事件　原発事故のニュース流れる
我が国の歴史に刻む悲劇あり　311（さんいちいち）は　815（はちいちご）なり
民のため　反核の道歩み抜く　真の科学者　この世にありき
いつまでも平和であれよ　この国の過去の失敗　歴史に学べ
娘の名　我の著作に書き記す　わずか十八　燃え尽き命

（ツイッター、Yahooブログ、時と風の博物館（北九州市）に「短歌の旅人」という名前で、短歌を載せているので、ご笑覧いただければ幸いである。）

最後に、今回の著作を出版するために、尊敬する親友の一人である早稲田大学教授の山田満氏より明石書店を紹介していただいたことに心より感謝している。また、出版を引き受けていただいた明石書店の大江道雅氏、編集・校正を担当された岡留洋文氏にも心より感謝している。

中野　洋一

島村英紀『人はなぜ御用学者になるのか　地震と原発』花伝社、2013年
―――『「地球温暖化」ってなに？　科学と政治の舞台裏』彰国社、2010年
中野洋一『原発依存と地球温暖化論の策略　経済学からの批判的考察』法律文化社、2011年
―――『軍拡と貧困のグローバル資本主義』法律文化社、2010年
半藤一利・保阪正康『そして、メディアは日本を戦争に導いた』東洋経済新報社、2013年
半藤一利『昭和史　1926-1945年』平凡社、2004年
深井有『気候変動とエネルギー問題 CO_2温暖化論争を超えて』中公新書、2011年
保阪正康『昭和の教訓』朝日新書、2007年
村松秀『論文捏造』中公新書ラクレ、2006年
丸山茂徳『「地球温暖化論」に騙されるな！』講談社、2008年
渡辺正『「地球温暖化」神話　終わりの始まり』丸善出版、2012年
『朝日新聞』
『毎日新聞』

2011年
本間龍『原発広告』亜紀書房、2013年
吉岡斉『新版　原子力の社会史　その日本的展開』朝日新聞出版、2011年
『週刊金曜日』2011年4月29日・5月6日合併号
『週刊ダイヤモンド　特集原発』2011年5月21日号
『週刊東洋経済　特集東京電力』2011年4月23日号
『週刊東洋経済　特集原子力』2011年6月11日号
『週刊現代』2011年5月21号
『SAPIO』2011年7月20日号
『SAPIO』2012年4月4日号
『別冊宝島1752号　誰にも書けなかった日本のタブー』宝島社、2011年
『別冊宝島1821号　日本を破滅させる！　原発の深い闇2』宝島社、2011年
『朝日新聞』
共同通信
『しんぶん赤旗』
『中日新聞』
『毎日新聞』
『読売新聞』

終章

赤祖父俊一『正しく知る地球温暖化　誤った地球温暖化論に惑わされないために』誠文堂新光社、2008年
伊藤公紀・渡辺正『地球温暖化論のウソとワナ　史上最悪の科学スキャンダル』ベストセラーズ、2008年
江澤誠『脱「原子力ムラ」と脱「地球温暖化ムラ」　いのちのための思考へ』新評論、2012年
小畑峰太郎『STAP細胞に群がった悪いヤツら』新潮社、2014年
古賀茂明『国家の暴走　安倍政権の世論操作術』KADOKAWA、2014年
――『原発の倫理学』講談社、2013年
杉晴夫『論文捏造はなぜ起きたのか？』光文社新書、2014年
須田桃子『捏造の科学者　STAP細胞事件』文藝春秋、2014年
島薗進『つくられた放射能「安全」論　科学が道をふみはずすとき』河出書房新社、2013年

『毎日新聞』
FoE Japan　http://www.foejapan.org
NHK　http://www3.nhk.or.jp

第5章

赤旗編集局『原発の深層　利権と従属の構造』新日本出版社、2012年
朝日新聞「原発とメディア」取材班『原発とメディア2　3・11責任のありか』朝日新聞出版、2013年
朝日新聞特別報道部『原発利権を追う　電力をめぐるカネと権力の構造』朝日新聞出版、2014年
秋元健治『原子力推進の現代史　原子力黎明期から福島原発事故まで』現代書館、2014年
有馬哲夫『原発・正力・CIA』新潮新書、2008年
木村朗編著『九州原発ゼロへ、48の視点』南方新社、2013年
古賀純一郎『政治献金　実態と論理』岩波新書、2004年
小松公生『原発にしがみつく人びとの群れ』新日本出版社、2012年
佐高信『原発文化人50人斬り』毎日新聞社、2011年（光文社知恵の森文庫、2014年）
志村嘉一郎『東電帝国　その失敗の本質』文春新書、2011年
上丸洋一『原発とメディア　新聞ジャーナリズム2度目の敗北』朝日新聞出版、2012年
堤未果『政府は必ず嘘をつく』角川SSC新書、2012年
土井淑平『原子力マフィア　原発利権に群がる人びと』編集工房朔、2011年
――『原発と御用学者　湯川秀樹から吉本隆明まで』さんいちブックレット008、2012年
中野洋一『原発依存と地球温暖化論の策略　経済学からの批判的考察』法律文化社、2011年
日経広告研究所『有力企業の広告宣伝費2010年版』
日本科学者会議編『国際原子力ムラ　その形成と歴史と実態』合同出版、2014年
日隅一雄・木野龍逸『検証福島原発事故記者会見　東電・政府は何を隠したのか』岩波書店、2012年
広瀬隆・保田行雄・明石昇二郎編著『福島原発事故の「犯罪」を裁く』宝島社、

『西日本新聞』
『毎日新聞』
『読売新聞』
一般社団法人・海外電力調査会　http://www.jepic.or.jp
外務省　http://www.mofa.go.jp
首相官邸　http://www.kantei.go.jp
独立行政法人・日本原子力研究開発機構（JAEA）　http://www.jaea.go.jp
電気事業連合会　http://www.fepc.or.jp

第4章

一般財団法人・日本再建イニシアティブ『福島原発事故独立検証委員会　調査・検証報告書』ディスカヴァー、2012年
今中哲二「チェルノブイリ事故によるセシウム汚染」http://www.rri.kyoto-u.ac.jp/NSRG/Chernobyl/JHT/JH9606A.html
大島堅一『原発のコスト　エネルギー転換への視点』岩波新書、2011年
――『原発はやっぱり割に合わない　国民から見た本当のコスト』東洋経済新報社、2013年
経済産業調査室・課「福島第一原発事故と4つの事故調査委員会」『調査と情報』国立国会図書館、第756号、2012年8月23日
塩谷善雄『「原発事故報告書」の真実とウソ』文春新書、2013年
添田孝史『原発と大津波　警告を葬った人々』岩波新書、2014年
東京電力福島原子力発電所事故調査委員会『国会事故調報告書』徳間書店、2012年
中野洋一『原発依存と地球温暖化論の策略　経済学からの批判的考察』法律文化社、2011年
日本科学技術ジャーナリスト会議『4つの「原発事故調」を比較・検証する　福島原発事故13のなぜ？』水曜社、2013年
古川元晴・船山泰範『福島原発、裁かれないでいいのか』朝日新書、2015年
『朝日新聞』
時事通信
『東洋経済オンライン』　http://toyokeizai.net
『東京新聞』
『日本経済新聞』

第3章

伊藤光晴『原子力発電の政治経済学』岩波書店、2013年

伊藤正子・吉井美知子編著『原発輸出の欺瞞　日本とベトナム、「友好」関係の舞台裏』明石書店、2015年

大島堅一『原発のコスト　エネルギー転換への視点』岩波新書、2011年

―――『原発はやっぱり割に合わない　国民から見た本当のコスト』東洋経済新報社、2013年

熊本一規『脱原発の経済学』緑風出版、2011年

経済産業省「エネルギー基本計画」2010年6月　http://www.enecho.meti.go.jp/category/others/basic_plan/pdf/100618honbun.pdf

経済産業省『エネルギー白書2011年版』

古賀茂明『日本中枢の崩壊』講談社、2011年

資源エネルギー庁「原子力立国計画」2006年8月　http://www.meti.go.jp/report/downloadfiles/g60823a04j.pdf

鈴木真奈美『日本はなぜ原発を輸出するのか』平凡社新書、2014年

総合資源エネルギー調査会電気事業分科会原子力部会報告書「原子力立国計画」2006年8月8日

内閣府原子力委員会「原子力政策大綱」2005年10月11日　http://www.aec.go.jp/jicst/NC/tyoki/taikou/kettei/siryo1.pdf

中野洋一『原発依存と地球温暖化論の策略　経済学からの批判的考察』法律文化社、2011年

中杉秀夫「トルコの原子力発電導入準備状況」2014年5月12日一般社団法人・日本原子力産業協会　http://www.jaif.or.jp/cms_admin/wp-content/uploads/2014/05/turkey_data1.pdf

吉岡斉『新版　原子力の社会史』朝日新聞出版、2011年

『朝日新聞』

『産経新聞』

『人民日報』

『しんぶん赤旗』

『東京新聞』

『東洋経済オンライン』http://toyokeizai.net

『中央日報』

『日本経済新聞』

第2章

一般財団法人・高度情報科学技術研究機構（RIST）原子力百科事典 ATOMICA　http://www.rist.or.jp/atomica/index.html

一般社団法人・日本原子力産業協会「世界の原子力発電開発の動向（2014年版）」（2014年4月9日）プレスリリース

――「世界の原子力発電開発の動向（2015年版）」（2015年4月8日）プレスリリース

一般社団法人・日本原子力産業協会国際部資料「最近の世界の原子力動向」2014年12月12日

郭四志『中国エネルギー事情』岩波新書、2011年

――『中国　原発大国への道』岩波ブックレット834号、2012年

経済産業省『通商白書2012年版』

――「平成24年度発電用原子炉等利用環境調査　海外原子力産業調査」http://www.meti.go.jp/meti_lib/report/2013fy/E003935.pdf

鈴木真奈美『日本はなぜ原発を輸出するのか』平凡社新書、2014年

須藤繁『日本の石油は大丈夫なのか？』同友館、2014年

下村恭民・大橋英夫・日本国際問題研究所編『中国の対外援助』日本経済評論社、2013年

中杉秀夫「中国の原子力発電開発：原子力産業の構造と国産炉開発」一般社団法人・日本原子力産業協会国際部、2014年11月25日　http://www.jaif.or.jp/cms_admin/wp-content/uploads/2014/01/141126china-data_r6.pdf

中野洋一『原発依存と地球温暖化論の策略　経済学からの批判的考察』法律文化社、2011年

日中経済協会『中国経済データハンドブック2014年版』

――『日中経済産業白書2013／2014』

三菱東京UFJ銀行（中国）有限公司「原子力発電の再開に伴う最近の原発業界動向」『経済週報』2014年5月14日第203期

『朝日新聞』

『毎日新聞』

『週刊 エコノミスト』

主な参考文献・資料

第1章

秋元健治『原子力推進の現代史　原子力黎明期から福島原発事故まで』現代書館、2014年

一般社団法人・日本原子力産業協会「世界の原子力発電開発の動向（2014年版）」（2014年4月9日）プレスリリース　http://www.jaif.or.jp/cms_admin/wp-content/uploads/2014/04/doukou2014-press_release.pdf

———「世界の原子力発電開発の動向（2015年版）」（2015年4月8日）プレスリリース　http://www.jaif.or.jp/cms_admin/wp-content/uploads/2015/04/doukou2015-press_release.pdf

一般社団法人・日本原子力産業協会国際部「世界エネルギー展望2014　概要紹介」2014年12月　http://www.jaif.or.jp/cms_admin/wp-content/uploads/2015/01/weo2014_summary.pdf

伊原賢『シェールガス革命とは何か　エネルギー救世主が未来を変える』東洋経済新報社、2012年

経済産業省「平成24年度発電用原子炉等利用環境調査　海外原子力産業調査」http://www.meti.go.jp/meti_lib/report/2013fy/E003935.pdf

経済産業省『エネルギー白書2014年版』

柴田明夫『「シェール革命」の夢と現実』PHP研究所、2013年

ジェトロ『世界貿易投資報告2014年版』

鈴木真奈美『日本はなぜ原発を輸出するのか』平凡社新書、2014年

十市勉『シェール革命と日本のエネルギー　逆オイルショックの衝撃』日本電気協会新聞部（エネルギー新書）、2015年

中野洋一『新版　軍拡と貧困の世界経済論』梓出版社、2001年

———『原発依存と地球温暖化論の策略　経済学からの批判的考察』法律文化社、2011年

吉岡斉『新版　原子力の社会史　その日本的展開』朝日新聞出版、2011年

『朝日新聞』

『日本経済新聞』

『毎日新聞』

〈著者紹介〉

中野 洋一（なかの・よういち）

北海道千歳市出身。1953年生まれ。

1976年北星学園大学経済学部卒業、1993年明治大学大学院商学研究科で博士学位（商学）取得修了。1996年九州国際大学国際商学部助教授。現在は、九州国際大学国際関係学部教授、同大学大学院企業政策研究科教授、副学長。専門は世界経済論。

主な著書には、『軍拡と貧困の世界経済論』（単著、梓出版社、1997年）、土生長穂編著『開発とグローバリゼーション』（共著、柏書房、2000年）、『新版 軍拡と貧困の世界経済論』（単著、梓出版社、2001年）、『軍拡と貧困のグローバル資本主義』（単著、法律文化社、2010年）、山田満編著『新しい国際協力論』（共著、明石書店、2010年）、『原発依存と地球温暖化論の策略 経済学からの批判的考察』（単著、法律文化社、2011年）、木村朗編著『九州原発ゼロへ、48の視点』（共著、南方新社、2013年）など。

世界の原発産業と日本の原発輸出

2015年11月20日　初版第1刷発行

著　者　中　野　洋　一
発行者　石　井　昭　男
発行所　株式会社明石書店
〒101-0021 東京都千代田区外神田6-9-5
電　話　03（5818）1171
FAX　03（5818）1174
振　替　00100-7-24505
http://www.akashi.co.jp
装丁　明石書店デザイン室
印刷／製本　モリモト印刷株式会社

ISBN978-4-7503-4265-8
Printed in Japan　（定価はカバーに表示してあります）